现代园艺栽培基质

MODERN HORTICULTURAL SUBSTRATE

主编/ 江胜德

中国林業出版社
CFPH China Forestry Publishing House

主编: 江胜德

编写: 吴静雪、郭兰、江至询、张荷君、杨鑫

摄影: 戴丽丽、祝海斌、江胜德、林玉、孙磊、陈琼玲、李硕

制图: 朱茵

图源致谢:

HAWITA Gruppe GmbH 、碧奥兰园艺科技(苏州)有限公司、湖北农青园艺科技有限公司、趣植宇宙、世界花园大会组委会、上海源怡种苗股份有限公司(上海崇明岛基地)、寿光市蔬菜高科技示范园、浙江金色池塘安祖花园艺有限公司(杭州乔司基地)、浙江金五月生态科技发展有限公司(2023年亚运村平澜路桥花箱时令花卉种植项目)

花友: 嘉Hermione、兔子不在家、yecha

图书在版编目(CIP)数据

现代园艺栽培基质 / 江胜德主编. — 北京 : 中国林业出版社, 2025.1

ISBN 978-7-5219-2689-7

Ⅰ. ①现… Ⅱ. ①江… Ⅲ. ①园艺作物—无土栽培 Ⅳ. ①S604

中国国家版本馆CIP数据核字(2024) 第084496号

图书策划: 花园时光工作室

策划和责任编辑: 印芳

封面设计: 戴丽丽

版次: 2025年1月第1版

印次: 2025年1月第1次印刷

印刷: 鸿博昊天科技有限公司

开本 710mmx1000mm 1/16

印张 19.5

字数 460千字

定价 158.00元

出版发行: 中国林业出版社

服务热线: 010-83143565

网上订购: zglyebs.mall.com

当我们凝视植物时，我们在思考什么（代前言）？

当一个人在凝视植物时，最有可能被它惹眼的花朵、独特的叶子乃至于整体的形态吸引目光。至于它深深扎根的土壤，不好意思，太过稀松平常，实在普通无趣，而且随时获取，确实无法在意。

但对于行业人士来说，整个环节中最平平无奇的土壤，才是植物安生立命的根本。它为植物提供支撑，用它强大的包容力为植物营造了一个化学与物理平衡的环境，植物也会通过自身的状况，从侧面反映出土壤的活性。

可以说，人、植物与土壤的关系，就像2000年前的《西京赋》中所形容的“处沃土则逸，处瘠土则劳”，面对沃土，植物可以放肆生长，那么人要付出的养护精力就可以大大减轻。

可是当原生的土壤不尽如人意，种植上也面临着各种各样的问题，我们又该如何探寻根源，找到尽可能一劳永逸的方法？这本《现代园艺栽培基质》就是帮助园艺爱好者解决土壤问题的。

事实上，早在2006年作者就出版过《现代园艺栽培介质——选购与应用指南》全面地解析了土壤的基本作用原理、科学配比与不同种基质的功能与作用，为当时整体尚处于起步探索状态的园艺同行和消费者提供了一个行之有效的现代园艺栽培指南。

和2006年相比，大家的种植习惯有了很大改变，越来越朝着“现代园艺”的方向发展。人们渐渐也不再觉得“土这种东西地里随便挖些就行”，相反的，大家都意识到园艺土壤基质的重要性。以泥炭为核心，用于自行配比的基础基质材料，或是科学配比成分稳定的园艺基质土，以及与其配套的肥料营养液等，成为当今家庭园艺基质的主流。而纵观苗圃产业，直接地栽消耗土壤自身养分的栽种方式在当今具备规模的苗圃中已经几乎不见，人们更愿意用配方的基质土模拟适配的土壤环境，并通过容器苗的培育逐渐形成整齐整洁、不易传染疾病且更容易出圃运输等的栽培方式。

但令人欣慰的是，18年前出版的书所传递的内容与思想并没有受时代所局限，它就像土壤，没有任何博人眼球的内容，但是“干货”满满，足够有效，历久弥新，反而更引发种植者们的共鸣。所以，我们根据这18年的经验累积，对其内容做了调整，以新面貌出版。感谢同行及花友的支持，让读者们可以一目了然、更为深刻地理解现代园艺栽培中，植物与土壤的相处方式，进而也可以更好地审视自己的种植情况。

或许在下一次，读者在凝视植物时，也拥有了可以感受植物根系周围那个堪比发达城市运转的小世界的视角，深入其里，再去更好地迎接风景。

编者

2024.12

目录

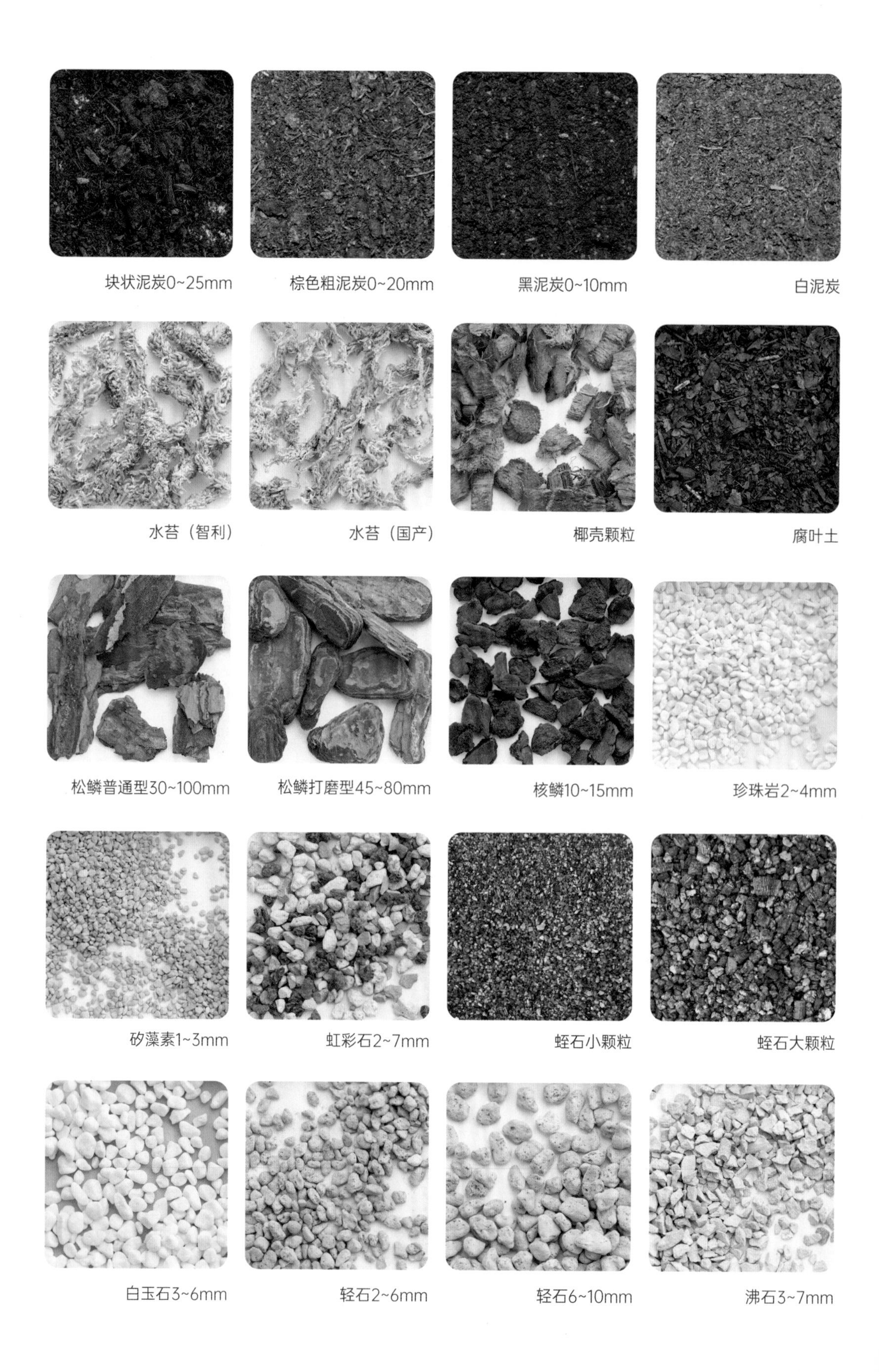

块状泥炭0~25mm　棕色粗泥炭0~20mm　黑泥炭0~10mm　白泥炭

水苔（智利）　水苔（国产）　椰壳颗粒　腐叶土

松鳞普通型30~100mm　松鳞打磨型45~80mm　核鳞10~15mm　珍珠岩2~4mm

矽藻素1~3mm　虹彩石2~7mm　蛭石小颗粒　蛭石大颗粒

白玉石3~6mm　轻石2~6mm　轻石6~10mm　沸石3~7mm

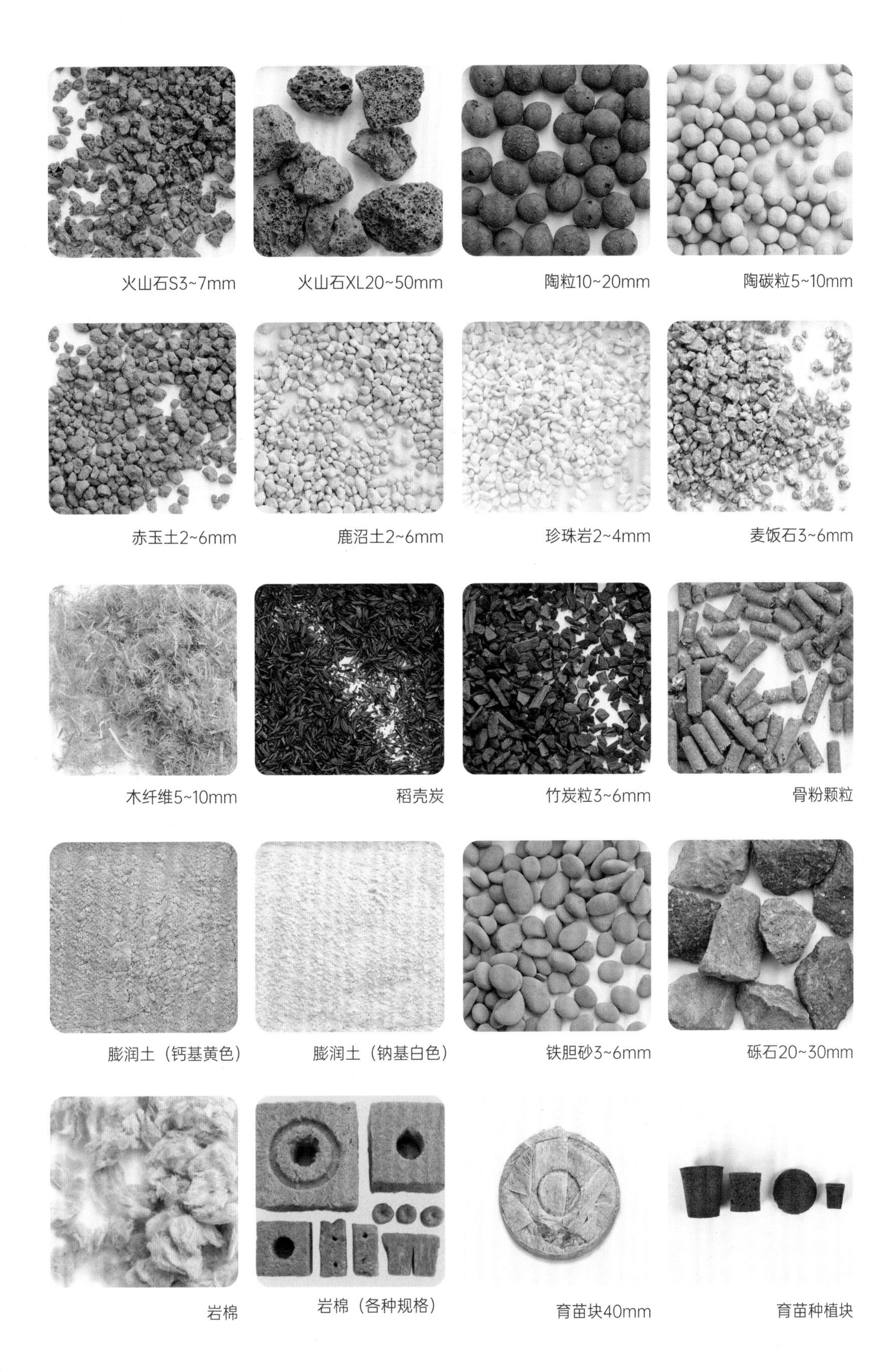

火山石S3~7mm　火山石XL20~50mm　陶粒10~20mm　陶碳粒5~10mm

赤玉土2~6mm　鹿沼土2~6mm　珍珠岩2~4mm　麦饭石3~6mm

木纤维5~10mm　稻壳炭　竹炭粒3~6mm　骨粉颗粒

膨润土（钙基黄色）　膨润土（钠基白色）　铁胆砂3~6mm　砾石20~30mm

岩棉　岩棉（各种规格）　育苗块40mm　育苗种植块

(12点钟顺时针方向开始)分别是:
绿沸石、虹彩石、麦饭石、陶炭粒、轻石

第一章
基质概论

园艺(horticulture)是农业及种植业的重要组成部分,原是指在有围栏或者篱笆保护的园圃内进行的植物栽培形式。在现代园艺学的定义上,通常是指与园地栽培有关的集中种植农作物及其栽培、繁育、加工利用的技术。园艺作物通常包括果树、蔬菜、各种观赏植物、香料及药用植物等,主要分为果树、蔬菜和观赏植物三大类。一般指相对以小规模进行集约栽培的具有较高经济价值的作物。

随着社会经济的发展,家庭园艺(gardening)越来越活跃。本书把农业术语专用词的园艺叫做"园艺栽培",把目前流行的大众说法园艺叫作"家庭园艺"。大农业上所说的园艺栽培是生产优质的园艺作物,以期获得最大的经济效益,强调管理的科学性与标准化。家庭园艺种植则是以观赏和趣味性为主,更注重植物应用中的艺术性,表现出观赏和实用的双重价值。

本书为现代园艺从业者提供现代园艺栽培基质的选购与应用指南,探讨以可控性更强、标准化更高、经济效益更好的无土栽培基质取代天然土壤,且以固体基质为主。本章讲述土壤基质,读者应了解它的组成。因为现代园艺栽培使用的所有基质都是在模仿天然土壤。了解优质土壤特性是我们选择基质所需要具备的基础知识。

第一节 土壤

地壳表面岩石风化后形成的一层覆盖在陆地表面的疏松物质就是土壤。陆地植物天然生长在土壤中，吸收养分和水分，在太阳能的作用下通过光合作用合成有机物质，为人类和动物提供食物和生活必需品。园艺的起源可追溯到农业发展的早期阶段，在农业从业者以及农业科学工作者的眼里，土壤就是植物生长的天然基质，因此开展了诸如土壤组成、土壤性质及结构等多方面的研究。

一、土壤的组成和性质

（一）土壤的组成

天然土壤是包含固、液、气三相物质组成的开放的物质系统。固相物包括矿物质、有机质以及土壤生物。矿物质占土壤固相（干物质量）的95%以上，其组成、结构和性质，对土壤物理性质、化学性质以及生物化学性质均有深刻的影响。有机质一般不到固相的5%，常包被在矿物质颗粒外面。虽占比很小，但是对土壤的功能影响深远，是土壤微生物生命活动的能量来源，对全球碳平衡作用重大。土壤的固相含有植物需要的各种养分，并构成支撑植物的骨架。

土壤三相

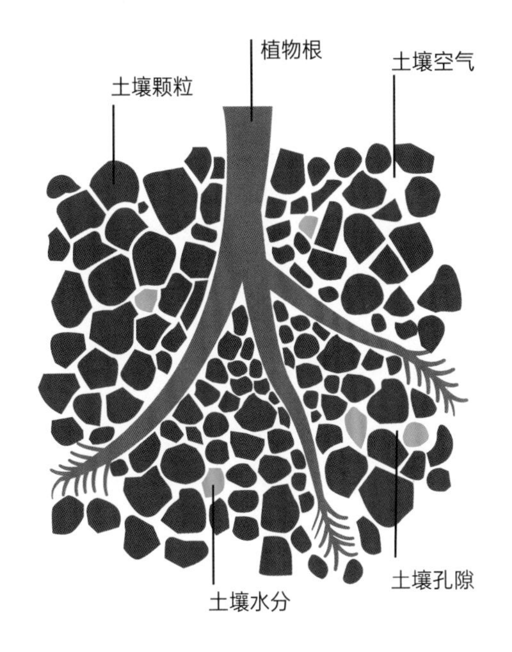

土壤三相与植物根系

土壤液相物即土壤水分，因溶解着多种养分物质，实际上是稀薄的养分溶液。水具有可溶性、可移动性和比热容高等理化性质，是植物生存和生长的物质基础、植物吸水的最主要来源，以及土壤中许多物理、化学和生物过程的媒介。

气相即土壤空气，包括氧气、氮、二氧化碳和水汽等，是植物生命活动中直接和间接需要的物质。通过翻耕、耕作、排水、改良土壤结构等措施可促进土壤空气的更新，使植物根系生长有一个适宜的通气环境。

土壤三相物质的体积比因环境条件的差异有所不同。一般情况下土壤固体占50%，液体和气体占50%。

（二）土壤的物理性质

1. 土壤颗粒、密度、容重和孔隙度

（1）土壤颗粒

土壤颗粒是组成土壤固相骨架的基本单位，粗细和形状各不相同，矿物组成及理化性质的变化差异很大，粗颗粒和细颗粒的成分和性质几乎完全不同。众多的土壤颗粒聚集成一个多孔的松散体，成为土壤固相的骨架。根据成分不同，可分为矿质颗粒和有机颗粒两种。矿物颗粒可以单个存在，称为单粒。在质地黏重及有机质含量较多的土壤中，许多单粒互相聚合成为复粒。有机颗粒占比很小，通常所指的土壤颗粒是专指矿物颗粒单粒。

（2）土壤密度

单位体积（不包括土壤颗粒之间孔隙的体积）的固体土壤颗粒的质量称为土壤密度。单位为g/cm^3或t/m^3，一般土壤平均密度在2.65（2.6~2.7）g/cm^3左右。土壤密度是土壤中各种成分含量和密度的综合反映，主要取决于土壤矿物颗粒组成和有机质的含量。

（3）土壤容重

自然状态下的单位土壤体积的烘干土重（g/cm^3）称为土壤容重。一般矿质土壤的容重为1.33g/cm^3。与密度不同，容重的计算方法中包含了土壤颗粒之间的孔隙。故土壤容重的大小会受到土壤组成颗粒的影响。容重的大小能够反映土壤的疏松与紧实程度，数值越大，土壤越紧实，总孔隙度小，通气透水性差，因此这类土壤就比较板结，会影响植物根系的生长。

（4）土壤孔隙度

自然状态下单位土壤体积中土壤孔隙体积所占的百分率称为土壤孔隙度。土壤孔隙包括土壤颗粒或结构体之间的间隙和生物穴道，通常由水和气占据。沙质土壤中的气占孔隙较多，即通气孔隙；而黏质土壤中水占孔隙较多，这种孔隙称为持水孔隙。结构好的土壤中水占孔隙和气占孔隙的比例较为协调，特别是含粗有机质较多的土壤中孔隙较多。除受到土壤质地、结构和有机质含量等影响外，孔隙度还会随着人为措施如灌溉、耕作、排水、施肥等的影响，一直处于动态变化之中。总孔隙度无法直接测定，而是计算出来的。

土壤总孔隙度=（1－容重/密度）×100%

土壤颗粒团聚成团粒结构，使总孔隙度增加，结构良好的壤土和黏土的总孔隙度高达55%~65%，甚至可以达到70%。有机质含量特别多的泥炭土，总孔隙度可超过80%。

（5）孔隙类型及作用

土壤颗粒排列对土壤孔隙度有较大的影响。如果土壤颗粒相聚成团，团内的小孔隙主要是持水孔隙、团粒间大孔隙主要是通气孔隙。从养分分布情况来看，团粒内部的小孔隙因储存毛管水而通气不良，有利于厌氧微生物活动和适当的有机质的积累。而团粒之间大孔隙充满了空气，有利于好氧微生物的活动，有机质分解活跃，为植物提供有效的养分。这样的孔隙分布使得每个团粒既是小水库，又似小肥料库，起到保存、调节和供应水分、养分的作用。

土壤中大小孔隙同时存在，毛管水占据的孔隙称为毛管孔隙，是蓄水供水的。而毛管水不能占据的大孔隙则称为非毛管孔隙在平时是通气的，在降雨或灌溉时成为临时过水（透水）的通道。土壤总孔隙度在50%左右，其中毛管孔隙占30%~40%，非毛管孔隙占20%~10%，这样的土壤则比较理想。若总孔隙超过70%，则过分疏松，难于立苗，不能保水；若非毛管孔隙小于10%，不能保证空气充足，通气性差，水分也很难流通（渗水不好）。

孔隙根据大小还可以分为大孔隙、中孔隙和微孔隙。不同孔隙在土壤中的功能与作用也有所不同（表1-1）。

不同的土壤颗粒大小及排列对土壤孔隙度有较大影响

表1-1 土壤孔隙的分级

简化分级	分级	有效直径（mm）	特性与作用
大孔隙	大孔隙	0.08~5.00	主要用于通气、排水、植物根系生长，以及各种土壤动物栖息等，多存在于土块（土壤团粒结构）之间。
中孔隙	中孔隙	0.03~0.08	主要用于吸持水分和通过毛管作用导入水分，可容纳真菌和植株的根毛。
微孔隙	微孔隙	0.005~0.030	吸持植物有效水，可容纳大多数微生物，多存在于土块（土壤团粒结构）内部。
微孔隙	超微孔隙	0.0001~0.0050	吸持植物无效水，无法容纳大多数微生物，多存在于土壤胶体中。
微孔隙	隐孔隙	＜0.0001	难以容纳微生物，大分子难以进入。

2. 土壤质地

土壤质地指土壤中不同大小直径的矿物颗粒的组合状况。将土壤的颗粒组成区分为几种不同的组合，并给每个组合一定的名称，其分类名称为土壤质地。众多的质地分类规则中，有一个共同点，都分为沙土、壤土和黏土3类，可细分为：沙土、沙壤土、轻壤土、中壤土、重壤土、黏土等。这种分类可反映土壤内在肥力特征。

土壤质地与土壤肥力性状关系，可以通过表1-2、表1-3体现。

另外，土壤中石砾的多少和颗粒大小对土壤肥力也有一定的影响。

表1-2 土壤质地与土壤营养条件的关系

肥力性状	沙土	壤土	黏土
保持养分能力	小	中等	大
供给养分能力	小	中等	大
保持水分能力	小	中等	大
有效水分含量	少	多	中～少

表1-3 土壤质地与环境条件的关系

肥力性状	沙土	壤土	黏土
通气性	好	中等	不好
透水性	好	中等	不好
增温性	好	中等	不好

3. 土壤结构

土壤结构指土壤颗粒的空间排列与组合方式。根据土壤结构体的形状和大小，可分为立方体状（块状、核状、粒状、团粒）、柱状（棱柱状）、片状、板状等。它们具有不同程度的稳定性，以抵抗机械破坏（力稳定性）或泡水时不会分散（水稳定性）。土壤结构性是由土壤结构体的种类、数量（尤其是团粒结构的数量）及结构体外的孔隙状况等形成的综合性质。通常以直径0.25~10mm水稳定性团聚体的含量来判别土壤结构性的好坏。

①具有团粒结构的土壤，透气性、渗水性和保水性好，有利于根的生长。团粒结构又称为粒状结构和大团块结构，是土壤颗粒胶结成的粒状和小团块状，大小如米粒到蚕豆般大小。团粒具有多级孔性，总孔隙度大，大小孔隙兼备，蓄水（毛管孔隙）与透水、通气（非毛管孔隙）同时具备。这种土壤结构体的水稳定性（泡水不容易散）、力稳定性（外力下不容易散）、生物稳定性（微生物生活其中，仍旧可以保持结构）和多孔性等物理性能良好，是肥沃土壤的结构形态。且腐殖质和养分的含量较高，阳离子交换量大，保肥供肥性强。团粒结构是现代园艺栽培选择基质时非常重要的参考参数。

②质地为沙土、沙壤土、轻壤土的土壤，对土壤结构的影响较小；而质地为黏土、重壤土、中壤土或沉积被压实的沙土，对土壤结构的影响较大。

可通过增加土壤腐殖质和改善结构性来改良质地不良的土壤。多年施用有机肥可使沙土团聚成块，增加土壤保水能力；可使黏土疏松多孔。但要注意无机肥料使用过度，会破坏土壤结构，导致土壤板结。

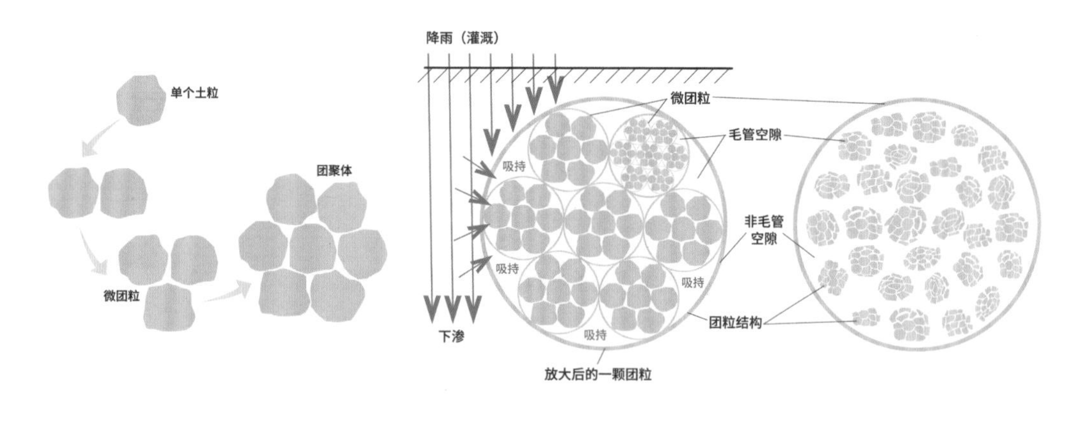

土壤团粒结构

4. 土壤的物理机械性与耕性

(1) 土壤的物理机械性

①黏结性。指土壤颗粒之间相互吸引黏合的能力，也就是土壤对机械破坏和根系穿插时的抵抗力。黏粒含量高、含水量大、缺少有机质的土壤，黏结性强。

②黏着性。土壤黏附外物的性能。是土壤颗粒与外物之间通过水膜所产生的吸引力而表现的性质。在土壤湿润时产生黏着性，水分过多时，黏着性会下降。

③可塑性。土壤在适宜水分范围内，可被外力揉捏成各种形状，在外力消除和干燥后，仍能保持原形的性能。

黏粒是产生黏结性、黏着性和可塑性的物质基础，水分条件是表现强弱的条件。

④土壤压实性。由人畜、机具在土壤上通过时，引起土壤孔隙减少、土壤变紧而造成的现象。有试验表明，每平方米土地上每天

超过15人次践踏时，土壤就会板结，根系无法深入到土壤中生长，植物高度减少15%~20%。

⑤土壤涨缩性。黏质土由于含水量的增加或者减少而发生体积增大及体积缩小的性能通称土壤的涨缩性。

(2) 土壤耕性

①耕作的难易程度。指土壤对机具的阻力大小。

②耕作质量。耕作后，土壤性状对植物生长发育的影响。土壤疏松、细碎、平整，利于植物生长。

(三) 土壤的化学性质

1. 土壤胶体

土壤胶体是指颗粒直径小于0.001mm的土壤微粒，是土壤颗粒中最细小的固相部分，也是物理化学性质最活泼的部分。土壤的保肥性、供肥性、酸碱反应、缓冲性能，以及土壤的结构、土壤的物理机械性质等，都与土壤胶体有密切关系。

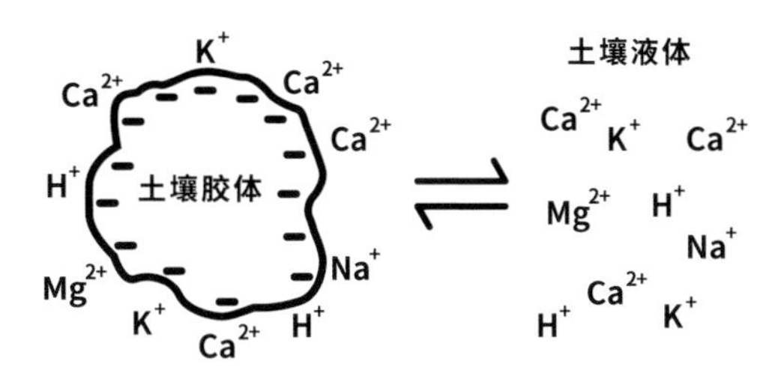

土壤胶体

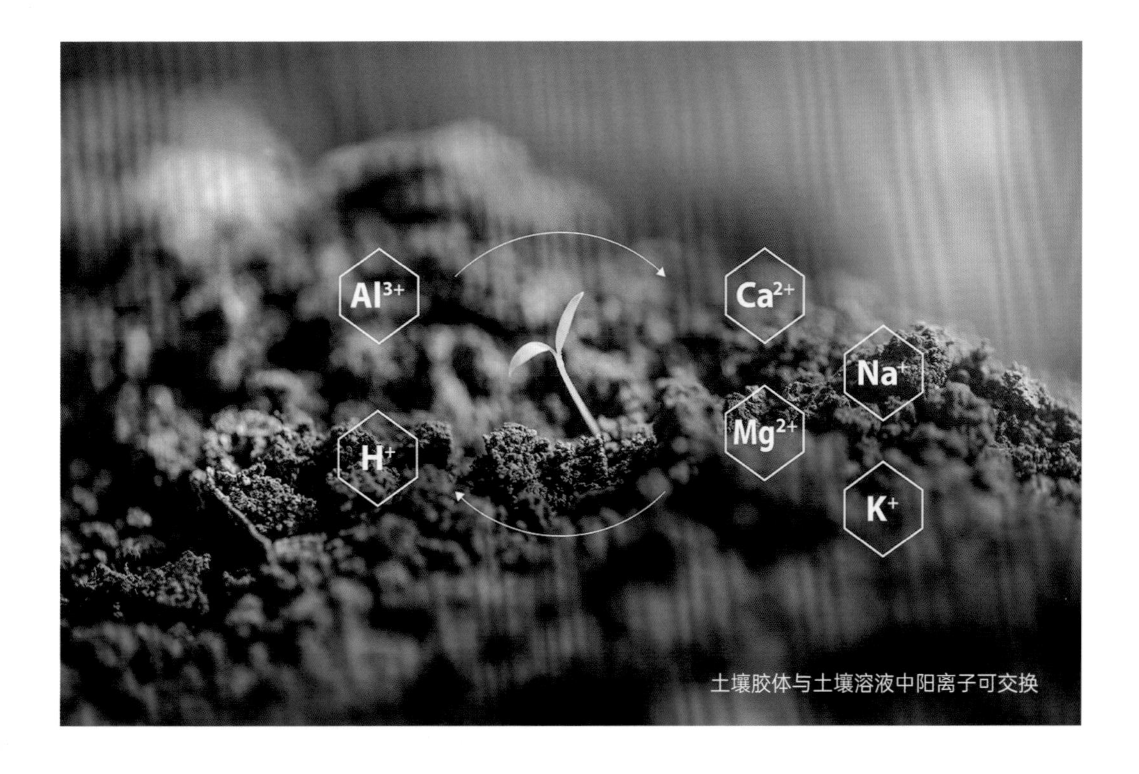

土壤胶体与土壤溶液中阳离子可交换

2. 土壤阳离子交换

①土壤阳离子交换过程。土壤胶体吸附阳离子，在一定条件下，与土壤溶液中的阳离子（K+、Mg2+、Ca2+、Al3+、Fe2+、Fe3+、Zn2+等）发生交换。能够参与交换的阳离子，为交换性阳离子。

②土壤阳离子交换量。指在pH值为7时，每千克土壤中所含有的全部交换性阳离子的厘摩尔数。单位：cmol/kg。

土壤阳离子交换量的大小，基本上代表了土壤保持养分的数量，也就是平常所说的保肥力高低。交换量大，保存养分的能力大，反之则弱。所以土壤交换量可以作为评价土壤保肥力的指标。一般小于10cmol/kg，保肥力弱；10~20cmol/kg，保肥力中等；大于20cmol/kg，保肥力强。

泥炭土

3. 土壤酸碱度

土壤中的水分不是纯净的，含有各种可溶的有机、无机成分，有离子态、分子态，还有胶体态，因此土壤中的水实际上是一种稀薄的溶液。盐碱土中土壤溶液的浓度相对较高。土壤的酸碱度是由土壤溶液中游离的H^+引起的，常用pH值表示，即溶液中氢离子浓度的负对数。土壤的酸碱度分为5级：pH<5.0为强酸性，pH5.0~6.5为酸性，pH在6.5~7.5为中性，pH7.5~8.5为碱性，pH>8.5为强碱性。我国土壤pH值一般在4~9，在地理分布上由南向北pH值逐渐增大，大致以长江为界。长江以南的土壤为酸性和强酸性，长江以北的土壤多为中性或碱性，少数为强碱性。

土壤酸碱度对矿物质和有机质的分解、养分的固定、释放和迁移、土壤微生物的活性等起到重要作用。土壤在pH6.5左右时，各种元素的有效性都较高，适宜多数植物的生长。

4. 土壤的缓冲性

在自然条件下，土壤pH值不因环境条件的改变而发生剧烈的变化，而是保持在一定的范围内，这种对环境的调节能力，称为土壤缓冲性。它使土壤酸碱度保持在一定的范围内，避免因施肥、根的呼吸、微生物活动、有机质分解和湿度的变化而发生pH值的强烈变化，为植物提供一个相对稳定的生长环境。

（四）土壤肥力

土壤肥力是人类最早认识土壤的基本特性。从营养条件和环境条件方面来说，肥力是供应和协调植物生长的能力，是土壤的基本属性和本质特征，也是土壤理、化、生性质的综合反映。肥力按产生的原因区分可以分为自然肥力和人为肥力。人为肥力是在自然土壤形成的基础上，受到人类活动（包括施肥、灌溉、耕作等措施过程）的影响所形成的肥力。影响土壤肥力的主要因素是水分和养分。土壤温度与空气对植物的生长也有直接与间接的影响。因此广义上土壤肥力因素有4个，包括水、养分、气、热（温度），4个因素相互联系，相互制约，才能使植物正常生长发育。

土壤养分指供植物生长发育所必需的营养元素。人类习惯将生物体所必需的元素称为生命元素。而类似铝、硅等对生物体是非必需的，但适量的存在能促进生物体生长发育，被称为有益元素。铅、镉等对生物体易产生直接或间接毒害作用的元素被称为环境污染元素或者有毒元素。当然土壤中有益元素含量过高也会产生毒害作用，即使是氮、磷、钾等生命元素，含量过高时，也会对植物的生长发育造成不良的影响。因此元素对于植物是有益还是有毒，主要是剂量的差异。

（五）土壤的生物多样性

土壤是“活”的，存在着多种多样的土壤生物，具有生命力。土壤生物主要包括土壤微生物、土壤动物及高等植物的根系。土壤中存在潮湿和干燥、强酸和弱酸、高温和低温、富氧和厌氧等多种微环境，且富含各种无机和有机物，从而能够呈现丰富的土壤生物多样性。在土壤生态系统中，不同种类的生物常混居在一起，不仅与自然环境因素发生关系，群落内部之间也相互影响、彼此联系。陆生植物的根系主要利用植株的地上部吸收太阳能进行光合作用而生产有机物质，在土壤中生长。而且，植物的根系与其他生物的相互作用形式更是复杂多样，例如竞争关系、互生关系、共生关系等。现在，让我们把目光聚焦在根际效应、菌根和根瘤等植物根和土壤生物的相互作用的形式上来。

1. 根际效应

根际通常是指围绕植物根面1~5mm的薄层土壤区域，该区域的根系可以影响微生物区中生物的数量和种类。根际效应，是指由于植物根系的细胞组织脱落物和根系的分泌物能够为根际微生物提供丰富的营养和能量，使植物根际中的微生物活性及数量都显著高于根际外土壤的现象。

2. 菌根

在自然界中，高等植物与微生物共生的现象是广泛存在的，菌根就是高等植物根系与一类特殊的土壤真菌之间建立的共生体。在这种共生体中，真菌会从植物体中获得光合作用的产物（糖类）和一些生长物质来维系自身的生存生长。同时真菌的根外菌丝能够从土壤中吸收矿物养分、水等，运转到根中供应植物生长所需。

3. 根瘤

根瘤是微生物与植物根联合的一种形式，可分为豆科植物根瘤和非豆科植物根瘤。与豆科植物结瘤的共生固氮细菌总称根瘤菌。非豆科植物根瘤中的内生菌主要是放线菌，少数是其他细菌或藻类。

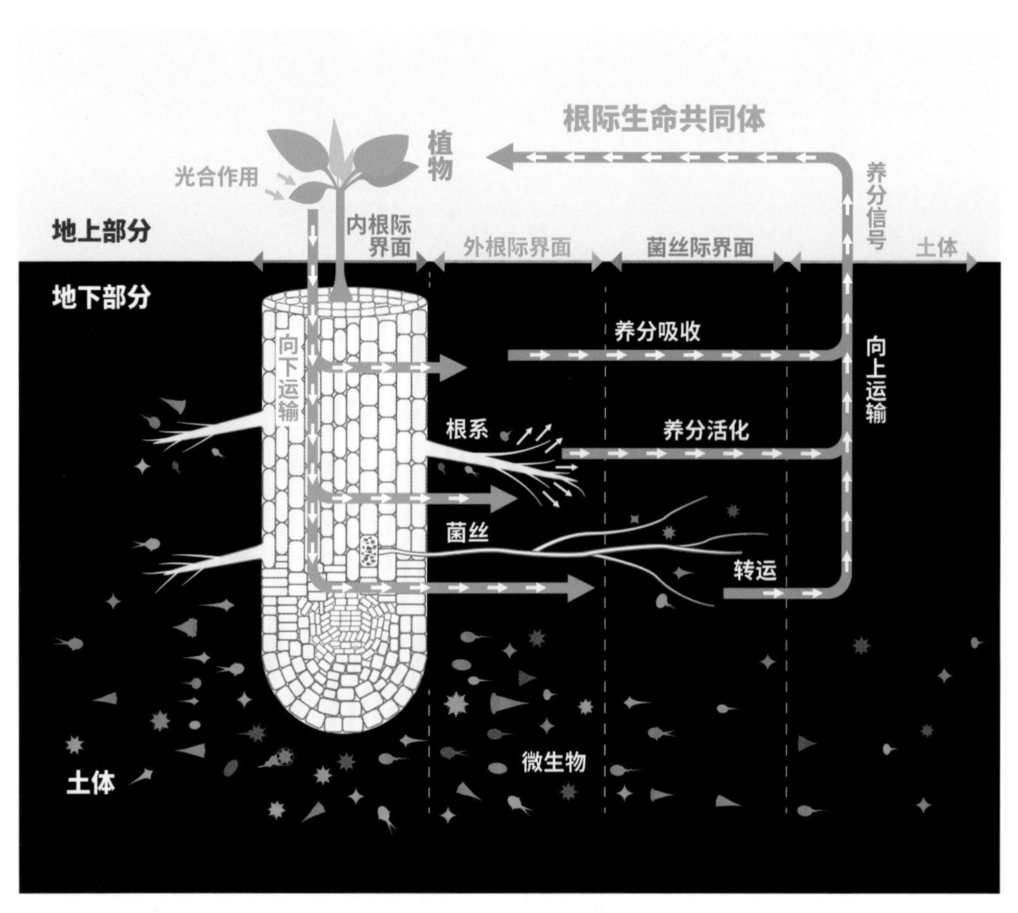

根际效应

二、不同类型植物对土壤的要求

用土壤来培育作物，即土壤栽培，目前仍旧是我国园艺栽培的最主要形式。不同植物对于土壤的要求不同，可为后续介绍基质的选择提供重要参考。

(一) 草本花卉对土壤的要求

1. 对土壤酸碱度的要求

植物对土壤酸碱度的要求是长期自然选择的结果。大多数草本植物生长在中性至微碱性的土壤上。

为了简化和便于园艺爱好者的理解，本篇将无明显木质部的开花植物归类为草本花卉。

根据草本花卉生长发育对酸碱度的要求，可分为3类：

①喜酸性花卉一般要求土壤pH6.5以下，但因种及品种不同差异较大，其中少数强酸性花卉喜pH5以下，如凤梨科植物（pH4.0）、蕨类植物、兰科植物以及绣球、紫鸭趾草等；弱酸性花卉pH5~6.5，包括几乎所有温室花卉，如仙人掌科、部分天竺葵属植物，以及大岩桐、朱顶红、秋海棠、仙客来、倒挂金钟等。

②喜中性花卉一般要求土壤pH6.5~7.5，绝大多数花卉属于这类。如香豌豆、金盏花、勿忘草、紫菀、风信子、水仙、郁金香、四季报春等。

③喜碱性花卉一般要求土壤pH7.5以上，如石竹、香豌豆、非洲菊、天竺葵等。

土壤酸碱度还影响某些花卉的花色变化。如绣球的花色与不同土壤pH值下铝离子和铁离子有效吸收有关。pH4.6~5.1时，花瓣中铝离子和铁离子含量很高，使花瓣呈深蓝色至蓝色；pH5.5~6.5时，铝离子含量较低，呈紫色至红紫色；pH6.8~7.4时，离子铝含量极低，呈粉红色。

由于花卉对pH值要求不同，栽培时依品种需要，应对pH值不适宜的土壤进行改良。如在碱性或微碱性土壤栽培喜酸性花卉时，一般露地花卉可施用硫黄粉或硫酸亚铁，每10m^2用量分别为250g和1.5kg，施用后pH值约可降低0.5~1.0。黏性重的碱性土，用量需适当增加；对盆栽花卉，可常浇灌硫酸亚铁等的水溶液。

当土壤酸性过高时，根据土壤情况可用石灰等碱性物质中和，以提高pH值。

2. 对土壤含盐量的要求

土壤盐浓度影响土壤溶液的渗透压，一些地区由于土壤盐渍化而影响到花卉的生存。盐碱土包括盐土（NaCl和Na_2SO_4为主，不呈碱性，海涂地带常见）和碱土（Na_2CO_3和$NaHCO_3$为主，呈强碱性，常见于少雨、干旱的内陆）。盐碱土的离子浓度越高，土壤溶液的渗透压越低，根系吸水阻力也越大。盐浓度过高时，造成根系失水，植株枯萎、死亡。通常以电导率（EC值）作为土壤溶液盐浓度的指标，用来表示土壤中各种离子的总量，单位一般用毫西门子/厘米（mS/cm）表示，特别是在具自动滴灌系统的温室或大棚等条件下，EC值更为重要。不同花卉种类、不同生长及栽培条件下，适宜的EC值也不同，如香石竹为0.5~1.0mS/cm、菊花为0.5~0.7mS/cm、月季为0.4~0.8mS/cm。土壤EC值超过1.5mS/cm时会对多数花卉造成危害，可通过适量减少或停止施肥，休耕时灌水，更换5~10cm的表土等方法加以控制。

在温室里以传统模式地栽花卉时，因多频次使用化肥，又缺乏天然雨水淋溶，常会产生次生盐渍化而影响大多数花木的生长，可采用离地的种植床及经常更换土壤，或进行无土栽培以防止次生盐渍化发生。

3. 对土壤养分的要求

露地花卉和温室花卉对土壤养分要求差异较大。

(1) 露地花卉

①一、二年生花卉。在排水良好的沙质壤土、壤土上均可生长良好，黏土及过轻质的土壤上生长不良。适宜的土壤为表土深厚、地下水位较高、干湿适中、富含有机质的土壤。夏季开花的种类最忌土壤干燥，因此,要求排灌方便。秋播花卉以黏质壤土为宜，如金盏菊、矢车菊、羽扇豆等。

②多年生宿根花卉。根系较强，入土较深，应有40~50cm的土层；下层应铺设排水物，使其排水良好。栽植时应施较多的有机肥，以长期维持较好的土壤结构。一次施肥后可维持多年开花。一般宿根花卉在幼苗期要求富含腐殖质的轻质壤土，而在第二年以后则以稍黏重的土壤为宜。

③球根花卉。对土壤的要求十分严格，一般都以富含腐殖质的、排水良好的轻质壤土为宜，壤土也可。尤以下层为排水良好的砾石土、表土为深厚的沙质壤土为宜。但水仙花、风信子、百合、石蒜、晚香玉及郁金香等则以壤土为宜。

(2)温室花卉

要求土壤富含腐殖质，且疏松柔软，透气性和排水性良好，能长久维持湿润状态，不易干燥。一般绝大多数温室花卉都要求酸性土壤(pH5.0~6.5)。

4. 对土壤质地的要求

一、二年生草本花卉如金盏菊、金鱼草、三色堇、一串红、翠菊等，种苗在沙质壤土、壤土中生长得更好。宿根花卉如菊花、香石竹等，它们的根系发达，生长期较长，所用土壤要求疏松，维持较好的土壤结构。球根花卉如朱顶红、风信子、百合、黄水仙、大丽菊等，由于它们的鳞茎、块根生长在土壤中，更适合疏松且排水良好的土壤环境。

（二）木本植物对土壤的要求

木本植物对土壤的要求主要在酸碱度、含盐量和肥力这三个方面。

1. 对土壤酸碱度的要求

自然界中的土壤酸碱度受气候、母质及土壤中的无机和有机成分、地形地势、地下水和植物等因子所影响。一般言之，在干燥而炎热的气候下，中性和碱性土壤较多，在潮湿寒冷或暖热多雨的地方则以酸性土为多；母质如花岗岩类则为酸性土，为石灰岩时则为碱性土；地形如为低温冷凉而积水之处则常为酸性土，地下水中如富含石灰质成分时则为碱性土。同一地的土壤依其深度以及季节的不同，土壤酸碱度也会发生变化。此外，长时期的施用某些无机肥料，亦可逐渐改变土壤的酸碱度。

按照植物对土壤酸度的要求，可以分为以下3类。

（1）酸性土植物

在土壤pH6.5以下，生长最好、最多的种类，例如杜鹃花、乌饭树、山茶、油茶、马尾松、石楠、油桐、吊钟花、马醉木、栀子花、大多数松科和棕榈科植物等。

（2）中性土植物

在土壤pH6.5~7.5，生长最佳的种类，大多数的花草树木均属于此类。

（3）碱性土植物

在土壤pH7.5以上，生长最好的种类，例如柽柳、紫穗槐、沙棘、沙枣（桂香柳）、杠柳等。

酸性土植物——杜鹃花

2. 对土壤含盐量的要求

我国海岸线很长，在沿海地区有相当大面积的盐碱土地区，在西北内陆干旱地区中的内陆湖附近以及地下水位过高处也有相当大面积的盐碱化土壤，这些盐土、碱土以及各种盐化、碱化的土壤均统称为盐碱土。

盐土中通常含有NaCl及Na_2SO_4，因为这两种盐类属中性盐，所以一般盐土的pH值属于中性，其土壤结构未被破坏。碱土中通常含Na_2CO_3或$NaHCO_3$较多，也有含K_2CO_3较多的，土壤结构被破坏，变坚硬，pH值一般均在8.5以上。就我国而言，盐土面积很大，碱土面积较小。

按照植物在盐碱土上生长发育的类型，可分为以下几种。

(1) 喜盐植物

①旱生喜盐植物。主要分布于内陆的干旱盐土地区。如乌苏里碱蓬、海蓬子等。

②湿生喜盐植物。主要分布于沿海海滨地带。如盐蓬、老鼠簕等。

喜盐植物以不同的生理特性来适应盐土所形成的生境。对一般植物而言，土壤含盐量超过0.6%时即生长不良，但喜盐植物却可在含盐量1%，甚至超过6%NaCl浓度的土壤中生长。喜盐植物可以吸收大量可溶性盐类并积聚在体内，细胞的渗透压高达40~100个大气压，如黑果枸杞等。对这类植物而言，高浓度的盐分已成为其生理上的需要。

(2) 抗盐植物

分布于旱地或湿地的种类，如田菁、盐地风毛菊等。它们的根细胞膜对盐类的透性很小，所以很少吸收土壤中的盐类，其细胞的高渗透压不是由于体内的盐类而是由于体内含有较多的有机酸、氨基酸和糖类所形成的。

(3) 耐盐植物

分布于干旱地区和湿地的耐盐植物类型，如柽柳、大米草、二色补血草以及红树等。它们能从土壤中吸收盐分，但并不在体内积累而是将多余的盐分经茎、叶上的腺体排出体外，即泌盐作用。

(4) 盐碱植物

生活在盐碱土上的植物，能适应pH8.5以上和物理性质极差的土壤条件，其体内必须保持一定的盐分浓度，过低则不能从土壤中吸收水分，过高则对植物体本身有害。如一些藜科、苋科植物。

园林绿化在不同程度的盐碱土地区，较常用的耐盐碱树种有：柽柳、白榆、加杨、小叶杨、桑、杞柳、旱柳、枸杞、楝树、臭椿、刺槐、紫穗槐、白刺花、皂荚、槐树、美国白蜡、白蜡、杜梨、沙枣、乌桕、合欢、枣、复叶槭、杏、钻天杨、胡杨、君迁子、侧柏、黑松等。

沙漠植物

3. 对土壤肥力的要求

绝大多数植物均喜生于深厚肥沃、适当湿润的土壤，但从绿化的角度来考虑，需选择出耐瘠薄土地的树种，特称为瘠土树种。例如马尾松、油松、构树、木麻黄、牡荆、酸枣、小檗、小叶鼠李、金缕梅、锦鸡儿等。与此相对的有喜肥树种如梧桐、核桃等。

另外，还有部分能适应沙漠半沙漠地带的植物，具有耐干旱贫瘠、耐沙埋、耐日晒、抗寒耐热以及易生不定根、不定芽等特点，如沙枣、沙柳、黄柳、骆驼刺、沙冬青等。

（三）蔬菜对土壤的要求

2019切尔西花展中的蔬菜花园

蔬菜对土壤的要求较高，生产蔬菜的土壤不仅应满足蔬菜生长发育对土壤环境及营养物质的要求，而且土壤环境及营养物质、有害物质还应达到允许生产无公害蔬菜的标准。

土壤有机质是反映土壤肥力状况的最主要的指标，建立无公害蔬菜基地，首先要测土壤有机质，确定土壤肥力状况。以轻壤土或沙壤土为佳，熟土层厚度不低于30cm。土壤质地疏松，有机质含量高，蓄水，保肥能力强，能及时供给蔬菜不同生长阶段对养分的要求。

其次，土壤应保水，供水、供氧能力强。蔬菜根系生长需氧量高，当土壤氧含量在10%以下时，根系呼吸受阻，生长不良。适宜生产蔬菜的土壤三相比为固:液:气=40:28:32。建立无公害蔬菜基地之前，需要对土壤的容重、团粒结构等进行测定。

第三，蔬菜生长发育必需的营养元素必须满足。土壤中的氮、磷、钾是蔬菜生长必需的3种大量营养元素，缺乏会导致蔬菜生长不良，甚至死亡。因此，首先要测土壤中的氮、磷、钾。土壤中铜、锌、铁、锰、硼等微量元素在蔬菜生长过程需要量很少，却是必需的，缺乏会导致蔬菜的生理病害，严重影响蔬菜和品质。但土壤中微量元素过多，也会对蔬菜产生危害，因此，建立蔬菜基地，也要对这些微量元素进行测定。

第四，蔬菜基地的土壤应卫生、无病虫寄生，有害物质应在标准范围之内。土壤中的汞、镉、铅、砷、铬、硝酸盐、亚硝酸盐，对生产蔬菜来说都是有害物质。建立蔬菜基地之前，也要对土壤中的汞、镉、铅、砷、铬、硝酸盐、亚硝酸盐等进行测定。

（四）盆栽植物对土壤的要求

除了植物的一般要求，如适宜的pH值、养分等外，相对于非盆栽植物，盆栽植物对土壤的要求更严格要求体现在以下几个方面。

1. 土壤质地

粗细不同的土粒在土壤中占比不同就形成了不同的土质，根据卡庆斯基制中物理性黏粒（粒径<0.01mm）的含量，可将土壤分为沙土类（<10%）、壤土类（10%~60%）、黏土类（>60%），它们对土壤质地有着重要的影响。

沙土含黏粒少而砂粒多，通气透水性好，但蓄水保肥性差，在盆栽花卉中常作为培养土的配制成分、改良黏土的成分以及用于扦插或栽培幼苗。对喜干爽、耐干旱的植物，如仙人掌类植物，则是适宜生长的土壤。

2. 土壤通气性

杜鹃花、兰花、秋海棠等一些对通气性要求特别高的花卉要注意。盆栽花卉因其生长受到花盆的制约，往往会由于浇水方法不当、土壤中缺乏有机质以及植株与花盆大小比例失调等原因，极易引起盆土板结，特别是表面土壤板结，从而影响植株根系生长，降低其生长速率。预防方法除了纠正上述易造成板结的操作外，在日常管理中应经常松土，或在盆土表面覆盖种植苔藓植物，也可利用一些干的有机肥，如菜饼、豆饼、家禽粪等，研成粉末状，均匀撒在盆土表面，用量以略见到盆土为度，切不可一次施用太多，以防烧苗。如果盆土板结已很严重，则应更换盆土。

容器苗

3. 盆土及时更换

一般根据花卉的生长状况而定，如花苗长大，根系长出排水孔，或要进行分株，或盆栽已有2~3年，或产生了一些不良的生长情况等，都要及时更换盆土。

在盆栽花卉中，除了上述的土壤要求外，还与土壤的其他理化性状及周围环境中的光、温、水、肥等各项要素息息相关，需要精心培育。

三、土壤改良

长期栽培某种作物的土壤，尤其是设施栽培的土壤，受温度高、施肥量高、连作严重、排灌不配套等一系列栽培因素的影响，土壤环境会发生不同程度的改变。其中对作物影响最大的障碍是土壤酸化、盐渍化和连作障碍。

1. 土壤酸化

土壤的pH值低于6.0，对绝大多数中性植物生长都有不良影响，并出现酸害症状，使其商品价值降低。引起酸化的原因较多，但最主要的是施肥不当，如经常超量施用氮素化肥，过量施用酸性或生理酸性肥料，如氯化铁、硫酸铵、氯化钾等。一般土壤酸化程度越重，对中性或碱性作物的危害越大。

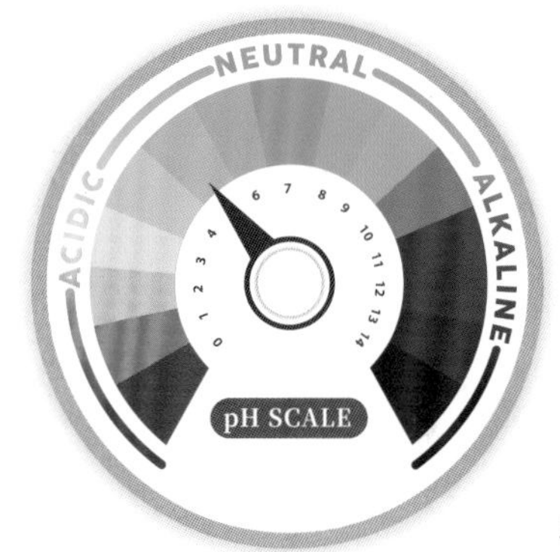

土壤酸化

2. 土壤盐害

土壤盐害也可称为“次生盐碱化”，除固有的盐碱土外，土壤盐害主要原因有两个方面：其一，连年过量施用某种化肥，使土壤溶液中可溶性盐的浓度过高而使作物受害，诱发生理干旱；其二，水分管理不当。

土壤盐害

3. 土壤连作障碍

尤其是多年生作物，由于作物的选择性吸收，会造成土壤中某种营养元素大量积累，而另一种营养元素特别缺乏，使土壤养分失去平衡。同时同种作物根系分泌物相同，导致土传有害微生物产生抗性，从而使土壤微生物失去平衡，土传病害严重，使作物生长不良，出现缺素症或连作病害。另外，在土壤连作障碍中，有许多植物的根分泌物本身就具有毒素，或能抑制其他植物生长，或带病毒。

土壤连作障碍

(一) 土壤改良材料

1. 传统土壤改良材料

传统的土壤改良材料包括有机肥、硫黄粉、石膏肥料、硫酸亚铁、石灰质肥料、生理酸性和生理碱性肥料等。它们被广泛用于土壤质地、酸碱度和盐分含量的改良，往往是针对土壤的某一方面的缺陷施用其中一种或几种材料。

2. 土壤改良剂

土壤改良剂一般是利用天然的有机物料，采用原种菌和高温发酵技术，在严格控制生产工序条件下堆制成的人工混合材料。具有增加土壤有机质、改善土壤理化性质、熟化生土、治理盐碱地等功效。

(1) 土壤改良剂的分类

土壤改良剂往往是多种成分混合在一起，很难对其进行严格分类。除水、岩棉等外，绝大多数的无土栽培基质材料均是良好的土壤改良剂(部分基质作为土壤改良材料，将在本书第四章中详细介绍)。为了研究方便，我们将土壤改良剂按组成成分的不同分为以下三种类型。

①无机质类。主要是具有较大表面积的无机物，如沸石、蛭石、珍珠岩和其他非金属矿物等。这类物质具有较强的吸附能力，能将分散的土粒吸附在一起，形成土壤团聚体。

②有机质类。主要是由天然有机物质构成，而且常常是多种成分混合在一起，如泥炭、纤维素、动植物分解的残体、腐殖质、淀粉等。这类物质类似胶体，在水中能发生解离，使其表面带有电荷，从而吸附与其电性相反的物质。而且这类物质本身具有胶结作用，可以胶结土壤颗粒，形成土壤团聚体。

③合成高分子化合物类。这类物质都是人工合成的高分子化合物，常见的有聚乙烯醇、聚丙烯酸盐、三聚氰胺合成树脂、阳离子合成高分子材料等，通过其带功能基团的分子和分散土壤颗粒之间以缠绕、包裹、贯穿、吸附乃至形成化学键等方式创建和稳定水稳性团粒结构，在提高土壤物理肥力，改善土壤保肥性、保水性、改良盐碱土以及特别在抑制水土流失方面具有重要作用。如聚乙烯醇作为土壤改良剂，特别适合沙土改造。改良后的土壤可减少土壤钾的损失，提高钾肥的利用率。这类高分子无色、无味、无毒、无害，对于废水处理和环境卫生没有影响，在自然界可以通过水解和生物降解（假单胞菌属，*Pseudomonas*）两种途径分解，最终分解产物为水和二氧化碳。

另外，还有些材料不适合归为上面任何一类，如竹炭。竹材表皮中含有很多被称为“土壤要素”的硅酸。在竹材的炭化过程中，硅酸会被浓缩在竹炭内，所以竹炭在园艺上具有改良土壤、增加肥力的功效。此外，竹炭具有多孔性的特质，埋入土中或与培养土混合后，可以增加土壤的内部孔隙，改良土壤的透气性与保水力，并能提供微生物的栖息空间以制造养分、增加保肥力。

从左至右：竹炭粒、泥炭、蛭石、稻壳炭、矽藻素、虹彩石、轻石、绿沸石、陶炭粒、陶粒、核鳞、松鳞、火山石XL号、火山石S号

(2) 土壤改良剂的作用

土壤改良剂的作用主要有以下几个方面。

①改善土壤结构，提高水分入渗速率，增加饱和导水率。土壤改良剂与土壤混合后，对土壤中电解质离子、有机分子等发生吸附，促使分散的土壤颗粒团聚，增加了土壤中水的含量和稳定性，使得土壤表面的水分能很快地渗入土壤深层中去，减少水分蒸发损失。

②保蓄水分，减少蒸发，提高土壤有效水含量。某些含有成膜剂成分的保水类型的土壤改良剂喷洒到土壤中之后，会形成一层膜，抑制土壤水分蒸发损失，或由于静电的作用把土壤中的水分吸附在土壤改良剂表面，增加防止水分逃逸的阻力，从而达到保水蓄水的目的。对于干旱缺水的地区，此类土壤改良剂效果更为明显。

③增加土壤抗水蚀能力。土壤改良剂能增强土壤团聚体数量，提高土壤团聚体的水稳性，加快地表水分渗入，减少地表径流量，从而减少水土流失量。

④增加作物产量。土壤中施加改良剂后，能改良土壤的物理性质，间接地为作物生长提供有利的土壤条件。

3. 土壤活力肥料

土壤活力肥料是在土壤改良剂的基础上进一步深入完善的一种功能更全面的产品。它不仅含有丰富的有机质及多种微量元素，为植物提供持久均衡的全元素肥料，还能明显改善土壤的理化性质，提高植物抗逆、抗病能力，增强土壤孔隙度，提高土壤的保水、供肥、保肥能力，并能缓冲土壤环境的剧烈变化，激活土壤微生物的活力，有效形成土壤的团粒结构和防止土壤板结，促进植物根系旺盛生长。

营养改良基质的制作

(二) 保护地土壤的改良

1. 大棚菜地的土壤改良

由于大棚多年连作种植, 造成病菌、虫卵积聚。另外, 由于保护地施肥种类单一、过量, 造成土壤盐分上升, 盐害加重, 有些地方土壤还会出现酸化。大部分蔬菜适宜的pH5.5~6.5, 在强酸性土壤中, 蔬菜生长发育不良, 病害严重, 效益下降。因此, 大棚菜地的土壤改良尤为重要。

(1) 土壤条件

菜田地应选择土层厚度在50~70cm, 有机质含量2.5%~3.5%, 全氮0.1%~0.15%, 全磷0.1%~0.25%, 质地疏松, 耕性好的棕壤土。这种土孔隙度较大, 透气性好, 土壤溶液呈中性或偏酸性, 具有较强的缓冲能力, 施肥后不易出现肥害, 施肥不及时也不会出现脱肥①现象。

大棚种植

改良土壤

(2) 改良方法

冬暖大棚建棚或扣棚前, 应进行1次早秋深耕, 深度以20~25cm为宜。多年连作的大棚要移棚换土, 对耕性差的黏质土要压沙改良, 对保水保肥性能低的沙质土要掺黏土改良, 对酸化的土壤可施用生石灰。生石灰可中和酸性, 消除Al^{3+}、Fe^{2+}、Mn^{2+}等的毒害, 提高土壤pH值, 从而可以提高某些养料的有效性, 增加土壤有效氮, 促使土壤胶体凝聚, 有利于土壤形成良好的结构, 减少真菌的发生, 而增加有益微生物活动, 减少病害。培肥菜田应以基施有机肥为主, 菜田常用的传统有机肥主要有人粪尿、畜禽粪、土杂肥和草木灰等。各种有机肥一定要经过充分密封堆积, 待其腐熟后再用。基施有机肥时, 可结合深耕整地进行, 基肥施用量占总用肥量的80%以上。对于一次种植多茬收获的蔬菜, 有机肥要作基肥一次施入。特殊情况需用有机肥作追肥时, 应采取沟施或穴施的方法施肥后覆土、浇水, 通风散气, 排出有害气体。有机肥追肥量占总施肥量的20%。另外, 人粪尿须发酵稀释后再追施。化学肥料作为速效肥, 也是培肥地力的有效方法。但应避免连续施用单一种类的化肥, 尤其是含氯和硫化物的肥料。对大棚菜田施用化肥的分配原则一般为:氮肥总量的20%作基肥, 80%作追肥;磷肥总量的60%作基肥, 40%作追肥;钾肥总量的50%作基肥, 50%作追肥。

①: 主要指植物缺肥, 引起植株体生长出现叶色变黄、叶色变淡、叶片变小、果实小等现象。

(3) 土壤无害化处理

①对土壤中某种盐分含量超过0.2%的菜田,可进行大水漫灌,冲洗盐分。盐害严重时,可停种1年蔬菜,改种一茬吸盐植物,进行生物脱盐。若发现土壤酸化,可采用硝酸钙、硝酸钠等碱性肥料,或在土壤耕翻时施入少量的生石灰。

②土壤消毒,根据蔬菜类型和发生病虫害的种类,选择药剂,采用撒施、喷雾、灌穴等方法消毒土壤,以控制土传病害的发生。

2. 大棚花卉土壤改良

花卉大棚栽培及育苗中最严重的问题就是大棚土壤盐渍化,它使植物渍根、萎苗、僵苗、死苗和早衰等生理性病害日趋增多,成为生产者的心病。大棚土壤盐害形成的原因主要有以下三个方面。

(1) 环境条件密闭

大棚几乎全年被塑料薄膜覆盖,长期无降雨淋溶,大棚内土壤施用的大量矿质肥料不能随雨水淋溶到土壤深层,造成耕作层土壤盐分聚集,当积累到一定程度时就会对花卉造成盐害。

(2) 土壤湿度大

大棚花卉由于灌水施肥频繁,耕层土壤湿度较大,土壤团粒结构受到破坏,土壤的渗透能力降低,盐分不能渗透到土壤深层,水分蒸发后盐分积聚于土壤表层。特别是地势低洼的大棚,土壤湿度过大,通透性能下降,造成土壤板结盐化。

(3) 肥料施量大

很多花农为了促进花卉生长盲目施用大量肥料,肥料利用率却很低。特别是硝酸盐类肥料施用量过大,使土壤耕作层含盐量增加。在施用人畜粪肥的大棚,由于棚内温度较高,人畜粪肥迅速挥发分解,硫化物、硝酸盐等残存造成土壤盐化。

湖北农青园艺科技温室大棚绿植

(三) 苗圃土壤改良

目前蔬菜和花卉商业化生产主要采用大棚和温室进行栽培，这里介绍露地苗圃土壤的改良。

深厚肥沃的土壤是苗圃获取苗木优质稳产、高产的重要条件。尤其是园林苗圃苗木品种多，对土壤要求和适应性各自不同，因此土壤管理显得更为重要。最适宜的应是富含有机质的、团粒结构较好的酸性适中的土壤。

现代化容器苗圃基地

1. 改良目标

(1) 改良物理性状

土壤质地分为沙土、壤土、黏土3大类。其中壤土保水、保肥能力和通气透水能力都很好，适合绝大多数苗木品种的生长。土壤的物理性能和土壤中有机质含量有密切的关系。土壤中有机质含量高，形成土壤团粒结构好，同样有利于保水保肥通气透水。园林苗圃自然状况下的土壤容重应以0.9~1.2g/cm^{3}为好。如不能达到这种要求，就需要对其进行改良。

(2) 改良土壤酸碱度

苗圃苗木产品结构中外引树种较多，很多树种原产地土壤性质和本地区、本苗圃土壤差异性较大。有些园林树种对土壤要求比较敏感，不少外引苗木在异地土壤中生长不适应，出现焦边黄叶、营养不良、营养生长受到抑制等反应。除个别属气候因子影响外，绝大多数是土壤因子造成的。一般苗木适应中性偏酸，少数苗木适应偏碱的土壤。

(3) 改良土壤盐分含量

土壤中的可溶性盐分，由盐的阴阳离子组成。确定盐分的类型和含量，可以判断土壤的盐渍状况和盐分动态。土壤中所含的可溶性盐分达到一定数量后，会直接影响苗木的正常生长。盐分对苗木的生长影响主要取决于其含量、组成和不同苗木的耐盐程度。就盐分组成而言：苏打盐分（碳酸钠、碳酸氢钠）对苗木危害最大，氯化钠次之，硫酸钠较轻。当钠离子进入土壤胶体表面后，很大程度上改变了土壤的理化特性，如pH值升高；当土壤中的可溶性镁升高时，也能毒害苗木。影响土壤中总盐量过高的因子主要来自3个方面：一是本地区成土母质，如石灰质土壤、海滨冲积土；二是地形造成的地下水位过高，地表蒸腾量过大；三是栽培管理中的施用化肥量过大。园林苗木种类较多，其中有很多不耐盐的树种，如原产山区的松类、杉类。对这些树种栽培土壤中可溶性盐量加以控制，防止土壤盐渍化发生，是园林苗圃必须做好的一项土壤管理工作。

2. 改良方法

(1) 改良物理性状的方法

土壤物理性能的改良最常用的方法是客土法。客土法通俗一些就是在沙土中掺加适量的黏土，在黏土中掺加适量的沙土。苗圃小苗区改土深度以30cm为宜，大苗养护区改土深度以40~50cm为宜。当然，在经济条件和成本核算允许的条件下，黏土中也可掺加浮石、珍珠岩等疏松材料，使得土壤的结构变得疏松，更利于根系生长。在沙土中也可掺加泥炭、椰糠、腐叶土等有机质含量高、持水性强的材料。其中有些有机物质如木质素、脂肪及一些抗分解的蛋白质等，分解后还会形成暗色非结晶胶体（腐殖质），这类物质拥有较高阳离子交换能力，阳离子交换量可达150~300cmol/kg，能吸附大量养分与水分，从而促进原本松散的沙土的土壤团粒结构的形成。

(2) 改良酸碱度的方法

对土壤酸碱度的改良投入的成本较高，一般采取局部地块或苗木周围局部环境改良的方法。对盐碱性土壤及酸性土壤的改良措施有以下几个方面。

①增加土壤有机质。土壤中的有机质含量是土壤肥力的重要标志。含量越高，土壤中的胶体含量越多，就可以应对过多的游离矿物离子，增强土壤的酸碱缓冲能力。有机质分解释放的有机酸可以中和土壤中的碱性物质，降低土壤的碱性。腐殖质是形成土壤团粒结构的胶体物质，可有效地改良土壤物理性能，增强土壤的团粒结构，提高土壤的肥力水平。增加土壤中的有机质，侧重施用有机肥，控制施用化肥，是改良土壤酸碱度的根本办法。

②施用硫黄粉。硫黄施入土壤中，经过土壤微生物的分解及与土壤中无机矿物质的化学反应后，可增加土壤的酸度，同时提供硫素营养。用量需要根据缓冲曲线来确定，简单换算就是每8kg的硫黄可氧化成24.5kg的硫酸。由于硫黄粉不溶于水，必须经由微生物分解后才能被利用，因此见效较迟缓，整个土壤酸化的过程需1~2年才能完成。但改良的效果比较持久且相对安全，合适的用量不会引起烧苗等副作用，适合用于种植喜酸苗木的局部土壤的酸化。

用硫黄粉改良土壤酸碱度的方法是撒施硫黄并翻入土中。在施用硫黄粉时要注意量的控制，大致是75~150g/m²左右，视土壤质地和原先土壤的pH值而综合确定，轻质土壤或pH值与改良目标值差异不大时，可减少使用量。应当注意土壤含硫超过0.05%时所栽植物会产生硫过剩，植物抗病能力减弱，而且密闭的土壤环境更会产生硫化氢而阻碍根系生长，导致根腐。所以，在施用硫黄的过程中，严谨一些，需要对土壤的硫含量进行定期的检测。

③施用石膏肥料。农用石膏有生石膏、熟石膏和含磷石膏3种。生石膏就是普通石膏。主要成分是含有两个结晶水的硫酸钙（$CaSO_4 \cdot 2H_2O$），水中溶解度比较小，应先磨细通过60目筛（60目标准筛孔尺寸：0.250mm），以提高其溶解度。石膏粉愈细，改良土壤效果愈好。目前农用的雪花石膏也属于生石膏。熟石膏是加热脱水而成的，多用于工业，很少用作肥料。含磷石膏是以硫酸法制磷酸的残渣，含石膏约64%，含磷0.7%~5%，平均2%左右，园艺上常用。

石膏可供作物磷、硫、钙等营养元素，同时有改良碱土的作用。碱性土壤中施用石膏，可使土壤中对作物毒害较大的碳酸钠和碳酸氢钠等碱性物质转化为危害小的硫酸钠，同时降低了土壤的碱度。石膏还能减弱酸性土壤中氢离子和铝离子对作物生长的不良影响。

④施硫酸亚铁。硫酸亚铁可酸化土壤，且能供给植物铁元素。一般每公顷施用几十千克时可以有局部的改良效果，用量过大易产生微量元素失调或烧苗的不良后果。因北方碱性土壤的环境易使铁离子固定，所以常和有机肥一起混施。如制成矾肥水，其比例为硫酸亚铁2~3kg，饼肥5~6kg，兑水200~250kg。日光下曝晒20天，全部腐熟后，稀释使用。

⑤石灰质肥料。主要针对酸性土壤的改良。在酸性土壤中施用石灰，除了中和土壤本身产生的酸性反应外，还可以中和由于有机质分解而产生的各种有害有机酸。此外，酸性土壤中含有较多的铝、铁、锰等离子，其浓度超过一定范围时植物就会中毒。石灰的作用主要是中和土壤酸性和供应钙素。在强酸性土壤中石灰（一般用熟石灰）施用量为每公顷375~750kg。

⑥有选择地施用化肥。化肥分为生理酸性和生理碱性两大类。对酸性土壤，以施用碱性或生理碱性氮肥，如石灰氮及硝酸钙等，以中和土壤酸度，改良土壤结构。在酸性条件下，植物也易于吸收硝态氮。碱性土壤以施用硫酸铵、氯化铵为主，以调节土壤酸碱反应。在碱性条件下，铵态氮也比较容易被植物吸收。沿海冲积土及常绿树不宜施用氯化铵，要防止氯离子毒害作用。

(3) 改良盐分含量的方法

盐渍化严重的地区常采取深井灌水、探井排盐、排水沟洗盐等彻底改造的方法。某些对盐分反应较敏感的树种，如松类、云杉等应控制化肥使用，可侧重施有机肥。对苗圃应用的肥料结构进行调整，加大有机肥用量比例。淘汰容易造成土壤盐渍化的肥源，如人粪尿、城市生活垃圾等。

（四）土壤改良中应注意的问题

①增加土壤有机质的意义除了增加腐植酸等有机胶体外，更重要的是增加有机碳源，从而增加土壤微生物活性。“土壤是活的生物有机体”，微生物活性的增强能有效地分解有害分泌物，抑制有害微生物，从而减少连作障碍。

②使用土壤改良材料。如石灰、硫黄、沙、浮石、珍珠岩、蛭石等，能迅速改变土壤的某项理化指标，迅速达到所需目的。但随着时间的流逝，在没有改变种植管理方式的情况下，土壤性状会变得比改良前更恶劣。例如长期大量施用化学肥料，使土壤板结（土壤荒漠化的过渡阶段）的地块，在加入沙、浮石等土壤结构疏松材料时，土壤的通透性能达到所需要求。如不配其他改良材料，继续大量施用化学肥料，不但使土壤保肥、保水性降至极限（大幅度提高生产成本），更因改良材料与原土的比重差异等原因，使土壤荒漠化进程加快。再如，盐碱地改良，施用硫黄粉0.15kg/m^3可调低pH0.5~1.0个单位（视土壤结构情况）。但土壤含硫超过0.05%时所栽植物会产生硫过剩，植物抗病能力减弱，在土壤密闭时更会产生硫化氢而阻碍根系生长，导致根腐。

③使用有机土壤改良材料。应选用稳定性好的材料（泥炭、完全腐熟的堆肥等），碳氮比在30以下。特别是使用比例较高时，易分解材料不但会使改良后的土壤体积减小，引起倒伏，更因不稳定材料会产生二次发酵，发酵过程产生的高温（烧根），消耗的氮素（植物缺氮）等对植物的伤害更为严重。

容器苗圃

现代温室大棚

④目前生产或销售的有机土壤改良材料存在质地过细（为求产品外观）的现象，不但增加了粉碎成本，更不利于快速改变土壤通透性，从而需要增加沙、珍珠岩等无机材料（增加成本，降低阳离子交换能力）。就目前情况看，要达到理想的改良目的，比较快速、经济的方法是以粗颗粒有机材料为主，附加少量无机材料（选阳离子交换能力强的如蛭石、浮石等），再配合pH调整剂（选残留低的材料如白云石、石膏等）、土壤团粒化促进剂等进行综合改良。需要调整pH值时最好能在有机堆肥发酵过程中加入调整剂，这样不但能使其分布均匀，经过微生物作用更能使其结构安定，对植物的副作用减弱。

⑤另外，高分子材料如保水剂、黏合剂、疏松剂等，其作用是在特殊需要时解决特殊问题，不宜全面使用。

⑥无论是大棚土壤还是露地土壤或盆栽土壤，传统改良土壤的方法一般是针对土壤较为突出的缺点进行改善，通常不能综合改良。

⑦土壤综合改良剂和土壤活力肥料，可对土壤进行全面改善。一般情况下，根据土壤的情况，选择使用这两类产品中的一种即可。

第二节 基质的基本概念

园艺栽培有土壤栽培和无土栽培两种形式。上一节较全面地阐述了园艺栽培中土壤的特性，不同植物对于土壤的需求及不同情况下土壤改良的方式方法。由此引出本书中定义的基质的概念。

基质是指现代园艺栽培中(除水外)，通过模拟天然优质土壤的物理、化学以及生物特性，人为选择天然或者人工合成，能够为植物提供良好的水、气、肥等根际环境条件，用于支持或者支撑园艺植物生长的材料或几种材料的混合物。

基质的发现及发展历史是随着园艺栽培中无土栽培的发展而来。国际无土栽培学会定义：凡是不用天然土壤而用基质或仅育苗时用基质，在定植以后用营养液等进行灌溉或者养分补充的栽培方法，统称为无土栽培。

与传统的土壤栽培相比，无土栽培具有紧随时代发展的优越性。它有效地解决了传统土壤栽培中难以解决的水分、空气和养分供应的矛盾，使作物根系处于最适宜的环境条件下，充分发挥了作物的增产潜力，使植物生长量、生物量得到大大的提高。无土栽培在城市郊区及土地少的地区应用前景广阔。它以其本身所固有的节肥、节水、省力、省药、高产、质优、洁净等优点，已成为设施园艺的重要内容和园艺作物工厂化生产的主要形式。目前世界上应用无土栽培技术的国家和地区已有100多个。由于其栽培技术的逐渐成熟，应用范围和栽培面积不断扩大，经营和技术管理水平得到很大提高，逐渐实现了集约化、工厂化生产，现已形成一套完整的理论基础，并积累了大量的实践经验。无土栽培技术的推广和应用，使园艺生产步入了一个新的发展阶段，具有十分广阔的发展前景。

现代温室蔬菜栽培

一、无土栽培的历史

从人类无意识地进行无土栽培至今已经有2000年以上的历史，中国、古埃及、古巴比伦等都有记载原始的无土栽培的方式。我国宋代就已经流行豆芽菜的无土栽培，用杯盏盘碟种蒜苗、水仙花等。从科学性进行无土栽培的研究到大规模的生产应用在现代农业中，经历了180余年的发展历史，大致可以分为试验研究、生产应用和高科技发展3个阶段。

国际无土栽培学会（ISOSC）总部设在荷兰。荷兰是世界上无土栽培最发达的国家之一，在2000年时其无土栽培面积已经超过了1万hm^2。美国是世界上最早将无土栽培技术商业化生产的国家，也是在全世界范围内广泛推广无土栽培技术的国家。

在国内，无土栽培技术兴起在改革开放以后。随着国际交流和旅游业的发展，涉外部门要求提供洁净、无污染的生食新鲜蔬菜，商品化的无土栽培应运而生。通过引进国外技术和综合改良创新，有关高等院校、科研机构、园艺作物生产单位先后研究开发出适合我国国情的高效、节能、实用的一系列蔬菜无土栽培技术，使我国的无土栽培从试验研究阶段迅速进入了商品化生产阶段，获得了一些具有中国自主知识产权的农业高新技术，实现了先进农业技术的国产化。

进入21世纪以来，多地大量兴建超大型连栋温室，促进了无土栽培的发展。近年来，我国无土栽培进入迅速发展阶段，2015年无土栽培面积约2万hm^2，2016年达到3万hm^2，2020年在5万hm^2左右，其中有1.3万hm^2的玻璃温室均采用无土栽培。从栽培形式看，全国各地都在积累多年栽培经验的基础上，努力摸索适合本地经济发展、市场情况和资源匹配的无土栽培系统和方式。

二、无土栽培的优点

无土栽培之所以能在全世界范围内迅速发展，是因为它有着许多传统土壤栽培所无法比拟的优点。

1. 产量高、品质优

无土栽培条件下植物生产所需的光、温、水、肥的供应较为迅速、合理、协调。因此，无土栽培能充分发挥作物的生产潜力，与土壤栽培相比，产量可以成倍或几十倍地提高，如表1-4所示。

表1-4 土壤孔隙的分级

作 物	土壤栽培 (kg/hm^2)	无土栽培 (kg/hm^2)	无土栽培/土壤栽培产量比
土豆	18180	174990	9.6
甘蓝	14770	20450. 5	1.4
莴苣	10222. 5	23865	2. 3
黄瓜	7972. 5	31815	4. 3
西红柿	10502.5 ~ 24997.5	150000 ~ 750000	12 ~30

从表1-4可以看出无土栽培的增产潜力是很高的。奥地利的维也纳，有一座蔬菜工厂，每平方米的面积可生产1t蔬菜。日本筑波科学城有一株水培西红柿，自1980年播种后一直生长不衰，成了一棵西红柿树，结了上万个果实。一株无土栽培的厚皮甜瓜结果近百个，而土壤栽培每株仅能结瓜1~2个。我国的试验也不例外，山东农业大学邢禹贤等的试验表明，无土栽培西瓜单株产量达4.75kg，而土培只有2.6kg。北京农业大学（现中国农业大学）园艺系1986年无土栽培黄瓜，按结瓜1个月统计，平均单株产量达1.9kg左右，一般土培还是达不到的。

无土栽培不仅产量高而且品质好。例如西红柿的外观、形状和颜色，维生素C的含量可增加30%，矿物质含量增加近一倍。无土栽培的黄瓜、厚皮甜瓜等瓜果类作物的外观整齐、着色均匀、口感好、营养价值高。

花卉的无土栽培也颇有成效。无土栽培的香石竹香味变得浓郁、花期长，开花数增多，单株开花数为9朵，而土培只有5朵。无土栽培时香石竹裂萼率仅8%，而土培高达90%，无土栽培明显提高了香石竹的开花品质。

2. 节水节肥

土壤栽培时，灌溉用水、养分大部分会流失，很浪费；无土栽培中的水分、养分可以被作物充分吸收和利用，避免流失和渗漏。

北京农业大学（现中国农业大学）园艺系曾在北京地区进行大棚黄瓜无土栽培试验，从7月30日播种至9月14日，共计46天，浇水（营养液）共21.7m^3。若进行土培，46天中至少浇水5~6次，需用50~60m^{3}的水。节水率为50%~66.7%，无土栽培节水效果非常明显，是发展节水型园艺生产的有效措施之一。

无土栽培不但省水，而且省肥，一般认为土壤栽培养分损失比率约50%。我国农村由于科学施肥技术水平低，肥料利用率更低，仅30%~40%，损失了一半以上的养分。在土壤中肥料溶解和被植物吸收利用的过程很复杂，造成极大损失，而且各种营养元素的损失程度也不同，使土壤溶液中各元素很难维持平衡。而在无土栽培中，作物所需要的各种营养元素，是人为配制施用的。不仅不会损失，还可以保持平衡，更能根据作物种类或同一作物的不同生育阶段，科学地供应养分，因此，作物生长发育健壮，长势强旺，可充分发挥增产潜力。

3. 清洁卫生

传统土壤栽培主要施有机肥。有机肥原材料分解发酵的过程中，往往会产生异味并污染环境，方法及操作不当还会孳生很多害虫的卵，进而危害作物。无土栽培则不存在这些问题。施用的基本是无机肥料，没有异味，也不需要堆肥场地，洁净无污染、无公害。

无土栽培蔬菜

4. 省力省工、易于管理

无土栽培不需要中耕、翻地、锄草等作业，省力省工。而且浇水追肥可同时解决，由供液系统定时定量供给，管理十分方便。而土壤栽培浇水时，要一个个地开和堵畦口，是一项劳动强度很大的作业。无土栽培则只需开启和关闭供液系统的阀门，大大减轻了劳动强度。一些发达国家，甚至已进入微电脑控制时代，供液及营养液成分的调控，完全用计算机控制，逐步实现了机械化和自动化，几乎与工业生产的方式相似。

5. 避免土壤连作障碍

设施园艺土壤栽培中，由于土壤极少受自然雨水的淋溶，水分、养分是自下而上运动方向。随着土壤水分蒸发和作物蒸腾，使土壤中的矿质元素同步由土壤下层移向表层。常年累月、年复一年，土壤表层积聚了很多盐分，对作物有危害作用。尤其是设施园艺中的温室，一旦建好，就不易搬动，土壤盐分的积聚，造成了一个难以解决的问题，即土壤养分不平衡，从而发生连作障碍。在万不得已的情况下，只能用耗工费力的“客土”方法解决。而应用无土栽培，特别是采用水培、雾培等，则从根本上解决此问题。

土传病害也是设施土壤栽培的难点。土壤消毒不仅操作难度大，而且会消耗大量能源，成本高昂，且难以彻底消毒。若用药剂消毒既缺乏高效药品，同时药剂有害成分的残留还会危害人体健康，污染环境。无土栽培则是避免或从根本上杜绝土传病害的有效方法。

6. 不受地区限制、充分利用空间

无土栽培使作物彻底脱离了土壤环境，因而也就摆脱了土地的约束。耕地是有限、宝贵、不可再生的自然资源，因此对一些耕地缺乏的地区和国家来说，无土栽培就更有特殊意义。无土栽培不再受地域的限制，可充分利用土地资源。大到城市绿化，小到家庭

居室，在干旱的沙漠地区甚至是太空中都可进行作物栽培，既美化了城市，也可创造经济效益，解决一些城市和地区吃菜难的问题。无土栽培进入生产领域后，地球上许多沙漠、荒原或难以耕种的地区，都可采用无土栽培方法加以利用。例如，在中东和墨西哥，人们在海滨沙滩上建立了很多塑料温室，与海水淡化系统相结合，采用无土栽培技术生产蔬菜，成为“沙漠中的绿洲”。这为解决地球上许多贫瘠地区人民生活的困难，带来了福音。

此外，无土栽培还不受空间限制，可以利用城市楼房的平面屋项种菜种花，在温室等园艺设施内发展多层立体栽培，扩大栽培面积。

7. 有利于实现园艺生产现代化

无土栽培使园艺生产摆脱了自然环境的制约，可以按照人的意志进行生产，所以是一种受控的园艺生产方式，较大程度地按数量化指标进行耕作，有利于实现机械化、自动化，从而逐步走向工业化的生产方式。目前在奥地利、荷兰、俄罗斯、美国、日本等国都有“水培工厂”，是现代化园艺生产的标志。我国各地也已建成不少的水培蔬菜工厂。其中，建于1999年的寿光市蔬菜高科技示范园，不仅将现代科技与农业相结合，打造智能化、多功能的蔬菜科技基地，同时也引入观光和展会功能，吸引着国内外大量的游客与从业者前来参观、参会、参展。

一方面，无土栽培与土壤栽培相比，有上述明显的优势，但另一方面，无土栽培却比土壤栽培成本高出几倍甚至几十倍，这也正是无土栽培虽然具有绝对优势，却仍无法完全取代土壤栽培的根本原因。这就导致无土栽培在我国发展至今还主要局限在经济效益较高的花卉苗木生产和蔬菜生产上，而且主要还是在经济相对发达地区，对于相对落后的地区的园艺作物栽培，在相当长的时间内，将仍然依靠土壤栽培。所以，本书在重点介绍现代园艺栽培基质之前，针对目前园艺土壤栽培中的关键问题进行了介绍。

第三节 基质的作用

基质是在现代园艺栽培中用来代替天然土壤，为植物根系提供良好的水、肥、气等生长条件的物质。因此，基质应当具有如下几方面的作用。需要特别说明的是，通常所讲的基质，都要求具有固定支撑植物、保持水分和透气作用，缓冲作用可以通过添加营养液来代替。

1. 固定支撑植物的作用

这是园艺栽培中所有基质功能中最主要的一个作用。使得植物能够保持直立而不致于倾倒，同时给植物根系提供一个良好的生长环境。

2. 持水作用

能够在园艺栽培中使用的基质都有一定保持水分的能力，不同基质的持水能力有差异。例如颗粒粗大的石砾其持水能力较差，只能吸持相当于其体积10%~15%的水分；而泥炭则可吸持相当于其本身重量10倍以上的水分；珍珠岩也可以吸持相当于本身重量3~4倍的水分。不同吸水能力的基质可以适应不同种植设施和不同植物品种生长的要求。一般要求基质所吸持的水分要能满足栽培植物根系吸收的需要，即植物能够在2次灌溉间歇期间不会因失水而受害，否则需要缩短两次灌溉的间歇时间，但这样可能造成管理上的不便。

3. 透气作用

基质的另一个重要作用是透气。植物根系进行呼吸作用需要有充足的氧气供应，因此，保证基质中有充足的氧气供应，对于植物的正常生长具有举足轻重的作用。基质的孔隙中有空气，可以供给植物根系呼吸所需要的氧气。如果基质容重大，过于紧实、颗粒过细会使得基质透气性不良，而基质的孔隙同时也是吸持水分的地方。因此，基质的持水性和透气性之间存在着对立统一关系，即基质中水分含量高时，空气含量就低；反之，空气含量高时，水分含量就低。故而，良好的基质必须能够较好地协调水分和空气两者的关系，也就是说，在保证有足够的水分供应给植物生长的同时，也要有充足的透气空间，这样才能够让植物生长良好。

4. 缓冲作用

缓冲作用是指基质能够给植物根系的生长提供一个较为稳定生长环境的能力，即当根系生长过程中产生的一些有害物质或外加物质可能会危害到植物正常生长时，基质会通过其本身的一些理化性质将这些危害减轻甚至化解。并非每一种基质都具有缓冲作用，多数的无机基质是不具备缓冲作用的。

具有物理化学吸收能力的基质品种都具有缓冲作用。一般把具有物理化学吸收能力、有缓冲作用的基质称为活性基质，例如泥炭、蛭石等。而没有物理化学吸收能力的基质就不具有缓冲能力，称为惰性物质，大部分无机基质都被包含在内，例如河沙、石砾、岩棉等。作为园艺栽培用的基质并不要求都具有缓冲作用。当然，如果具备这种作用，就会更方便栽培者的日常管理。

根系在基质中的生长过程会不断地分泌出有机酸，根表细胞的脱落和死亡以及根系释放出的CO_2如果在基质中大量累积，会影响根系的生长。基质溶液中生理酸性或生理碱性盐的比例搭配不完全合理的情况下，由于植物根系的选择吸收而产生较强的生理酸性或生理碱性，从而影响植物根系的生长。而具有缓冲作用的基质就可以将上述这些危害植物生长的物质吸附起来。没有缓冲作用的基质就没有此功能，因此，根系生长环境的稳定性就较差。这就需要栽培者密切关注种植过程中基质理化性质的变化，特别是选用生理酸碱性盐类搭配合适的栽培营养液配方，使其保持较好的稳定性。

具缓冲作用的基质另一个生产优势是可以在基质中加入较多的养分，让养分较为平缓地供给植物生长所需，即使加入基质数量较多也不致于引起烧苗现象，给生产管理带来方便。以前普遍认为基质具有缓冲作用也有一个弊端，即加入基质中的养分由于被基质所吸附，这些被吸附的养分究竟何时释放出来供植物吸收、释放出来的数量究竟有多少无从知晓，但现在我们知道，由于基质是模拟天然土壤，其阳离子代换和吸附作用具有可逆性、迅速平衡和等量代换的特点，如果配合盐基饱和度，我们就可以比较准确地计算出基质的阳离子吸附代换能力和实际吸附的各种阳离子的状况，只是测定和取值比较烦琐。所以，总的来说，具有缓冲作用的基质要比无缓冲作用的基质好，使用上较为方便，种植管理也更简单。

第四节 基质的分类

基质是园艺栽培技术的重要组成部分，直接影响栽培的效果。由于园艺栽培的设施和栽培形式不同，所采用的基质和基质在栽培中的作用也不尽相同。因此，了解基质的分类，对改进栽培方法，降低生产成本，提高生产效率等都具有重要意义。

基质的分类是根据基质的来源、组成、性质、组分等来进行分类。

从基质的来源分类，可以分为天然和人工合成基质两类。如土壤、沙、石砾等为天然基质，而岩棉、海绵、泡沫塑料、陶粒等则为人工合成基质。

按基质的组成成分分类，可以分为有机基质、无机基质、有机—无机混合基质。有机基质的化学性质一般较不稳定，它们通常具有较高的阳离子交换量，其蓄肥能力相对较强。在无土栽培中，有机基质普遍具有保水性好、蓄肥力强的优点，在实际栽培中使用广泛，如腐叶培、离子培、泥炭培、锯末培、泡沫塑料培、树皮培、炭化稻壳培、椰糠培、水苔培等基质栽培形式。无机基质的化学性质一般较为稳定，它们通常具有较低的阳离子交换量，其蓄肥能力相对较差。但由于无机基质的来源广泛，能够长期使用，因此在无土栽培中也占有相当重要的地位。如：砾石培、沙培、水培、陶粒培、岩棉培、珍珠岩培、蛭石培、浮石培、黑耀岩培等。有机—无机混合基质是有机和无机几种基质按一定比例配制成的混合基质，往往会比使用单一种类基质的栽培效果更好，因此，现在已成为无土栽培的的主流趋势之一。如：泥炭—珍珠岩培、泥炭—蛭石培、泥炭—珍珠岩—蛭石培、泥炭—树皮（或木屑等）—珍珠岩—蛭石培等。

从基质的性质分类，可以分为活性基质和惰性基质两类。土壤、泥炭、蛭石、蔗渣等基质本身含有植物可吸收利用的养分并且具有较高的阳离子交换量，属于活性基质；而沙、石砾、岩棉、泡沫塑料等基质本身既不含有养分，也没有阳离子交换量，则属于惰性基质。

基质根据使用时组分的不同，可以分为单一基质和复合基质两类。所谓单一基质是指以单一一种基质作为植物的生长基质，如沙培、砾培、岩棉培使用的沙、石砾和岩棉，都属于单一基质。所谓复合基质是指由两种或两种以上的基质按一定的比例混合制成的基质，例如，蔗渣—沙复合基质培中所使用的基质是由蔗渣和沙按一定比例混合而成的。现在，在无土栽培生产中为了克服单一基质可能造成的容重过小、过大、通气不良或通气过盛等弊端，常将几种单一基质混合制成复合基质来使用。但结构控制比较好的基质也还是可以单独使用的，如水苔培、沙培等。在实际应用中，使用者可以根据不同植物所需的根际环境要求，有机与无机基质的理化特性，灵活选择和配制基质，以达到植物所需的最佳基质的理化性状要求。一般在配制复合基质时，以2种或3种单一基质复合而成为宜，如泥炭和珍珠岩。因为如果混合的单一基质种类过多，则配制过程相对麻烦。

一、无机基质和有机基质

无机基质主要是指一些天然矿物或其经高温等处理后的产物，如沙、砾石、陶粒、蛭石、岩棉、珍珠岩等。它们的化学性质较为稳定，通常具有较低的阳离子交换量，其蓄肥能力较差。

有机基质则主要是一些含碳、氢的有机生物残体及其衍生物构成的栽培基质，如泥炭、椰糠、树皮、木屑、菌渣等。有机基质的化学性质通常不太稳定，它们通常有较高的阳离子交换量，蓄肥能力相对较强。

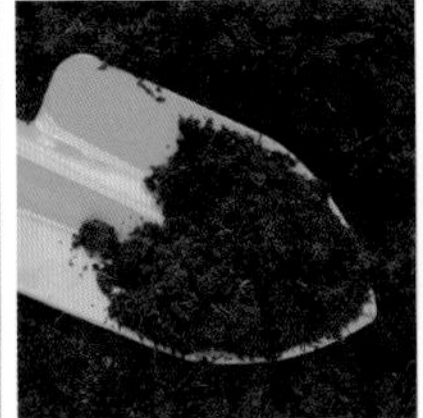

从左往右分别是矽藻素、虹彩石、泥炭、椰糠、水苔

一般说来，由无机矿物构成的基质，如沙、砾石等的化学稳定性较强，不会产生影响平衡的物质。有机基质如泥炭、锯末、稻壳等的化学组成复杂，对营养液的影响较大。例如，锯末和新鲜稻壳含有易被微生物分解的碳水化合物等，使用初期会由于微生物的活动，发生生物化学反应，影响营养液的平衡，引起氮素严重缺乏，有时还会产生有机酸、酚类等有毒物质。

因此用有机物作基质时，必须先堆制发酵，使其形成稳定的腐殖质，并降解有害物质后，才能用于栽培。此外，有机基质具有高的阳离子交换量，故缓冲能力比无机基质强，可抵抗养分淋洗和防止pH值过度升降。

二、化学合成基质

化学合成基质又称人工土，是相对较新的基质产品，它是以有机化学物质（如脲醛、聚氨酯、酚醛等）作原材料，人工合成的新型固体基质。其主体组分可以是多孔塑料中的脲醛泡沫塑料、聚氨酯泡沫塑料、聚有机硅氧烷泡沫塑料、酚醛泡沫塑料、聚乙烯醇缩甲醛泡沫塑料、聚酰亚胺泡沫塑料任一种或数种混合物，也可以是淀粉聚丙烯树脂一类强力吸水剂，使用时允许适量渗入非气孔塑料，甚至是珍珠岩。

目前在生产上得到较多应用的人工土是脲醛泡沫塑料，它是将工业脲醛泡沫经特殊化改良处理后得到的新型无土栽培基质，是一种具多孔结构，直径≤2cm，表面粗糙的泡沫小块，具有与土壤相近的理化性质，pH6~7，并容易调整。容重为0.01~0.02g/cm^3，总孔隙度为82.78%，大孔隙为10.18%，小孔隙为72.60%，气水比1:7.13，饱和吸水量可达自身重量的10~60倍或更多，有20%~30%的闭孔结构（即相互独立，不形成连通孔道的孔洞），故即使吸饱水时仍有大量空气孔隙，适合植物根系生长，解决了营养液水培中的缺氧问题，基质颜色洁白，可以按需要染成各种颜色，观赏效果好，可100%地单独替代土壤用于长期栽种植物，也可与其他泡沫塑料或珍珠岩、蛭石、颗粒状岩棉等混合使用。生产过程中，经酸、碱和高温处理以杀灭病菌、害虫和草籽，不存在土传病害，适应出口及内销的不同场合、不同层次的消费需要，其产品的质量检验容易通过。

但由于人工土相对来说是一种高成本产品，所以，在十分讲究经济效益的场合，如在饲料生产、切花生产、大众化蔬菜生产方面，目前不及泥炭、蛭石、木屑、煤渣、珍珠岩等实用，但在城市绿化、家庭绿化、作物育苗、水稻无土育秧、培育草坪草、组织培养和配合课堂教学方面，人工土则具有独到的优势。

在无土栽培中，也存在一些所谓的人造土（人工土壤）、人造植料、营养土、复合土等，但与本节所阐述的人工土截然不同。究其实质，后者不外乎是混合基质，即将自然界原本存在的几种固体基质和有机基质按各种比例，甚至再加进田园土混合而成而已，没有人工合成出新的物质。因此，人工土是具有不同于人造土、人造植料的全新概念。

三、混合基质

混合基质又称复合基质，是指由两种以上的基质按一定的比例混合制成的栽培用基质。这类基质是为了克服生产上单一基质可能造成的容重过轻、过重，通气不良或通气过盛等弊病，而将几种基质混合使用而产生的。世界上最早采用的混合基质是德国汉堡的Frushtifer。他在1949年将泥炭和黏土等量混合，并加入肥料，用石灰调整pH值后栽培植物，并将这种基质称为“标准化土壤”。美国加利福尼亚大学、康奈尔大学从20世纪50年代开始，用草炭、蛭石、沙、珍珠岩等为原料制成混合基质，这些基质以商品形式出售，至今仍在欧美各国广泛使用。

混合基质将特点各不相同的单一基质组合起来，使各自组分互相补充，从而使基质的各个性能指标达到要求标准，因而在生产上得到越来越广泛的应用。从理论上讲，混合的基质种类越多效果越好，但由于劳动力费用较高，且基质种类越多，带来的不确定因素越多，因此从实际考虑应尽量减少混合基质的种类，生产上一般以2~3种基质混合为宜。

实际种植中，常将2~3种不同的基质制成混合基质来使用

第五节 基质的理化性质

基质之所以具备固定支撑植物、保持水分、透气和缓冲等作用，是因为其本身所具有的理化性质。不同基质的物理和化学性质不一样，只有较为深刻地认识它们，才能够根据某一基质的性质进行合理利用，摒弃其短处，充分利用它的长处，发挥其良好的作用。本节主要介绍基质的理化性质及其测定方法。

一、物理性质

除了固定植物根系，基质更应该为根系创造良好的水、肥、气条件，而这些条件则与基质的物理性质直接相关，进而判定基质是否具备适用性。现代园艺栽培的要求决定了基质的性质要求，尤其是固体基质必须具备良好的物理性质。在无土栽培中，对作物生长影响较大的基质物理性质主要包括容重、密度、总孔隙度、持水量、大小孔隙比（基质气水比）以及颗粒粒径大小等。

（一）容重

指单位体积基质的重量，单位以g/L、g/cm^{3}或kg/m^{3}来表示。具体测定某一种基质的容重时可用一个已知体积的容器（如量筒或带刻度的烧杯等）装上待测定的基质，再将基质倒出后称其重量，以基质的重量除以容器的体积即可得到这种基质的容重，这样的测定值通常称为湿容重。由于含水量不同，基质的容重存在着很大的差异。

为了比较几种不同基质的容重，应将这些基质预先放在阴凉通风的地方风干水分后再测定。这种扣除吸湿水的纯干重为基础的测定值则称为干容重。也有人将基质含饱和持水量时测定的容重称为湿容重，只要维度一致都具有比较价值。

不同的基质由于其组成不同，因此在容重上有很大的差异(表1-5)，同一种基质由于受到颗粒粒径大小、紧实程度等的影响，其容重也有一定的差别。例如新鲜蔗渣的容重为0.13g/cm³，经过9个月堆沤分解，原来较粗的大纤维断裂，容重则增加至0.28g/cm³。

基质的容重可以反映基质的疏松、紧实程度。容重过大，则表示基质过于紧实，通气、透水性较差，易产生基质内渍水，对植物生长不利；容重过小，则表示基质过于疏松，通气、透气性较好，有利于作物根系伸展，但不易固定植物，易倾倒，增加管理上的困难。但如果基质的物理性能较好，如岩棉的纤维较牢固，不易折断，而且高大的植株采用引绳缠蔓的方式使植株向上生长，则选择的基质容重可小一些。一般基质的容重在0.1~0.8g/cm³范围内，植物的生长效果较好。

表1-5 几种常用基质的容重和密度

基质种类	容重（g/cm³）	密度（g/cm³）
沙	1.30~1.50	2.62
蛭石	0.08~0.13	2.61
珍珠岩	0.03~0.06	2.37
岩棉	0.04~0.11	-
泥炭	0.05~0.20	1.55
蔗渣	0.12~0.28	-

注：用容重来反映孔隙状况的基础是材料的密度必须是一致的。如基质材料的密度差异太大，在使用该指标时应特别注意，应以密度基本相当进行分组，这样比较才有意义，且精确。如容重很大的砂疏松透气良好；而细泥炭容重很小，未必疏松通气。但细泥炭的总孔隙度高达85%~90%；砂的总孔隙度低。

（二）密度

指单位体积基质的质量，单位以g/L、g/cm³或kg/m³来表示。密度与容重是不同的概念，其区别在于容重所指的单位体积基质中，孔隙所占有的体积也计算在内，而密度的单位体积就是基质本身的体积，不包括空气或水分所占有的体积。密度的测定较为麻烦，特别是容重小的基质，测定就更为麻烦。可采用密度瓶法来测定，在实际生产中一般不测定基质的密度。

(三) 总孔隙度

指基质中包括通气孔隙和持水孔隙在内的所有孔隙的总和。它以占有基质体积的百分数(%)来表示。总孔隙度大的基质,其水和空气的容纳空间就大,反之则小。基质的总孔隙度可用下列公式来计算:

总孔隙度(%)=(1—容重/密度)×100

由于基质的密度测定较为麻烦,可按下列方法粗略估测基质的总孔隙度:取一已知体积(V)的容器,称其重量(W_1),在此容器中加满待测的基质,再称重(W_2),然后将装有基质的容器放在水中浸泡一昼夜(加水浸泡时要让水位高于容器顶部,如果基质较轻,可在容器顶部用一块纱布包扎好,称重时把包扎的纱布取掉),称重(W_3),然后通过下式来计算这种基质的总孔隙度(重量以g为单位,体积以cm^3为单位)。

$$\text{总孔隙度}(\%)=[((W_3-W_1)-(W_2-W_1))/V]\times100$$

总孔隙度大的基质较轻。基质疏松,较有利于植物根系生长,但固定和支撑植物的效果较差,容易造成植物倒伏。例如,岩棉、蛭石、蔗渣等的总孔隙度在90%~95%以上。而总孔隙度小的基质较重,水、气的总容重较少,如沙的总孔隙度约为30%。因此,为了克服某单一基质总孔隙度过大或过小所产生的弊病,在实际应用时常将2~3种不同颗粒大小的基质进行混合制成混合基质来使用。一般来说基质的总孔隙度在54%~96%范围内都可以。

(四) 大小孔隙比(基质气水比)

基质的总孔隙度只能反映一种基质中水分和空气能够容纳的空间的总和, 它不能反映基质中水分和空气各自能够容纳的空间。

大孔隙是指基质中空气所能占据的空间, 也称通气孔隙;而小孔隙是指基质中水分所能够占据的空间, 也称持水孔隙。通气孔隙和持水孔隙所占基质体积的比例(%)的比值称为大小孔隙比, 也称为气水比。用下式表示:

大小孔隙比=通气孔隙所占比例(%)/持水孔隙所占比例(%)

要测定大小孔隙比就要先测定基质中大孔隙和小孔隙各自所占的比例, 其测定方法如下:

取一已知体积(V)的容器, 装入基质后按照上述的方法测定其总孔隙度后, 将容器上口用一已知重量的湿润纱布(W_4)包住, 把容器倒置, 让容器中的水分流出, 放置2小时左右, 直至容器中没有水分渗出为止。称其重量(W_5), 通过下式计算通气孔隙和持水孔隙所占的比例(重量单位为g, 体积单位为cm^3)。

$$通气孔隙=[(W_3+W_4-W_5)/V]\times 100$$
$$持水孔隙=[(W_5-W_2-W_4)/V]\times 100$$

一般地讲, 通气孔隙是指孔隙直径在0.1mm以上, 灌溉后的水分不能被基质的毛管吸持在这些孔隙中, 而在重力作用下流出基质的那部分空间。而持水孔隙是指孔隙直径在0.001~0.1mm的孔隙, 水分在这些孔隙中由于毛管作用而被吸持在基质中, 因此也称毛管孔隙。存在于这些孔隙中的水分称为毛管水。

基质的大小孔隙比能够反映出基质中的水、气之间的状况。即如果大小孔隙比大, 则说明基质中空气容积大而持水容积较小;反之, 如果大小孔隙比小, 则空气容积小而持水容积大。大小孔隙比过大, 则说明通气过盛而持水不足, 基质过于疏松, 种植植物时每天的淋水次数要增加, 这给管理上带来不便;而如果大小孔隙比过小, 则持水过多而通气不足, 易造成基质内潴水, 作物根系生长不良, 严重时根系腐烂死亡。而且有机基质中的氧化还原电位(***Eh***)下降, 更加剧了对根系生长的不良影响。一般说来, 基质的大小孔隙比在1:1.5~4的范围内植物均能较好地生长。

应注意的是, 并不是所有条件下, 通气孔隙容纳的都是空气, 持水孔隙容纳的都是水。在基质完全被水淹没的时候, 通气孔隙中也被水灌满, 这时植物根系会发生缺氧现象, 从而影响生长和吸收功能, 严重时发生死亡。所以, 在使用基质时, 必须使基质处于良好的状态。同样, 在长期缺水状态下, 持水孔隙中的水(营养液), 会逐渐被植物根系吸收而减少, 并逐渐被空气所代替, 时间长会发生干旱现象。所以, 要适时灌溉。

（五）颗粒大小（粒径）

基质颗粒的大小（即粗细程度）以颗粒直径（mm）来表示。它直接影响到其容重、总孔隙度、大小孔隙度及大小孔隙比等其他物理性状。同一种基质其颗粒越细，则容重越小，总孔隙度越大，大孔隙容量越小，小孔隙容量越大，大小孔隙比越小；反之，如果颗粒越粗，则容重越大，总孔隙度越小，大孔隙容量越大，小孔隙容量越小，大小孔隙比越大。

因此，为了使基质既能够有足够大的通气孔隙以满足植物根系吸收氧气的要求，又能够在基质中吸持定量的水分供植物根系吸收，同时还能够满足管理上方便的要求，基质的颗粒不能太粗大，也不能过于细小。如果不能够选择一个颗粒粗细适中的基质，就要尽量选择不同粗细的基质互相搭配，以保证基质中通气和持水容量均保持在一个较为适中的水平。

由于不同的基质性质各异，同一种基质颗粒粗细程度不一，其物理性状也有很大的不同，在具体使用时应根据实际情况来选用。表1-6为几种常用基质的物理性状。

木屑等有机基质分解后因颗粒变细变小，会造成大孔隙减少。种植容器的底部和壁还会建立一个保持水分高表面张力的界面，导致大孔隙减少。所以，在配置混合基质的时候，最好选用抗分解或者腐熟完全的有机基质，避免颗粒分解由大变小。无机基质相对而言其颗粒度不易因分解而变小。此外栽培用的基质应具有较好的形状，不规则的颗粒由于具有较大的表面积，会保持较多的水；而具有多孔结构的颗粒内部还能持水。植物根系对大孔隙的需求也不尽相同。观叶植物、栀子花、杜鹃花、兰花等要求大孔隙多一些；山茶、菊花、百合、唐菖蒲等要求大孔隙中度；天竺葵、棕榈、松柏、香石竹等要求大孔隙少些。

表1-6 几种常用基质的物理性状

基质名称	容重（g/cm^3）	总孔隙度（%）	大孔隙（%）	小孔隙（%）	大小孔隙比
菜园土	1.10	66.0	21.0	45.0	0.47
河沙	1.49	30.5	29.5	1.0	29.5
煤渣	0.70	54.7	21.7	33.0	0.64
蛭石	0.13	95.0	30.0	65.0	0.46
珍珠岩	0.16	93.2	53.0	40.0	1.33
岩棉	0.11	96.0	2.0	94.0	0.02
泥炭	0.21	84.4	7.1	77.3	0.09
锯木屑	0.19	78.3	34.5	43.8	0.79
砻糠灰（碳化稻壳）	0.15	82.5	57.5	25.0	2.30
蔗渣（堆沤6个月）	0.12	90.8	44.5	46.3	0.96

二、化学性质

基质的化学性质由两大板块组成，一是其化学成分；二是稳定性、酸碱度、物理化学吸附能力(阳离子交换量)、缓冲能力和电导率(EC值)等。化学性质对植物有较大影响。

(一) 化学组成

基质的种类不同，化学成分也不同(表1-7)，甚至同种基质会因产地来源的不同而不同，如黑龙江所产草炭有机质含量在59%以上，而江苏赣榆所产草炭则只有17%左右，相差悬殊。因此，基质在使用之前，应对其营养成分含量作必要的化验分析。有些基质本身含有较多的营养物质，如煤渣和蛭石都含有较多的钾素，速效钾含量达203mg/L和501mg/L；棉籽壳等含氮较多。基质中的营养物质不仅可以节省配制营养液时的肥料用量，而且对保证营养液浓度的稳定性也是十分重要的。

(二) 化学稳定性

基质的化学稳定性是指基质发生化学变化的难易程度。化学变化会引起基质中的化学组成以及比例或浓度发生改变，影响到基质的物理性状和化学性状，同时也有可能影响到加入基质中的营养液组成和浓度的变化，影响到原先的基质溶液的化学平衡，进而影响植物的生长。因此，无土栽培所用的基质一般要求有较强的化学稳定性，以避免对外加营养液造成干扰，保证植物的正常生长。

基质的化学稳定性因其化学组成的不同有很大的差异。由无机矿物构成的基质，如果其组分由长石、云母、石英等矿物组成，则化学稳定性较好；而如果是由角闪石、辉绿石等矿物组成的，则次之；以白云石、石灰石等碳酸盐矿物组成的，则化学稳定性最差。前两类基质用于无土栽培作物时，性质较为稳定，一般不会影响到基质溶液的化学平衡，但由石灰石和白云石等碳酸盐矿物为主组成的基质，常会在加入营养液之后将矿物中的碳酸盐溶解出来，使pH值升高，同时溶解出来的CO_3^{2-}、HCO_3^-，与营养液中的Ca^{2+}、Mg^{2+}、Fe^{2+}等离子作用而产生沉淀，从而影响到基质溶液中的元素平衡。

由有机的植物残体构成的基质，如泥炭、锯木屑、甘蔗渣、砻糠灰(碳化稻壳)等，由于其化学组分很复杂，往往会对加入的营养液的组成有一定的影响，同时也会影响到植物对基质溶液中某些元素的吸收。

从有机残体内存在的物质影响其化学稳定性来划分其化学组成的类型，大致可分为三大类：一是易被微生物分解的物质，如碳水化合物中的单糖、双糖、淀粉、半纤维素和纤维素以及有机酸等；二是对植物生长有毒害作用的物质，如酚类、单宁和某些有机酸等；三是难以被微生物分解的物质，如木质素、腐殖质等。含有上述第一类物质较多的有机残体（如新鲜蔗渣、稻秆等）作为基质时，在使用初期会由于微生物活动而引起剧烈的生物化学变化，从而严重影响到基质溶液的化学平衡，最为明显的是引起植物氮素的严重缺乏。含有第二类物质多的有机残体（如松树的锯木屑等）作为基质时，这些基质中所含有的对植物有毒害作用的物质会直接伤害根系。而含有上述第三类物质的有机残体作为基质时，其化学稳定性最强，使用时一般不会对植物产生不良影响，如泥炭以及经过一段时间发酵之后的蔗渣、锯木屑、树皮等。因此，在使用上述第一二类物质较多的有机残体作为基质时要经过发酵处理之后才可以使用。发酵的目的就是为了使原先在基质中易分解的或是有毒的物质转变为微生物难分解的、无毒的物质。

有机残体中易被微生物分解的物质如果含量较高，在作为基质使用时，会由于微生物的活动而很快把原有的物质结构破坏，在物理性状上表现出基质结构变差、通气不良、持水过盛等现象，因此，在选用时也要注意。

表1-7 几种常见基质的营养元素含量

基质	全氮	全磷	速效磷	速效钾	代换钙	代换镁	速效铜	速效锌	速效铁	速效硼	速效纳	速效锰
菜园土	0.106	0.077	50.0	120.5	324.70	330.0	5.78	11.23	28.22	0.425	-	-
煤渣	1.83	0.33	23.0	203.9	9247.5	200.0	4.00	66.42	14.44	20.30	160.0	160.0
蛭石	0.11	0.63	3.0	501.6	2560.5	474.0	1.95	4.00	9.65	1.06	569.4	569.4
珍珠岩	0.05	0.82	2.5	162.2	694.5	65.0	3.50	18.19	5.68	-	1055.3	1055.3
岩棉	0.84	2.28	-	1.338*	-	-	-	-	-	-	-	-
棉籽壳	22.00	2.10	-	0.17*	-	-	-	-	-	-	-	-
碳化稻壳	5.4	0.49	66.0	6625.5	884.5	175.0	1.36	31.3	4.58	1.290	114.4	114.4

注：(1)全氮、全磷的单位为g/kg；(2)速效磷、速效钾、代换钙、代换镁、速效铜、速效锌、速效铁、速效硼、速效纳、速效锰的单位为mg/kg；(3)*为全钾百分数(%)。

(三) 酸碱度(pH)

不同化学组成的基质，其酸碱性可能各不相同，既有酸性的，也有碱性和中性的。例如石灰质矿物含量高的基质，其pH较高；而泥炭一般为酸性。基质过酸或过碱一方面可能直接影响到植物根系的生长，另一方面可能会影响到营养元素的平衡、稳定性和对作物的有效性。因此，在使用一种材料作为基质前必须先测定其酸碱度(pH)，如发现其过酸(pH<5.5)或偏碱(pH>7.5)时则需采取适当的措施来调节。

基质的pH值会影响所有植物必需养分的有效性及植物对养分的吸收，因此种植前将生长基质的pH值调适到正常水平是十分重要的。pH值太高(高于6.5时)，会提高微量元素缺乏的概率；pH值太低(低于5.3时)，会造成缺钙或缺镁，甚至锰中毒。测试基质的pH值比较简便，即将2体积的蒸馏水与1体积的生长基质混合，搅动后，搁置0.5h，然后用pH纸测试，即可得到生长基质的pH值。

调节pH值较低的生长基质时，一般要添加氢氧化钙[$Ca(OH)_2$]，而添加量是由生长基质的缓冲能力决定的。在缓冲能力弱的生长基质中，使pH值转变1个单位，每立方米基质约需添加1kg多的精制熟石灰；而在缓冲能力较强的基质中，使pH值每转变1个单位，则需更多的石灰石(碳酸钙$CaCO_3$)。调节生长基质的pH值需添加的石灰石的量开始时一定要低，不要过量。先混合小部分石灰石于生长基质中，将其搅拌均匀后弄湿，放入塑料袋中放置15天，使其完全反应，然后取样多次测试pH值。如果pH值为5.5~6，则石灰石的掺合比例是合适的；否则要调整石灰石的比例，并多次测试直到pH值在适合范围内。所选的石灰石要求是，基质潮湿时，石灰石在2周内便会充分反应(而粗糙的石灰石要花上几个月的时间才能完全反应)。如果生长基质的pH值过高要降低时，可在基质中添加硫酸亚铁来调节，硫酸亚铁引起的pH值转变率比石灰石慢，所以要降低基质的pH值比提高它要困难些。如果对已栽培植物的基质进行调节，应注意不要使植物受到伤害。

一般提高基质pH值时，用1.2g/L的石灰石溶液静置24h后，可将澄清的溶液施于十分潮湿的生长基质中。降低pH值时，用2.4g/L的硫酸亚铁溶液浇施于生长基质上。已栽培植物的基质，进行pH值调节时，要注意不要把石灰石或者硫酸亚铁溶液溅在植株上。

市场上专门适用于酸性植物的基质

(四) 阳离子交换量

阳离子交换量(caution exchange capacity,CEC,也称阳离子代换量,盐基代换量)是以每100g基质能够代换吸收阳离子的毫摩尔数(mmol/100g)来表示,或以mmol/kg表示,不同的基质其阳离子交换量有很大的差异。阳离子交换量大的基质由于会对阳离子产生较强烈的吸附,所以对加入的营养物质的组成和比例会产生很大的影响,从而影响到基质溶液的化学平衡。这类营养物质在加入基质后,还未被植物吸收,其组成和浓度就已产生较大变化,使得人们难以了解基质中易被植物吸收的那部分养分的实际数量,也就较难对所需的养分浓度和组成进行有效的控制,这是其不利的一面。但也有其有利的一面,可以在基质中保存较多的养分,减少养分随灌溉水而损失,提高养分的利用效率。同时可以缓冲基质中由于基质溶液的酸碱反应或由于植物根系对离子的选择性吸收而产生的生理酸碱性、由根系分泌所产生的酸碱性或由于基质本身的变化而产生的酸碱度变化。

因此,在使用某种基质之前,必须对该基质的阳离子交换能力有所了解,以便权衡利弊,选择适当的基质种类。现将几种常用基质的阳离子交换量列于表1-8,供参考。

表1-8 常用基质的阳离子交换量

基质种类	阳离子交换量(mmol/100g)
高位泥炭	140~160
中位泥炭	70~80
蛭石	100~150
树皮	70~80
河沙、石砾、岩棉等惰性物质	0.1~1

(五) pH缓冲能力

基质的pH缓冲能力是指在基质中加入酸碱物质后,基质所具有缓和酸碱度(pH)变化的能力。不同基质具有不同的缓冲能力,缓冲能力的大小主要受到基质阳离子交换量大小和基质中的化学组成的影响。如果基质的阳离子交换量大,其缓冲能力就较强;反之,缓冲能力就较弱。如果基质含有较多的腐殖质,则缓冲能力也较强。而如果基质含有较多的有机酸,则对碱的缓冲能力较强,对酸性没有缓冲能力。如果基质含有较多的钙盐和镁盐,则对酸的缓冲能力较大,但对碱没有缓冲能力。一般来说,以植物性残体为基质的都有一定的缓冲能力,但因其材料不同而有很大差异，如泥炭的缓冲能力要比发酵的蔗渣来得大。有些矿物性基质有很强的缓冲能力，如蛭石；但大多数矿物性基质没有缓冲能力或缓冲能力很小。

基质缓冲性能的大小只能通过在基质中逐步加入一系列定量的酸或碱后，测定其pH值的变化情况，以酸或碱用量于pH值作滴定曲线（右图），从而判断基质的缓冲能力。它无法用理论计算的方法来求得。

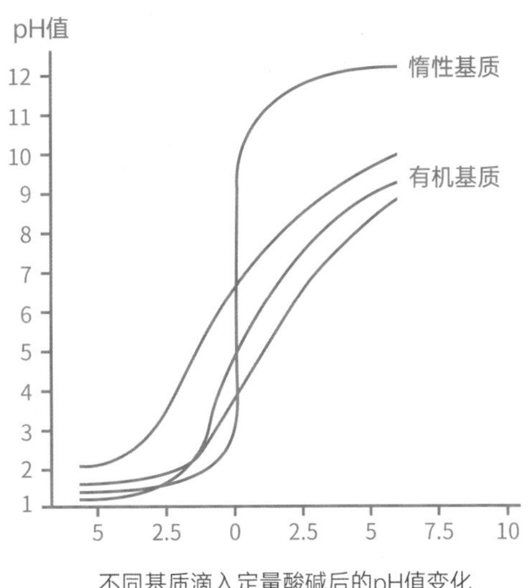

不同基质滴入定量酸碱后的pH值变化

（六）电导率

基质的电导率是指在未加入营养液前基质原有的电导率。它反映了基质中所含有的可溶性盐分浓度的大小，直接影响到加入基质中的营养液的组成和浓度，也可能影响到植物的生长。有些植物性基质含有较高的盐分，例如砻糠灰、某些树种的树皮、锯木屑等，海沙也含有较多的氯化钠，故电导率也较高。使用前必须对各种基质的电导率有所了解，利用电导仪进行测定。电导率过高时，应该用水冲洗后再使用。但电导率只反映盐分总含量，要知其中具体化合物组成，需要逐项分析。

第二章 植物根系吸收物质的机理

基质是能为植物根系生长提供稳定、良好的根际环境的物质。根际环境包括适宜根系生长的水分、氧气、养分、温度、酸碱度、根际微生物等。对栽培基质的研究其本质便是寻求最适合植物生长，同时又经济、无或少有环境副作用的替代天然土壤的材料。为此，选择栽培基质首先要搞清楚植物生长与栽培基质之间的关系。虽然不同的植物对栽培基质的要求不同，但在提供根系生长环境方面有共同的标准，即基质的理化性质标准。

第一节 根系对基质中水分的吸收

一、根部吸水的主要部位

根系是陆生植物吸水的主要器官。根系吸水的主要部位在根尖。根尖是指从根的尖端到着生根毛的部位（根毛区）。当根毛长到一定时间后就会枯死，表皮毁坏、脱落，这时皮层的外层细胞（外皮层）的细胞壁发生栓质化代替表皮产生保护作用。外皮层是单层细胞，它排列整齐，没有细胞间隙，由于细胞壁中又加人了栓质（脂类物质），使细胞壁不能透水。在双子叶植物的根系中，会产生木栓层代替原来的外皮层的作用，根毛区以上的部分其根毛已不复存在，因此除根毛区以外的根系部位没有吸水功能。在根尖中，根毛区的吸水能力最强，根冠、分生区和伸长区吸水能力较弱。后3个部分之所以吸水差，与细胞质浓厚、输导组织不发达、对水分移动阻力大等因素有关。一株植物的根毛长度可以很长。根毛区是根尖吸水的主要部位，所以园艺生产上常采取有效措施促进根系生长，多发新根，增加根毛区面积。

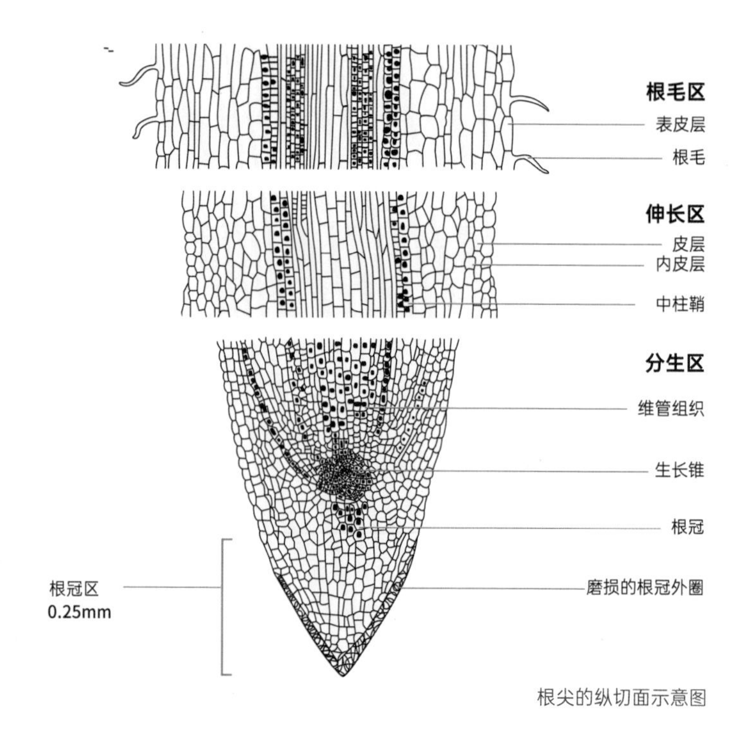

根尖的纵切面示意图

二、根系吸水的方式及其动力

根系吸水的方式可分为主动吸水和被动吸水。

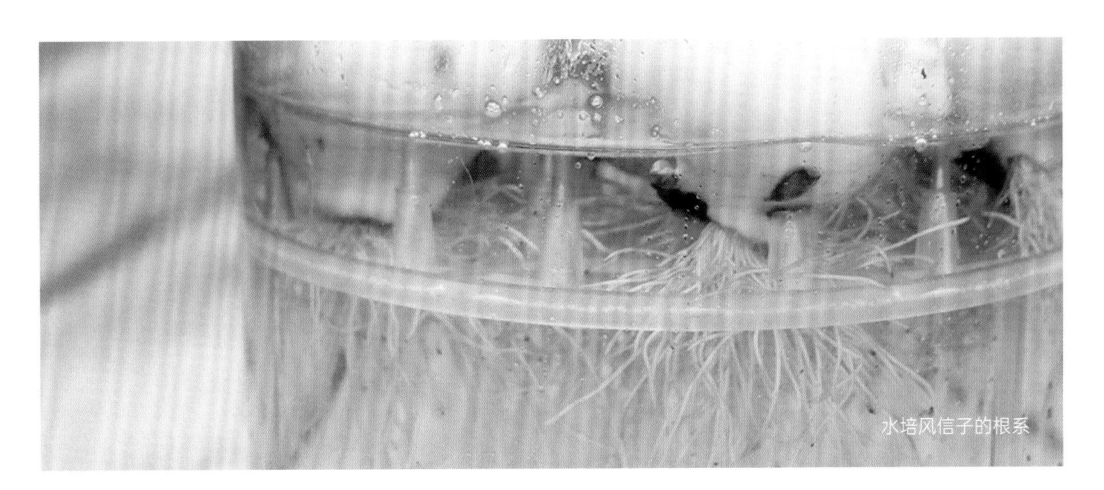
水培风信子的根系

(一) 主动吸水

由根的代谢作用而引起的植物吸水现象，称为主动吸水。根内物质可分为共质体和质外体两大部分。所有细胞的原生质体，通过胞间连丝联成一体，称共质体。细胞壁、细胞间隙与木质部的导管也联成一体，称质外体内。内皮层细胞壁上存在的凯氏带，把质外体分成两个区域：一个是凯氏带以外的所有细胞壁与细胞间隙，称外部质外体；另一个是凯氏带以内的细胞壁与细胞间隙及导管，称内部质外体。凯氏带是高度栓质化的细胞壁，水不能透过。水与溶质在质外体中可自由扩散。因此质外体也称为自由空间。液泡与细胞质之间有液泡膜隔开，所以液泡既不属于共质体，也不属于质外体。

基质溶液可沿着外部质外体向内移动，其中的离子可被皮层细胞吸收，进入共质体。在共质体中，这些离子通过胞间连丝，在内皮层细胞中移动，进入中柱的活细胞。由于中柱内氧浓度较低，中柱活细胞可能得不到足够的能量来保持共质体内较高浓度的离子，离子就顺浓度梯度扩散至内部质外体(主要是导管)中去。结果外部质外体的离子浓度降低，而内部质外体(主要是导管)的离子浓度升高，就形成了一个水势梯度，即皮层中的水势较高，中柱的水势较低，水通过渗透作用经过内皮层进入中柱。这样，水向中柱的渗透扩散作用，产生了静水压力，这就是根压。

植物的代谢强弱会影响根压的大小。比如，降低温度，减少氧浓度或使用呼吸抑制剂，都能使根压降低，从而影响根系的主动吸水。各种植物的根压大小不同，大多数植物的根压在0.1~0.2MPa①，而有些树木和葡萄也只有几百千帕。

①Pa是国际单位制中压强的基本单位帕斯卡Pascal的英文缩写。MPa是兆帕，kPa即千帕。

（二）被动吸水

由于植物叶面的蒸腾作用所引起的吸水现象，叫被动吸水。由于枝叶的蒸腾作用所产生的蒸腾拉力，是根系被动吸水的动力。蒸腾作用是指植物体内的水分以气体状态散失到体外的现象。在植物的根被麻醉或被去掉的情况下，正在进行蒸腾作用的枝叶仍能吸收水分。由此看来，根只作为水分进入植物体的被动吸收表面，因此称这种吸水方式为被动吸水。

当蒸腾作用进行时，植物叶片失水，水势[①]降低，就从邻近水势较高的细胞吸水。按叶细胞到叶脉，茎的导管，根的导管和根的顺序，形成一个由低到高的水势梯度。根细胞的水势低于基质溶液中的水势，因此根仍能从基质中吸收水分。

通常，蒸腾作用进行中的植株吸水主要靠被动吸水，只有在蒸腾作用减缓时主动吸水才会变得显著。

主动吸水和被动吸水，两者谁占主导地位由当时植物的蒸腾强度和年龄来决定。一般在早春，多年生植物的叶片还未展开以前及基质水分充足、大气湿度大、基质温度高，蒸腾作用较小时，根压是水分上升的主要动力。在植物生长的旺盛时期，蒸腾强度较大时则以蒸腾拉力的被动吸水为主。此外，植物处于幼苗时期主要靠主动吸水，植株长成后，主动吸水已不能满足生长的需求，这时的植物主要靠的是被动吸水。

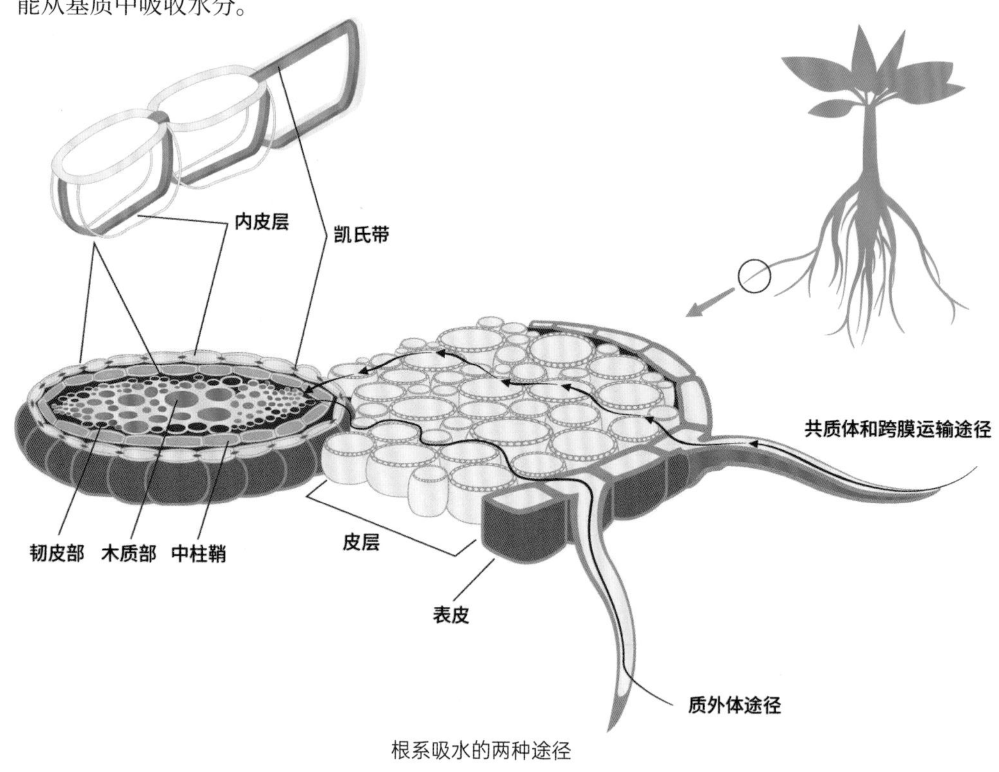

根系吸水的两种途径

①水势是指水的化学势，是推动水在生物体内移动的势能。纯水的水势最高。

三、影响根系吸水的基质条件

植物根系吸水除了受内部因素(如根系发达程度和根系代谢作用的强弱等)影响外,还受周围环境因素的影响。这些环境因素主要有基质中可利用水分、基质温度、基质通气状况以及基质溶液浓度。

(一)基质中可利用水分

基质水分可分为可利用水和不可利用水。可利用水是指能被植物利用的水分;不可利用水是指不能被植物利用的水分。植物在水分亏损严重时,细胞失去膨胀状态,叶子和茎的幼嫩部分下垂的现象称为萎蔫。如果降低蒸腾能使萎蔫的植物恢复原状,这种萎蔫称为暂时萎蔫。如果降低蒸腾仍不能使萎蔫的植物恢复原状,这种萎蔫则称永久萎蔫。植物发生永久萎蔫时,基质存留的水分含量(以基质干重的百分率计),称为基质永久萎蔫系数。当基质含水量低于永久萎蔫系数,水分受基质胶粒吸引,根系不能吸水,但当基质含水量过高,如超过浇过透水之后的基质含水量时,基质通气不良,根系吸水困难甚至不能吸水。因此,基质萎蔫系数至浇过透水后的持水量(土壤即田间持水量)之间的那部分基质水分属于基质可利用水分。在这种基质水分条件下,植物根系可正常吸水。

(二)基质温度

在植物根系生长的温度范围内,基质温度愈高,植物根系吸水愈多;基质温度下降,根系吸水也下降。这是因为:①在低温下,水的黏度增加,扩散速度降低;②植物呼吸作用减弱,影响主动吸水;③植物生长慢,影响根系吸水表面的增加。

(三)基质通气状况

基质通气状况对根系吸水有很大影响。通气良好,根系吸水能力较强;通气不良,根系吸水量减少。

试验证明,用CO_2处理根部,可使某些园艺植物幼苗的吸水量降低14%~50%,如通以空气,则吸水量增加。根系在通气不良时吸水量减少,是由于基质CO_2浓度高,缺乏O_2,使根部呼吸减弱,影响主动吸水。另外,植物进行无氧呼吸,会产生酒精中毒。植物受涝,反而表现出缺水现象,也是因为基质空气不足,影响吸水。用水培法栽种植物时,要时常通气,才能使根系吸水、吸肥,植株生长正常。

(四)基质溶液浓度

根系要从基质中吸水,根部细胞的水势必须小于基质溶液的水势(即基质溶液的渗透势)。否则,根系不仅吸不到水,反而会产生反渗透,失水而枯死。比如,施用化肥过多、过于集中时,可使基质溶液浓度过高,出现“烧苗”现象。

因此,要注意灌溉用水的含盐量和水培中的营养液浓度。一般灌溉用水的含盐量不应超过0.2%。水培营养液的总离子浓度大多在20~50mmol。

第二节 根系对基质中矿质元素的吸收

一、植物根系吸收矿质元素的特点

1. 对矿质元素和水分的相对吸收

植物对矿质元素的吸收和对水分的吸收不成正比，两者的吸收机制不同。两者之间既相关联，又各自独立。

2. 离子的选择性吸收

植物根系吸收矿质营养离子的数量与基质溶液中所含的离子的数量不成比例。该现象的生理学基础在于植物细胞吸收离子具有选择性。

植物根系吸收离子的选择性主要表现在两个方面：①植物对同溶液中的不同离子的吸收不同；②植物对同一种盐的正负离子的吸收不同。由此派生出3种类型的盐：生理酸性盐[①]，如$(NH4)_2SO_4$；生理碱性盐[②]，如$NaNO_3$、$Ca(NO_3)_2$等；生理中性盐[③]，如NH_4NO_3。

①生物酸性盐，是植物根系从基质溶液中选择性的吸收离子后，使溶液酸度增加的盐类。

②生物碱性盐，是吸收离子后，使得溶液碱性增加的盐类。

③生理中性盐是植物对用一种盐的正负离子的吸收量是相等的，这样就不会引起溶液中发生酸碱度的变化。

3. 单盐毒害和离子对抗

(1) 单盐毒害

植物在只含有一种盐类化合物（或一种金属离子）的单盐溶液中不能正常生长，甚至死亡的现象被称为单盐毒害。单盐毒害的特点：一是单盐毒害以阳离子的毒害明显，阴离子的毒害不明显；二是单盐毒害与单盐溶液中盐分是否为植物所必需无关。

(1) 离子对抗

在单盐溶液中加入少量含其他金属离子的盐类，单盐毒害现象就会减弱或消除。离子间的这种作用被称作离子对抗或离子颉颃。离子对抗的特点：一是元素周期表中不同族的金属元素的离子之间一般有对抗作用；二是同价的离子之间一般不对抗。例如：Na^+或K^+可以对抗Ba^{2+}和Ca^{2+}。

单盐毒害和离子对抗的实质可能与不同金属离子对细胞质和质膜亲水胶体性质（或状态）的影响有关。

平衡溶液是由多种盐分组成的对植物生长无毒害作用的溶液。土壤溶液对陆生植物、海水对海藻等均为天然的平衡溶液。人工配制的霍格兰（Hoagland）溶液也是平衡溶液。

二、植物根系吸收矿质元素的过程

1. 将离子吸附在根部细胞表面

植物对矿质元素的吸收主要通过交换吸附进行。交换吸附是指根部细胞表面的正负离子（主要是细胞呼吸形成的CO_2和H_2O生成H_2CO_3再解离出的H^+和HCO_3^-）与基质中的正负离子进行交换，从而将基质中的离子吸附到根部细胞表面的过程。在根部细胞表面，这种吸附与解吸附的交换过程是不断在进行着的。具体又分成以下3种情形。

①基质中的离子少部分存在于营养液中，可迅速通过交换吸附被植物根部细胞表面吸附。该过程速度很快且与温度无关。根部细胞表面吸附形成单离子层即达吸附极限。

②基质中的大部分离子被基质颗粒所吸附。根部细胞对这部分离子的交换吸附通过两种方式进行：一是通过基质溶液间接进行。基质溶液在此充当媒介作用；二是通过直接交换或接触交换进行，这种方式要求根部与基质颗粒的距离小于根部及基质颗粒各自所吸附离子振动空间的直径的总和。

在这种情况下，植物根部所吸附的正负离子即可与基质颗粒所吸附的正负离子进行直接交换。

③有些矿物质为难溶性盐类，植物主要通过根系分泌的有机酸或碳酸对其逐步溶解从而达到吸附和吸收的目的。

2. 离子进入根内部

(1)通过质外体(非质体)途径进入根部内部

质外体：质外体或自由空间，指植物体内由细胞壁、细胞间隙、导管等所构成的允许矿物质、水分和气体自由扩散的非细胞质开放性连续体系。

表观自由空间(apparent free space,AFC)：即自由空间占组织总体积的百分比。由于真正的自由空间很难测定，通常以相对自由空间(relative free space)来代替衡量。相对自由空间一般为5%~20%。

离子经质外体运送至内皮层时，由于有凯氏带的存在，离子（和水分）最终必须经共质体途径才能到达根内部或导管。这使得根系能够通过共质体的主动转运及对离子的选择性吸收控制离子的运转。

另外，在内皮层中还有一种通道细胞可作为离子和水分转运的途径之一。

(2)通过共质体途径进入根部内部

共质体：植物体内细胞原生质体通过胞间连丝和内质网等膜系统相联而成的连续体。溶质经共质体的运输以主动运输为主。

(3)离子进入导管

离子经共质体途径最终从导管周围的薄壁细胞进入导管。其机理尚不甚明确。

三、影响植物根系吸收矿质元素的基质因素

1. 基质温度

基质温度过高或过低，都会使根系吸收矿质元素的速率下降。高温（如超过40°C）使酶钝化，影响根部代谢，也使细胞透性加大而引起矿物质被动外流。温度过低，植物代谢减弱，主动吸收变慢，细胞质黏性也增大，离子进入困难。同时，基质中离子扩散速率降低。

2. 基质通气状况

根部吸收矿质元素与呼吸作用密切有关。基质通气好，可以增强呼吸作用和能量的供应，促进根系对矿质元素的吸收。

3. 基质溶液中矿质元素的浓度

基质溶液中矿质元素的浓度在一定范围内增大时，根部吸收离子的量也随之增加。但当基质溶液的矿质元素浓度高出此范围时，根部吸收离子的速率就不再与矿质元素浓度有密切关系，这是由于根细胞膜上的传递蛋白数量有限所致。而且，基质溶液中矿质元素浓度过高时，基质水势降低，可能还会造成根系吸水困难。因此，园艺生产上不宜一次施用过多化肥，否则不仅造成浪费，还会导致“烧苗”现象的发生。

改良基质促进矿物质的吸收

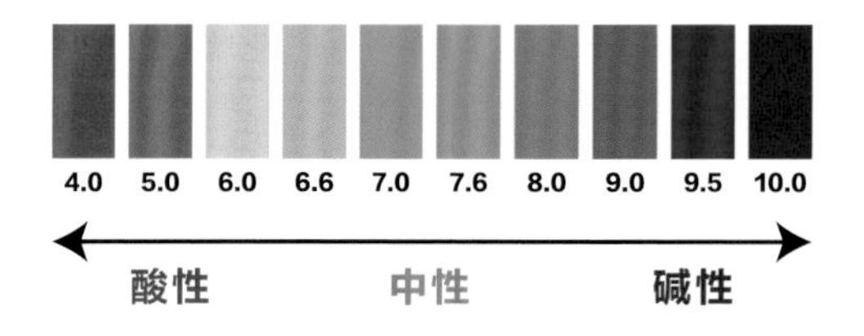

pH值 色度差别表

4. 营养液的pH值

①直接影响根系的生长。大多数植物的根系在微酸性(pH5.5~6.5)的环境中生长良好;也有些植物(甘蔗、甜菜等)的根系适于在较为碱性的环境中生长。过酸或者过碱都会引起根系细胞蛋白质变性以及酶的钝化。

②影响基质微生物的活动及活性而间接影响根系对矿质元素的吸收。当基质偏酸(pH值较低)时,根瘤菌会死亡,固氮菌失去固氮能力。当基质偏碱(pH值较高)时,反硝化细菌等对农业有害的细菌发育良好。这些都会对植物的氮素利用产生不利影响。

③影响基质中矿物质的可利用性。这方面的影响往往比前面两点的影响更大。基质溶液中的pH值较低时,有利于矿物的风化和钾、镁、钙、锰等离子的释放,也有利于碳酸盐、磷酸盐、硫酸盐等的溶解,从而有利于根系对这些矿质元素的吸收。但pH值较低时,易引起磷、钾、钙、镁等的淋失;同时引起铝、铁、锰等的溶解度增大,而造成毒害。相反,当营养液中pH值增高时,铁、磷、钙、镁、铜、锌等会形成不溶物,有效性降低。

5. 基质水分含量

基质中水分的多少影响基质的通气状况、基质温度、基质pH值等,从而影响到根系对矿质元素的吸收。

6. 基质对离子的吸附

不同的基质种类其阳离子交换量有很大的差异,有些基质的阳离子交换量可能很大,而有些基质几乎没有阳离子交换量。阳离子交换量大的基质会对阳离子产生较强烈的吸附。

7. 基质溶液中离子间的相互作用

基质溶液中某一种离子的存在会影响植物对另一种离子的吸收。例如,溴离子的存在会使植物对氯离子的吸收减少;钾、铷和铯三种离子之间会互相竞争。

基质对根系的影响

第三节 根系对基质中氧气的吸收

植物根系要维持其正常呼吸、生长和功能，必须有足量的氧气供应。当根系处于缺氧条件时，其对水分和养分的吸收减少，从而影响了地上部生长以及产量。另外，处于缺氧胁迫的根系抗性较差，容易成为微生物或病原菌侵染的目标。

一、根系吸氧途径

根系从基质中吸氧主要是通过径向扩散作用进行的。根系组织中氧的丰缺与否取决于根表面溶氧浓度与根系的呼吸速率。如果根际表面氧气浓度极低时，则氧气有可能被外层细胞耗尽，其内层的组织则处于缺氧状态，这样会抑制根系生长和功能的发挥。

另外，根系还可以从地上部（茎、叶）或处于较好氧气条件下的根群，经纵向通道扩散获得氧气。这种途径在多种水生或陆生植物中（包括茄类、瓜类、豆类）都有发现。这些植物根部有纵向的疏松组织或细胞解体形成的气腔，氧气就是通过它们从上而下扩散运输的。可见，要满足根系正常呼吸，维持正常功能，无论是径向供氧或纵向供氧，保持尽量高的根系表面氧气量或植物体内氧气量是十分重要的。

二、根系生长对基质水气比的要求

提供根系生长所需要的最佳环境条件，即满足基质中最佳的水气比例。植物的气生根、肉质根都需要很好的通气性，同时需要保持根系周围的湿度达80%以上，甚至100%的水气，粗壮根系要求湿度达80%以上，通气较好；纤细根系如杜鹃花要求根系环境湿度达80%，甚至100%，同时要求通气良好。在空气湿度大的地区，透气性良好的基质非常适宜根系生长。而在气候干燥的北方地区，如果基质的透气性过大，根系容易风干。而且北方水质多偏碱性，还要求基质具有一定的缓冲性能，即氢离子浓度调节的能力。

第四节 根系与根际微生物的关系

紧密附着于根际土壤或者基质颗粒中的微生物被称为根际微生物。由于根际效应数量一般高于非根际区域，不同植物的根际微生物组成和数量不同。在生长过程中，植物凋亡的根系及其脱落物（根毛、表皮细胞、根冠等）以及根系的分泌物是根际微生物重要的养分和能量来源；并且由于根系的穿插作用，根际的水分状况和通气条件优于非根际，从而形成有利于根际微生物生长繁殖的微环境。根际微生物与植物根系相互作用、相互促进。植物、有益微生物和有害微生物三者之间的作用可粗略概括为植物“根际——微生物”系统。

一、根际微生物的特点

当植物生长旺盛时，根系分泌物会增多，微生物在根际处繁殖加快，数量增加。一般植物在开花前后根际微生物的数量是最多的。研究表明，微生物的种类与土壤pH值有一定关系，在中性条件下微生物以细菌为主，酸性条件下则以真菌为主。

微生物只有在基质水分充足时才能发育和活动。多数微生物是好气性的，如根瘤菌、磷细菌、固氮菌等，这类微生物的呼吸作用非常强烈，要求基质比较疏松，具有良好的结构与通气状况。基质过湿，影响根系的通气性，对好气性微生物不利；基质过干，根际基质周围的水膜变薄，影响营养物质的扩散以及真菌和放线菌菌丝的发育、细菌的游动等。

二、植物根系与根际微生物的关系

根际微生物的种类、数量和活性受到根际的维生素、碳水化合物、氨基酸等物质的种类和数量的直接影响。因此植物种类不同，根际效应也不同，而根际微生物对植物也会产生多方面的影响。

1. 植物的根系分泌物为根际微生物提供营养和能量

植物在生长时期，根系不断向根外分泌有机物质的过程称为根际沉淀（rhizodeposition）。一般情况下光合作用产物的28%~59%

会转移到植物的地下部，其中有4%~70%会通过分泌作用进入基质中，这些物质能给根际微生物提供营养和能量，从而影响着根际微生态特征。而且根表和根际的微生物的活性和数量会从根际向非根际区域呈明显递减的趋势，由于距离根越远，根系分泌物的数量与分布越少，供给微生物的能源物质也随之越少，通过根系分泌的有机酸或碳酸对有机质逐步溶解从而达到吸附和吸收的目的。

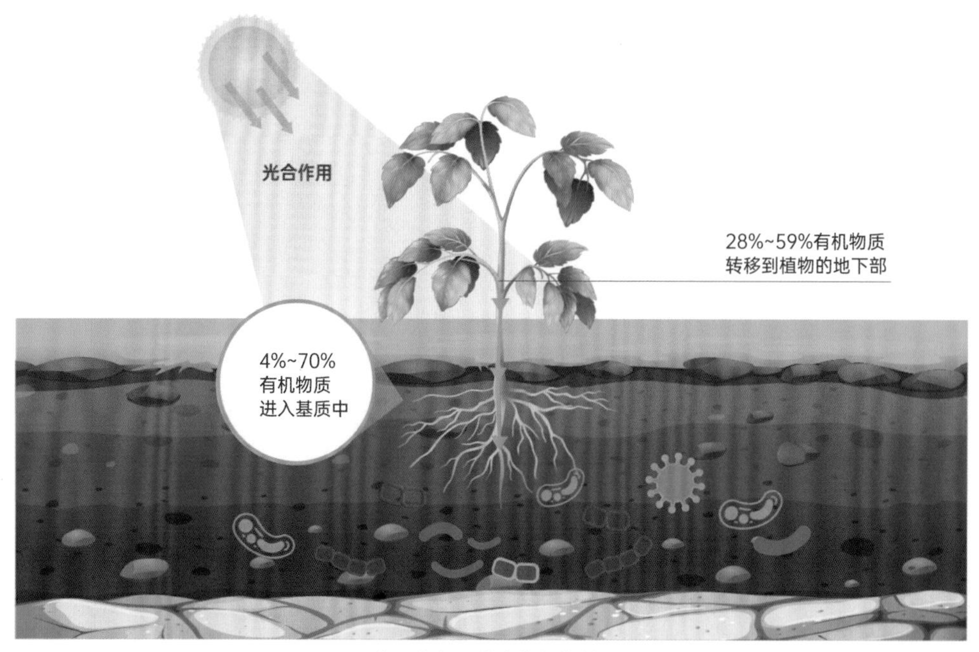

根系与根际微生物间的关系

2. 根际微生物的活动促进植物的生长

(1) 对根际营养的贮存和调节

在类似干旱的情况下，植物生长由于受到气候限制，从而降低了对养分的需求。而同时期的微生物却仍能保持较高的生长势，那么基质中的大多数养分就会被微生物吸收并转化为微生物生物量。而当外部环境的逆境缓解或者解除时，植物恢复正常生长，微生物生物量中的养分将会重新释放出来。这种转换的速度远远超过基质中原有有机质所含营养元素的转换。因此，在养分缺乏的基质环境中，微生物生物量能够起到贮存养分的作用，从而调节植物营养的供应。

(2) 对植物根系的促生作用

根际微生物对于植物根系的促生作用，主要通过产生包括吲哚类、激动素类、赤霉素等植物生长调节剂物质，被植物吸收后直接促进植物的生长，或者通过合成能够增强植物对有害微生物侵害的抗性物质，例如类似土霉素、链霉素等抗生素以及在某类矿物元素缺乏的情况下，能快速吸收该类元素，让得不到该类元素的有害微生物无法存活，从而保护根际环境。这类植物根际中能够促进植物生长的细菌又称植物促生细菌（plant growth promoting rhizobacteria，PGPR）。

(3) 分解难溶性的矿物质和有机物

作为分解者，很多微生物能将基质中的有机物和难溶性的某些矿物质进行分解，同时释放出无机养分，从而转化为植物能够吸收利用的营养的形式，并且有机质的种类越多，含量越高，这些微生物分解的活性就越强。如无机磷细菌和硝化细菌等都可以在生理代谢过程产生酸，从而提高对元素磷的释放和有效性。有些细菌还能分泌胞外酶，可以促进难溶性磷的解离。然而根际微生物对有机质及难溶性矿物质的分解和利用还同时受到许多的环境因素的影响。

3. 根际微生物与根系间的养分竞争关系

前文提到微生物依附在根系巨大的表面积上生存，植物的根系分泌物是根际微生物营养和能量的来源。同时，微生物的活动又有助于基质中某些养分的有效活化过程。然而，两者之间也普遍存在对矿质养分的竞争。以对氮元素的竞争为例，当基质中碳和氮养分充足并分布均匀时，植物对氮素的获得能力相对微生物较弱。例如，在使用未完全发酵腐熟的有机基质作为栽培基质时，参与了这些有机基质发酵分解的微生物会保持强大的生长势头，旺盛的活力就会吸收并消耗基质中大量的氮元素，从而导致植物根系吸收氮素不足，从而出现黄化这种典型的缺氮症状。

根际微生物的活动还可能导致植物对钙、钼、硫等元素的吸收量减少。对某些关键元素的固定还可能严重影响植物的生长发育，如由于基质中锌和氧化锰被固定易导致果树小叶病、燕麦灰斑病等。

4. 根际微生物对根系的其他影响

某些有害根际微生物会有选择性地在一些相应种类植物的根际进行繁殖，增加这类植物病害发生的概率。不是所有的有害微生物都具有直接的致病性，有些微生物会通过代谢产生一些有害物质来抑制根系的生长或者阻碍根系对营养成分的吸收等。

植物会通过根系的代谢活动为自身创造有利生长环境。植物根系一方面从基质中吸取营养和水分，另一方面通过根系分泌物等来调节根际微生物的活性。植物生长的不同阶段，根际微生物的种类、生长活性及数量等也会随之变化。

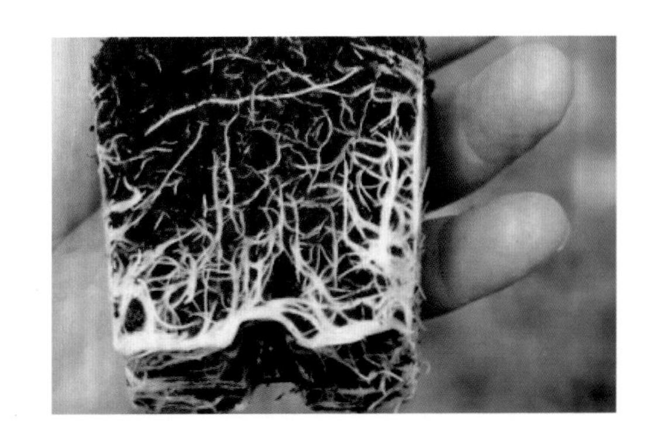

第三章
植物生长对基质的要求

前文提到过，除水以外的基质其实都是对于理想土壤模型的模仿，那么植物对于土壤的要求同样情况下反映在对于基质的要求上。

植物生长对基质的要求，主要包括基质的物理、化学和生物学性质3个方面。

通过对基质这3个方面性质的了解，能够帮助从业者针对植物品种以及植物所处的生长阶段，对基质进行有效的选择与配置。

第一节 对基质物理性质的要求

现代园艺栽培基质是模拟天然土壤，因此与土壤一样通常也分为固相、液相、气相3个部分。固相部分支撑固定植物植株并起到保护根系生长的作用，液相部分供应植物水分和水溶性养分，气相部分保障根系同外界的氧气与二氧化碳的交换。

空气含量较大的基质珍珠岩

基质的固相部分的质量要求通常可以用容重来表示，基质的容重计算方法中包含了基质颗粒之间的空隙，因此基质容重的大小会受到基质不同品种的质地以及颗粒尺寸的影响。容重的大小反映了基质的疏松与紧实程度。一般而言植株在基质容重0.1~0.8g/cm^3范围内生长良好。

基质的气相和液相部分常用1kPa（千帕）时的空气与水的比率(气水比)来表示。可通过测定通气孔隙（大孔隙）与持水孔隙（小孔隙）的比例而获得。大小孔隙比在1:1.5~1:4时植物均能生长良好。大小孔隙的总量为总孔隙度，理想基质的总孔隙度在70%~90%。仅了解1kPa时的气水比还不够，有时还必须了解10kPa时基质的气水比。不同深度的气水比不同，水分分布也不同，因此会影响对植物养分及水分的供应。

Riviere(1992)根据基质的物理性状将基质分为3类：持水性强的，如草炭、泥炭、微纤维为第一类，它们在1kPa时具有很强的保水性能。第二类为空气含量大的，这类基质粒径较大，通气孔隙多，如珍珠岩、岩棉。第三类为含有易吸湿部分的基质，这类基质多为有机基质，如各种农林及易腐废弃物堆制腐熟的堆肥。

易吸湿部分基质——堆肥

第二节 对基质化学性质的要求

基质的化学性质包括阳离子交换量(CEC),酸碱度(pH值),基质的组分元素种类及含量,各种植物生长所需的速效养分或有效养分的含量,基质储存和供应根系所能吸收的矿质元素的能力。

一、阳离子交换量

这个能力主要由矿物黏粒和有机质表面所携带的阳离子数量决定。它决定着基质储存和供应养分的能力、基质对酸和碱的缓冲性能等。矿质元素的有效吸收状态主要以离子的形式存在。K^+、Na^+、NH_4^+都可吸附在基质胶粒表面;SO_4^{2-}和NO_3^-主要存在于基质溶液中;而PO_4^{3-}则会在不同的pH值条件下与胶粒表面的Ca_2^+、Mg_2^+、Al_3^+形成盐桥而被吸附。被吸附的离子与基质溶液中的离子存在着动态平衡,维持着植物养分的吸收来源。阳离子交换能力用CEC值来表示,不同基质材料的CEC值差别很大,可分为两类:一类具有阳离子交换能力,如蛭石、泥炭、木屑;另一类几乎无阳离子交换能力或交换能力很弱,如岩棉、珍珠岩、沙。

二、基质的酸碱度(pH值)

pH值对植物的影响表现在两方面。一方面,不同作物对pH值的要求不同,既有喜酸作物,也有喜碱作物;另一方面,pH值影响着养分的形态,能被植物有效吸收的含量。大量元素在pH值为6.0时有效含量最大。铜、铁、锰、锌在pH值5.0~6.0;钼在pH值6.5~7.0时的有效性最高。由于植物对养分的吸收、蒸发,基质的pH值会发生变化,基质的酸碱缓冲性能就显得重要了。这个能力由阳离子交换量和盐分的组分、含量决定。基质阳离子交换量大的,相对酸碱度的缓冲性就大,反之则小。

三、基质的组分和营养元素的含量、形态

基质组分中的可溶盐含量影响着养分组成配比及有效态含量,如基质中Ca_2^+、Mg_2^+的有效量就由CO_3^{2-}、HPO_4^{2-}、SO_4^{2-}离子的浓度决定。基质溶液中微量元素的含量也会因基质中某阳离子含量过高而发生络合或沉淀,而影响有效性。对于含有大量营养元素的有机基质,营养元素的含量形态又影响到营养液的配比及选择(详见第六章)。此外,有机质的分解速率、养分的供应强度都需要考虑。

四、养分的供应潜力

基质既要含有可供植物吸收利用的氮、磷、钾、钙、镁等矿物质元素养分，又要求所含成分不会对施用的营养液后的基质溶液产生干扰以及不会因含量过高而对植物造成伤害，更不能含有害物质或污染物质，还要保持稳定。这一特性主要取决于根系周围的盐浓度。这个浓度可用g/L或电导率（EC值）来表示。电导率与基质的养分供应潜力成反比，即EC值较大，则表明植物根系周围的可溶性盐浓度较高，基质的养分供应潜力就会减小。

此外，基质的养分供应潜力还受基质自身的营养数量、阳离子交换量、栽培植物对养分需要量的多少、吸收养分的能力等影响。Peningofld和Kuvzmann（1986）将园艺栽培植物分为3类， 即盐敏感型、盐不敏感型和中度敏感型；O.Verdonck（1988）按园艺植物对盐分及养分的要求将作物分为3类，即盐敏感型、一般型、西红柿。需要特别指出的是，目前无土基质栽培面积最大的西红柿被列为单独一类。西红柿对盐分的要求比较高，属耐盐型。

基质的化学性质会因作物生长、灌溉、气候等因素发生变化，在基质的选择中，应注意这些变化，随时根据作物生长的需要调整。例如，西红柿不同生育时期对盐分的要求就不同。

西红柿是对盐分要求比较特殊的一类

第三节 对基质生物学稳定性的要求

基质的生物学稳定性主要受微生物和作物根系活动的影响。这种影响又直接表现为基质的理化性质发生变化。具体表现为：总体积减少，总孔隙度下降；1kPa时的气水比率增大，空气含量减少，持水量加大；基质的粒径发生变化；由于微生物的呼吸作用，CO_2含量增加，基质中气水比率发生变化，pH值和CEC值增加；盐分发生累积，EC值升高；微生物代谢的有机物对栽培植物的生理毒性和生长刺激或抗性变化。

基质的生物学稳定性主要受碳氮比（C/N）的控制，稳定性也可用C/N来估测。C/N小的有机基质分解慢、稳定性高。一般规定，碳氮比在200:1~500:1属于中等，小于200:1属于低C/N比，大于500:1属于高比例。通常碳氮比宜中、宜低不宜高。30:1的C/N比相对适合植物生长。但仅知道C/N是不够的，还必须考虑有机质的化学组成，如木栓质、木质素、胡敏酸类含量高的基质则分解较慢，而纤维素和半纤维素含量高的则分解较快。法国的研究机构采用了基质中有机组分的稳定性生物化学指标来评价基质的稳定性，其结果见表3-1。

表3-1生化分析法得到的有机材料的稳定性指标

介质	泥炭	针叶树皮	落叶树皮	木屑	农业废弃物	城市垃圾肥	秸秆
稳定性（%）	70~100	60~100	50~100	10~40	10~50	15~60	0~30

泥炭的生物稳定性指标为70%~100%

第四章 基质选择标准

实践中选用的基质和基质在其栽培中的作用可能不尽相同，在生产中应根据自身的特点选择适宜的基质材料。本章讨论基质的选用标准，以及不同场景下、不同植物生长阶段下对于基质的特殊需求。

此外，无土栽培基质的种类很多，常用的有泥炭、岩棉、沙、石砾、珍珠岩、稻壳炭、锯末、棉籽壳、树皮、陶粒和多种泡沫塑料等，水也是无土栽培中非常重要的基质。本章第三节开始将对40余种基质进行介绍，包括基质特性、分类、使用方法以及注意事项。

第一节 选用标准

一、理想基质的特点

优质的基质要能为植物生长提供稳定、协调的水、肥、气、热根际环境条件，具有支持固定植物、保持水分和透气的作用。要能使植物正常生长，基质的物理化学性质和生物稳定性都要达到一定的要求。理化性质标准作为商品化基质的产品质量标准，对保证基质质量的稳定性、规范基质产品市场，促进基质的产业化开发有重要作用。荷兰等国就有专门的机构来评价商品基质的质量优劣，对达到质量标准的，颁发质量合格证书，并准予进入市场销售。我国无土栽培的面积较小，各大型园艺场所用基质基本是自己根据经验，利用当地资源配置，还缺少质量优、商品化、有市场影响力的产品。我们认为，标准基质要具备以下特点。

①适宜种植众多种类植物，适于植物各个生长阶段，甚至包括组织培养试管苗出瓶种植。

②容重轻，便于大中型盆栽花木的搬运，在屋顶绿化时可减轻屋顶的承重荷载。

③总孔隙度大，达到饱和吸水量后，尚能保持大量空气孔隙，有利于植物根系的贯通和扩展。

④吸水率大，持水力强，有利于盆花租摆和高架桥、高速公路绿化时减少浇水次数；同时，过多的水分容易排出，不致发生湿害。

⑤具有一定的弹性和伸长性，既能支持植物地上部分不发生倾倒，又不妨碍植物地下部分伸展和壮大。

⑥浇水少了，不会开裂而扯断植物根系；浇水多了，也不会黏成一团而妨碍植物根系呼吸。

⑦绝热性较好，不会因夏季过热，冬季过冷而损伤植物根系。

⑧本身不携带土传性病虫草害，外来病虫害也不易在其中滋生。

⑨不会因施加高温、熏蒸、冷冻而发生变形变质，便于重复使用时进行灭菌灭害。

⑩本身有一定肥力，但又不会与化肥、农药发生化学作用，不会对营养液的配制和pH值有干扰，也不会改变自身固有理化特性。

⑪没有难闻的气味和难看的色彩，不会招诱昆虫和鸟兽。

⑫pH值容易调节。

⑬不会污染土壤，本身就是一种良好的土壤改良剂，并且在土壤中含量达到50%时也不出现有害作用。

⑭沾在手上、衣服上、地面上极容易清洗掉。

⑮不受地区性资源限制，便于工厂化批量生产。

⑯日常管理简便，基本上与土培差不多。

⑰ 价格不贵，用户在经济上能够承受。

在判断基质是否符合理想基质的要求时，可根据理想基质适宜指标将固形物料的容重、比重、总孔隙度、pH值和EC值等进行多元评判，按照公式作标准化处理。当X_i=1时即表示该物料在i性状上为理想态。

$$X_i=(X-a)/(b-a)$$

式中：a为i性状的最低值；

b为i性状的最适值；

X为各种物料i性状的实测值；

X_i则为经数据标准化后的结果，可用于评价物料i性状的优劣。

二、几种常用基质的综合比较

基质种类较多，各种基质性质参差不齐，对植物生长发育影响不一，市场价格也不一。对于蔬菜、花卉园艺业的发展来说，选用既经济适用又适宜植物生长的基质显得更为重要。为此，侯红波等（2003）选用单一基质（蛭石、珍珠岩、浮石、泥炭、沙、陶粒、锯末）和复合基质（珍珠岩+泥炭、炉渣+泥炭、陶粒+珍珠岩、炉渣+沙、蛭石+泥炭、泥炭+沙、沙+陶粒、泥炭+浮石、锯末+陶粒、锯末+珍珠岩、蛭石+珍珠岩，均按1:1混合）作为比较研究对象，采取市场实地调查和栽培试验相结合的研究方法，对各种基质进行了比较分析，并进行了栽培试验，目的在于选出经济、适宜的基质种类及其组合。

需要特别指出的是，植物本身是活的生命体，存在不同的栽培方式，从植物本身的要求出发，有时基质的某种性状在一种情况下是适用的，而在另一种情况下就变成不适用了。例如，颗粒较细的泥炭，对育苗是适用的，对袋培滴灌时则因其太细而不适用。另一方面，栽培设施条件不同，选用的基质也不相同。如槽栽或钵盆栽宜用蛭石、沙子作基质；袋栽或柱状栽培宜用锯末或泥炭+沙子的混合基质；滴灌栽培时岩棉是较理想的基质。因此，决定基质是否适用，还应该有针对性地进行栽培试验，这样可提高判断的准确性。

通过混合基质进行组盆

通过从基质的性质、经济成本和对植物生长影响3个方面作比较分析（表4-1），可以得出以下结果。

1. 沙、炉渣

这类基质通气性相当好，且这些基质价格低，又容易获得。一般与其他基质混合使用就是为了增加通气性，其透水性也比较好，在试验中植物生长良好，是一种经济实用的基质，可以作为普通家庭盆栽花卉基质使用，也可以和其无土基质混合使用。

2. 锯末

锯末颗粒小、保水性强，其持水量都超过了50%，并且能够提供一定养分，利于植物生长，所以被广泛使用。赵九洲等（1999）进行了4种不同基质（锯末:河沙=1:1、锯末:蛭石=1:1、蛭石:河沙=1:1以及园土）对仙客来幼苗素质影响的研究，结果表明以锯末:河沙、锯末:蛭石2种含有锯末的混合基质效果较好，并且前者优于后者，其发芽率、发芽指数、幼苗活力指数、幼苗鲜重、球茎直径和叶面积等的差异显著。

3. 岩棉、陶粒、蛭石、珍珠岩、浮石

这类基质是比较好的工业生产基质，其通气性和保水性都好，且阳离子交换量也较高，属于市场化比较成功的基质。特别是能够提供更多的养分和植物生长的良好环境，使得植株健壮、开花多。目前，在盆花生产中以及广泛应用，是园艺业发展中无土栽培的很好选择。

4. 混合基质

泥炭等相对高档的基质和沙等经济基质按一定的比例混合使用，也能达到非常好的效果，栽培质量好且产量高。这样不仅降低了成本，而且还能使其通气性和保水性都有很大的改善，是值得推广应用的基质种类。

从左往右分别是竹炭粒、泥炭、蛭石、稻壳炭、矽藻素、虹彩石、轻石、绿沸石、陶碳粒、陶粒、核鳞、松鳞、火山石XL号、火山石S号

表4-1 不同基质的综合比较分析表（侯波红等，2003）

基 质	通气性	保水性	成本[1]（元/kg）	生长状况[2]	阳离子交换量（mmol/kg）
蛭石	好	很好	4.2	3. 2	12
珍珠岩	很好	适中	6.0	3.0	<1.5
浮石	很好	适中	3.6	3. 1	8
沙	好	差	0. 03		
炉渣	好	好	0. 50		60
锯末	适中	很好	0.01		
沙+陶粒	好	差		2.6	45~150
泥炭	好	很好	1.0	3.4	250
沙+炉渣	好	适中		2.3	45~50
沙+泥炭	很好	好		3.0	150~220
珍珠岩+泥炭	很好	好		3.4	180
炉渣+泥炭	很好	好		3.0	240
陶粒+珍珠岩	很好	一般		3.1	160
蛭石+珍珠岩	好	好		3.6	7.5
蛭石+泥炭	一般	一般		2.8	200
泥炭+浮石	一般	适中		3.8	245
锯末+陶粒	好	适中		3.3	160~210
锯末+珍珠岩	好	好		3.2	30

1. 两种基质混合使用时，其成本可按比例计算。

2. 生长状况是以以下4个等级进行综合评价：①为生长健壮，结构紧凑，冠幅大，开花多，叶色浓绿。②为生长良好，开花中等。③为生长正常，开花少。4.为苗木枯黄，无生气。

第二节
植物栽培形式和各生长阶段对基质的要求

基质可用来培植花卉、苗木、蔬菜及其他园艺作物。基质质量的好坏直接影响到植物的生长和发育。目前，基质的种类越来越多，在花卉、蔬菜、苗木等园艺作物育苗和栽培上的应用也越来越广泛。有些基质单独使用就能满足植物生长的需要，有些基质需要与其他基质相互混合栽培，效果才更为理想，所以在使用中应严格遵循基质特点与植物需求相统一的原则。从基质目前的使用情况来看，可分为两大类：第一类，用于育苗或栽培；第二类，添加到土壤里进行土壤改良。当然前者才是基质的主要用途，也是介绍的重点。

一、工厂化育苗中对基质的要求

泥炭是目前工厂化育苗用基质的最主要成分。随着我国园艺行业的发展，泥炭的商业化及市场推广非常普遍。关于泥炭的品质标准以及理化性质的检测标准有150余条。其中国际标准大部分是美国材料与试验协会（ASTM）发布的，涉及肥料、土质、土壤学、燃料、煤、质量、农业机械、工具和设备、粒度分析等方面。我国吉林省质量技术监督局在2013—2018年发布了20余条泥炭相关地方标准。国家工业和信息化部于2022年9月30日发布泥炭基质的行业推荐标准，在2023年4月1日正式实施。当然为了得到更为详实、准确的检验结果，可将泥炭拿到实验室中，对其颗粒大小、阳离子交换量（CEC），整体气孔体积大小以及持水量进行逐一检验。

蛭石是另一种常用的育苗基质。蛭石的矿物成分根据其产地的不同有很大差别。

珍珠岩是工厂化育苗用基质的另一个重要材料，目前可查的有关珍珠岩有116条标准。国际标准分类中，涉及建筑物的防护、化工产品、空气质量、建筑材料、非金属矿、建筑构件、能源和热传导工程综合、建筑物等。在中国标准分类中，珍珠岩涉及类别较多，但是此类材料尚未有一个农业、园艺方面的统一标准。目前，园艺用珍珠岩大约分1~6个等级。2A级珍珠岩是推荐用于工厂化育苗专用的一种珍珠岩。这类珍珠岩其颗粒的大小可以使用美国-10~+15号筛子筛选出来。

方解石黏土也可用作工厂化育苗用基质，但因其阳离子交换量极大，因此，用量不宜超过总量的7%。如果用量超过了9%，幼苗便

工厂化育苗

会出现营养缺乏症，即缺素症。再者，黏土中钠的含量并不高，需注意补充。

基质的类型在种子发芽率以及小苗的整齐度和一致性方面起着一定的作用。影响种子出芽整齐度的主要因素是湿度方面的控制。种子生根后，弱根在穿过基质表层时基质的气孔和开放程度也起着至关重要的作用。

可溶性盐是指溶液中任何有机或无机的导电离子。基质的EC值即可溶性盐的含量水平一般用mhos/cm来测量，即每厘米的西门子浓度。通常所使用的单位有mhos/cm×10^{-3}，mhos/cm×10^{-5}和mhes/cm×10^{-6}。对可溶性盐分极为敏感的植物有金鱼草、一串红、秋海棠，其育苗基质的可溶性盐的含量水平一般不能超过2.0mhos/cm×10^{-3}。如果基质一直保持恒定的水分或湿度，可溶性盐分水平可以一直保持在这么高的浓度。但是，如果基质干化速率很快，这种高盐分水平就会导致植物根部出现烧伤现象。工厂化育苗用基质的最安全盐分含量水平，尤其在育苗的早期应控制在0.5mhos/cm×10^{-3}的浓度水平上。

湿润剂或者增湿剂经常添加在工厂化育苗用基质中，用于消除泥炭基质颗粒表面的张力，提高透水性。然而离子态的增湿剂从渗透方面来讲，会争夺吸收现有的水分和营养。如果增湿剂施用量过大，使用类型不当，或等级选用不恰当便会出现根不能顺利穿过基质表面扎下去、出苗比较困难、长势不够好以及须根减少等问题。

基质的pH值决定根区营养元素的有效性。因此pH值的高低是影响种子正常发芽、生长的一个重要参数。对于草花类品种来说，多数种子初期基质适宜的pH值在5.5~5.8，其中部分草花略有不同，如天竺葵、万寿菊还有一串红等的最适pH值为6.2~6.5。关于pH值，建议每周进行一次检测，以保证其稳定性。在购买基质时，基质的pH值最好是在5.5~5.8。对于部分pH值需要略高一些的植物来讲，可以随时添加一些水合的石灰石。但是由于水合石灰石可溶性极强，在改变pH值的时效上一般不会超过7~10天，因此要求随时对pH值进行认真的监测。

小苗一旦移植定苗，pH值超过6.5便会出现缺素症，如果出现pH值不断升高的现象，此时要对所使用的水质以及化肥的类型进行检查、检测。另外，要特别注意基质的碱度，了解它对基质pH值高低的影响。

总之，工厂化育苗基质应根据各地的实际条件、因地制宜进行选择，充分发挥当地自然资源优势，最大程度地降低成本，以达到育苗基质的产业化开发，取得良好的经济效益和社会效益，推动工厂化育苗的快速发展。

二、花卉栽培对基质的要求

目前，从国际上花卉生产和消费的趋势看，园艺栽培的形式无论是鲜切花生产，还是盆花以及观叶植物生产均以无土栽培为主要方式。荷兰生产的温室花卉几乎全是用无土栽培技术生产的，占保护地栽培面积的90%以上。

美国的无土栽培自1973年进入商品化生产以后，将无土栽培技术定为十大技术之一。1972年建立大规模花卉无土栽培基地30余处。1984年无土栽培的面积为200hm^2，1997年约为308hm^2。其他国家，如丹麦、意大利、瑞典、英国、德国、日本、以色列、科威特等都在国内发展了花卉无土栽培生产。有些国家，如美国、日本、加拿大和瑞士等要求进口的花卉盆景不能带有土壤，以免传播病虫。

花卉无土栽培作为一种20世纪70年代引入国内的新技术，有着广阔的市场和发展前景。我国无土花卉栽培的生产虽起步较晚，但近年来发展迅猛，如红掌、文心兰、石斛兰等切花和凤梨、蝴蝶兰、一品红、杜鹃花、绣球、月季、铁线莲等盆花的无土栽培已经非常普及。随着人们居住条件的改善，室内植物水培、露台及屋顶绿化采用基质等无土栽培技术正进入千家万户。与土壤栽培相比，无土栽培虽然有很多优点，但是规模化应用中，由于投入资金较大，目前多用于产值较高的中高档盆花和切花生产。

无土栽培花卉，采用无毒和无异味的栽培基质和营养液，保证了花卉陈设环境的清洁和卫生、搬运轻便、管理简单，解决了来自南方的喜酸性土壤的花卉在北方难以正常生长的问题。

因此，越来越多的人开始选择无土栽培花卉，从业者取得了巨大的经济效益和社会效益。近年来不断有花卉无土栽培专用基质新产品面世。据报道，落叶松腐叶土是盆栽杜鹃花的理想用土；发酵松鳞、椰糠块、黄沙是栽培兰花的良好基质；水苔是无土栽培兰花的最佳基质；珍珠岩、蛭石各半混合是栽培大岩桐的优良基质。一般来说，花卉无土栽培的基质多选用固体基质，包括有机基质和无机基质。

泥炭是花卉无土栽培基质中的重要组成部分

1. 花卉无土栽培中的有机基质

在对有机基质的研究中，泥炭虽不宜作为单一基质单独使用，但以其能提供并增加复合基质中细颗粒的含量，从而增加持水能力、提供腐植酸、降低容重、提高根系的穿透能力、增加土壤的缓冲能力、增加微生物活性和养分的慢释放源、提高某些元素如铁和氮的可利用性等杰出特性，在诸多基质中脱颖而出，成为无土栽培的首选基质。高继银、邵蓓蓓(1991)对山茶花进行无土栽培试验，研究其适宜的基质配方，从中筛选出了蛭石:泥炭=2:1、蛭石:河沙:泥炭=10:5:1两种适宜基质。陈发棣等(1999)用不同电导率和不同pH值的营养液对栽培在砻糠灰:珍珠岩=1:1，碎石:细沙=1:1，泥炭:珍珠岩=1:1以及园土(CK)4种基质中的中国石竹进行浇灌栽培，结果表明泥炭:珍珠岩=1:1性能最佳。德国科学家用沙+泥炭，沙+腐殖质，以及沙+泥炭+腐殖质3种栽培基质作为处理对草坪进行研究发现，泥炭能明显促进运动场草坪根系发育，腐殖质虽对其有益，但不能取代泥炭。另外，在无土草皮生产中，泥炭也是常用的栽培基质之一。

锯末也是一种良好的无土栽培有机基质，风化或发酵的锯末对基质性质的有利变化有：增加了腐殖质、团聚性、保水能力和透气孔隙度等。但也有不良影响，未完全发酵的锯末可能引起氮、磷的缺乏，因此应避免使用新鲜锯末。

树皮作为无土栽培的有机基质，与锯末一样多用于花卉的栽培，并具有保水性较好、透气性强、阳离子交换量较高等特性。这类基质具有良好的排水性、保水和保肥能力，不仅是花卉无土栽培的适宜基质，而且特别适合高尔夫球场果岭区草坪土壤的改良。另外，在一些特殊的栽培方法中所使用的树皮并不完全以一种基质的形式出现。例如，一些热带植物如凤梨、巢蕨等依附在成块的树皮上，置于空气湿度大的环境中促其生长。树皮不仅作为生长基质满足了植株的根系生长需要，也具有一定的装饰作用。

炭化稻壳即稻壳炭，是很多盛产稻米的地区普遍使用的基质。其为多孔质构造，重量轻，通气良好，有适度的持水量，并且在较高烧制温度（500℃）下获得的稻壳炭的阳离子交换量较高，最大持水量也较高。日本大盐裕陆等用稻壳炭作为无土栽培生根培养基研究表明，如能防止稻壳颗粒崩坏，稻壳炭是优良的基质。稻壳炭经过高温处理，在不受污染的情况下，传播病害的可能性很小。稻壳炭通常呈碱性反应，在使用前必须经过脱盐处理。另外，稻壳作为燃料产生的灰烬（称为砻糠灰或者谷壳灰），与炭化稻壳不是同一种物品。砻糠灰燃烧程度高，含碳少，颗粒较细小，灰分含量高；稻壳炭则相反，因此作为基质的性能上面稻壳炭要优于砻糠灰，无土栽培中用为基质的主要是指稻壳炭。

泡沫塑料作为基质最大的特点是重量轻。因此，特别适合作垂直绿化和屋顶草坪的栽培基质。在花卉栽培中，它对生长较高的植株固定效果差，容易发生倒伏现象。张桂馥（1989）进行了脲醛泡沫塑料生产地毯式无土草皮的研究。结果表明，此技术保持了无土栽培草皮无杂草和病虫害侵染、外观均匀、结构整齐、色泽一致等特点，并具有栽培技术容易掌握、操作简便、投资少、成本低的特点。

2. 花卉无土栽培中的无机基质

无机基质通常阳离子交换量较低，蓄肥能力相对较差，但是由于无机基质来源广泛，能长期使用，因此在花卉无土栽培中也占有重要的位置。

无机基质主要包括沙、石砾、蛭石、珍珠岩、岩棉、陶粒等。在现代无土栽培中无机基质通常不单独作为栽培基质使用，一般都是与有机基质配合使用。石砾基质虽然在无土栽培初期研究阶段做出了很大贡献，但在现阶段无土栽培生产中并不十分重要。沙基质单独使用一般用于植物生理方面的研究，用于花卉、草坪无土栽培时通常与其他基质配合使用。蛭石的吸水能力强，阳离子交换量很高，它能为花卉提供理想的根际环境，在实际生产应用中已经取得很好的效果；但蛭石易破碎而导致结构破坏，一般使用1~2次就需要更换。珍珠岩最突出的特点是质地较轻，比较适合垂直绿化和屋顶草坪等不宜过分承重的特殊需求的栽培方式。但由于其密度较小，当浇水过多时，它会浮在水面上，因此固定植株的效果差，不宜单独作为基质使用。岩棉与蛭石一样，都具有很强的吸水能力，较高的阳离子交换量，能为植物提供理想的根际环境，在现代蔬菜无土栽培中占有重要的地位。目前大规模无土栽培以荷兰为代表，有90%以上均以岩棉作为栽培基质，岩棉同样也是花卉无土栽培的良好基质。陶粒不仅能够满足花卉的正常生长需要，还能使花卉和环境协调一致，特别适宜于盆栽，能很好地将茎秆粗大的花卉固定在花盆中，如沈效东（1999）等选用陶粒作为基质在橡皮树微型无土盆栽工厂化生产过程中进行研究，结果表明效果良好。

兰花的无土栽培

3. 花卉无土栽培常用的基质添加剂

国内专门研究基质添加剂的很少，在基质中使用添加剂的也很少，仅陈秀月等在研制蚕沙栽培基质时提到，用过磷酸钙和硫黄粉作为其栽培基质的添加剂。其中，过磷酸钙的作用是增加栽培基质中钙和磷含量，并使pH值降低；而硫黄的作用是与栽培基质中的硫黄细菌进行酸化作用，造成局部酸化环境，使pH值进一步降低，并使pH值稳定。此外，硫黄粉还有杀菌消毒的作用。

而国外对基质添加剂的研究较多，且生产中也大多在基质中添加基质添加剂。Johnson指出基质中常用的添加剂有3种。第一种是白云质的石灰石或农用石灰石。它们有两个主要作用：①提高pH值；②提供养分。第二种是过磷酸钙，其作用前面已有论述。第三种是微量元素。

此外，还有一种湿润剂是国外基质中常用的。栽培基质中加入湿润剂可改善其保湿能力，并且一旦基质变干，很容易再湿润。湿润剂一般呈液体状或粉末状。

4. 花卉栽培基质调控新技术

目前对基质的研究还有一些新的方向，如对花卉栽培基质进行调控以达到预期的目的。例如高志民等采用对无土栽培的牡丹基质控温，使其根际温度保持在12~18℃，有利于牡丹从基质中吸收养分，促进牡丹新枝、花蕾的生长发育，从而达到提早开花的目的。汪良驹等以25mg/L或50mg/L多效唑营养液栽培水仙可使其植株矮化，高度只有对照的50%，叶绿且厚又宽，根系发达，对花莛和花数没有显著影响，单花寿命和整株冠花期也不受影响。这些新的研究领域还有待于进一步开发、研究和探讨。

三、苗木生产中对基质的要求

20世纪60年代，苗木无土栽培技术就在欧美国家被普遍采用，至今已发展得相当成熟。国际上林业发达国家和容器苗木生产大国从20世纪50年代开始就投入了大量的人力、物力进行研究，经过了20多年的探索，认为泥炭藓（即泥炭与蛭石的混合物）是容器苗育苗的理想基质。这种混合基质质量轻，具有良好的持水性、透气性和整体密度，有利于根聚体的形成，阳离子交换能力强，含盐量低，从70年代中期开始在北美的一些容器苗苗圃大力推广。随后的几年，在美国安大略和加拿大魁北克等地相继发现具有商业意义的泥炭田，并实现了集约化、机械化、工厂化的开采、加工、包装和商业销售，给容器苗培育者提供了极大的方便。如加拿大普若米若泥炭公司商业销售的泥炭藓大多数为藻类沉积泥炭，它质量轻，分解程度低，呈浅色，开采时采用大型真空抽吸机收集，保持了较好的纤维长度和物理性状，为容器育苗基质的优质混合材料。随着研究的进一步深入和基质的种类增加，越来越多的基质用于苗木的培育。特别是近年来苗木容器栽培的兴起，更促进了苗木无土栽培的发展。

苗木培育中基质的组成比例因育苗地域、育苗设施、培育树种的不同而差异很大，泥炭和蛭石最常用的混合比例为3:1、3:2或1:1。在美国威斯康星州，菲利浦(1974)发现，基质的成分与其相对比例明显地影响苗木的生长，如大部分北美针叶树种在泥炭：蛭石为3:1复合基质上生长正常。在加拿大魁北克省的苗圃也常用此比例培育黑云杉、白云杉和班克松，取得了非常满意的效果。另外，国内苗圃也积累了很多成功的经验，如配制混合基质时，选用树皮基质，比例在1/2~2/3左右，再配加泥炭1/3~1/2；或泥炭1/3，其他1/3，粗沙及其他当地的特别廉价的腐熟甘蔗渣、山核桃壳、菇渣、药渣也可少量添加，但以不添或少添为好。扦插成活苗刚移植时用的基质还可以用松树皮加珍珠岩以3:1的比例配制。

基质的pH值一般要求为5.0，当然可根据植物选择相应pH值的基质。喜酸性植物如杜鹃花、马醉木、红豆杉等，其栽培基质的pH值应在5.5~6.0；而刺柏属、崖柏属植物耐较高的pH值，则可选用或配制pH值高的基质。

总之，对苗木栽培来讲，它对基质理化特性的要求与草本花卉相比，有如下几个方面的区别：

①精细严格程度比花卉要求低。

②因单盆用量大，基质成本要求更低。

③种植时间长，单盆基质用量大，对基质孔隙度的要求更高，以能达35%为好。

④基质颗粒不宜过细，要有相当的粗度，总体上比花卉栽培的颗粒度要粗。

⑤与花卉栽培相比，由于用量大，所以更要侧重经济方面的考虑。泥炭、蛭石、珍珠岩等虽然已是目前苗木无土栽培的主要基质，但从经济实用的角度来讲，树皮类有机基质最为理想。

四、蔬菜栽培中的基质

蔬菜是国内外进行无土栽培最多的作物。我国蔬菜无土栽培起步较晚，但近年来发展迅猛。1986年，我国蔬菜无土栽培的面积约为0.1hm²，1990年约为7hm²，1995年发展至80hm²。随着无土栽培研究的不断深入和技术推广能力的不断加强，至2000年，我国蔬菜无土栽培的面积已经突破500hm²。目前，我国各类不同形式的蔬菜无土栽培的面积已经超过20000hm²，并且获得了良好的经济效益、社会效益和生态效益。

蔬菜无土栽培的方法很多，在我国应用的主要有有机生态型无土栽培技术、浮板毛管无土栽培技术、营养液膜栽培技术、深液流无土栽培技术、槽培技术及鲁SC无土栽培技术等。其中，由中国农业科学院蔬菜花卉研究所研究出的有机生态型无土栽培技术在生产中的推广面积已超过120hm²，超过全国无土栽培面积的60%。有机生态型无土栽培是一种不用营养液的无土栽培方法，它不但成本低、操作简单，而且生产的蔬菜产量高、品质好。由浙江省农业科学院和南京农业大学研制开发成功的浮板毛管无土栽培技术是一种完全不用基质而用纯营养液栽培作物的方法，目前在各级政府投资兴办的农业科技示范园内应用较多。我国在无土栽培基质的研究方面也取得了长足的进展，应用煤渣、秸秆、米糠等廉价材料作为无土栽培基质已进入生产实用阶段，从而大大降低了无土栽培的成本。中国农业科学院蔬菜花卉研究所应用上述基质种植番茄，年亩产量已超过1.5万kg。

蔬菜无土栽培不仅能提高产品的产量和质量，而且不占耕地，节省肥水，简化工序，有利蔬菜生产的现代化和自动化。利用无土栽培可以有效地克服蔬菜保护地栽培中土壤泛盐、土传病害重等连作障碍问题，可以在不适宜种植蔬菜的地方（如盐碱地、沙漠、矿区、楼顶等）周年种植；可有效地提高单位面积的产量和质量，而且节约能源、肥力、劳动力，生产出的蔬菜病害少，无污染，是实现蔬菜生产工厂化、现代化、高效化的重要途径，也是“两高一优”农业的重要途径。

家庭园艺
不锈钢尖铲

第五章
无机基质

基质的种类虽多，可相对简单地分为无机、有机和人工合成等其他基质。

本章节详细描述包括水在内的各种热门无机基质。

本章及下文中，基质不涉及土壤。

第一节 水

水是生命之源。水在植物生命活动中的重要作用主要有以下几个方面。

①水是原生质的重要成分。

②水是光合作用和有机物水解反应的原料。

③水是生化反应的溶剂和基质。

④水保持植物固有的姿态，这是植物进行细胞分裂、生长分化、气体交换和利用光能等各种生理活动的必要条件。

⑤水通过叶子的气孔蒸腾，降低植物体内温度，在炎热的时候能保持较恒定的体温。

水是兼有溶媒、营养载体、基质等多种作用的不可缺少或替代的。无土栽培中一般以软质天然水或自来水为水源。水中通常含有植物生长所需矿质营养物质，但所含成分与数量是否能满足作物需要，须进行水质化学成分分析，以供配制营养液时添加肥料参考。现已有人将海水淡化处理后供无土栽培应用，为园艺用水找到了新的水源。

水培风信子

1. 水作为基质的特点

水是无形无味的透明液体，是许多物质的良好溶剂。正因为如此，水作为基质具有以下特点。

①水肥充足但氧气有限。植物生长所需要的各种营养物质都可以溶解在水里，植株很容易吸收。但水里的含氧量不能满足植株根系呼吸作用的需要，因此，需要人工打气或者使水流动与空气接触，以增加其溶解氧。解决这个问题的最好方法就是将有营养物质的水溶液喷成雾状，根系悬浮在有这种营养物的空间里。根系周围能触及到充分的水气和养分，同时能充分满足根系周围的通气条件。可以说这种营养雾的方法是满足根系水分、养分、气体比例的最好方法。

②水的酸碱度容易调整，但根系的分泌物容易积累。水可以用盐酸或醋酸使氢离子（酸）浓度增大，用氢氧化钠或氢氧化钾使氢氧根离子（碱）浓度增大。常用来调节水的氢离子浓度的酸或碱的浓度是0.1mol/L。

水培基质里的根系，一方面吸收水里的养分，另一方面会向水里排放一些有机物，这些物质会在水中积累。这些有机物有相当一部分是植物长期生长在土壤中形成的习惯性分泌物质，作用主要是溶解或络合土壤中根系不易吸收的养分。分泌物的另一部分是根系或地上部分运到根系的一些"废物"，如毒素。它们在土壤里有相应的空间分布，不会影响根系正常的吸收功能。而在水基质中容易被根系再次吸入体内，如此反复地吸收、排泄，再吸收、再排泄的恶性循环，不利于根系正常的生长和正常生理功能的发挥。解决的办法是经常更换营养液或使营养液循环。

水培蔬菜

③营养物与根系接触密切，容易被根系吸收。根系吸收营养物质的条件主要有两方面：一是根系主动向营养物的位置延伸，接触营养物；二是营养物质在水等基质的作用下向根系周围运动触及根系。根系悬浮在营养液里，营养物质在频繁的物理运动中很容易触及根系。因此，尽管溶液中的养分浓度很低，如大量元素浓度达到微摩尔量级水平，也很容易被根系吸收，而且在这种营养液中植株生长最快。

④水没有固定植株的作用，一般情况下需另加固定设施。营养液无法支撑植株庞大的躯体，只要植株的重量超过营养液中水的浮力，植株必然下沉。为了固定植株，有人用格架的方法支撑植株，让根系穿过格架的网眼进入营养液中。植株逐渐长大之后根系伸长，在营养液里得不到合适的水气比例，为解决这个问题，支撑植株的格架与盛营养液的槽之间可以垫些支持物，逐渐垫高，使根系的尖端部分始终在营养液中，其余部分在液面与格架之间，这部分空间的水气较大，能满足根系的水分和气体的比例要求。

2. 无土栽培对水质的要求

无土栽培对水质的要求会比国家环境保护局颁布的《农田灌溉水质标准》(GB 5084-2021)稍高,但低于饮用水水质要求。

水既是无土栽培中的一种基质,又是营养元素的载体,同时也为植物提供所需的水分,因而水的质量好坏,对无土栽培的影响很大。例如,当水中氯化钠的含量超过50mg/L时,便会对植物产生毒害作用。

石灰岩地区的地下水中,含有较多的碳酸钙和碳酸镁,它们的钙和镁的含量有时可以等于或高于营养液中的正常含量。硬水中的钙和镁多以碳酸盐或硫酸盐的形式存在。硫酸根离子是植物必需的养分,碳酸根离子则不是。水中的钠、镁、铜、锌等元素浓度过高,会危害植物正常生长,因此,无土栽培的用水在使用前必须先检测钙、镁、铁、碳酸根、硫酸根和氯离子等的含量,测定EC值和pH值。

一般而言,在无土栽培中,水质往往分为以下3类:

①优质水,EC值在0.2mS/cm以下,pH值5.5~6.0。

②允许用水,EC值在0.2~0.4mS/cm,pH值5.2~6.5。

③不允许用水,EC值大于0.5mS/cm,pH值≥7.0或pH值≤4.5。

优质水多为饮用水、深井水、天然泉水和雨水。以井水作为水源应考虑当地的地层结构,开采出来的水需要经过化验分析。因降水时空气中的尘埃带入,雨水通过收集进行使用时,如果当地空气污染严重,温室或者大棚屋面收集的雨水就不能作为水源使用。

允许用水的水质中,包括部分硬水,即水中钙含量在90~100mg/L以上,电导率在0.5mS/cm以下的,适于进行无土栽培。

天然存在于水中的可溶性盐是可以聚集在一起的,应设法使之均衡分布。可进行营养液的调配,或循环加以使用。不能循环的,视植物生长情况,1~3周后应予更换。营养液中钙的浓度高时,能影响植物对钾的吸收。高浓度的总盐类,能影响植物对钙的吸收,造成西红柿花端腐烂。盐渍的情况下,能使植物减少对一些微量元素特别是铁的吸收,所以必须注意加铁。同时,在盐渍条件下,植物容易产生氯离子、钠离子中毒,硼中毒。

水培黄油生菜

在无土栽培中要注意植物的耐盐性，蔬菜作物对盐浓度的耐性可分为3类。

①耐盐强的。甜菜、石刁柏、菠菜、甘蓝类（EC=12mS/cm）。

②耐盐中等的。西红柿、西蓝花、圆白菜、白菜花、胡萝卜、洋葱、豌豆、黄瓜、莴苣等（EC= 10mS/cm）。

③耐盐敏感的。萝卜、芹菜、菜豆等。

对于耐盐作物来说，尽管可以种植在盐浓度较高的条件下，但和无盐条件下生长的作物相比产量下降。如西红柿和莴苣产量降低10%~15%，黄瓜产量则降低20%~25%。

用于无土栽培的水还要注意影响蔬菜品质的重金属离子及有害有机物的含量，即汞(Hg)<0.001mg/L、砷(As)<0.5mg/L、铅(Pb)<0.1mg/L、铬(Cr)<0.1mg/L、镉(Cd)<0.005mg/L、铜(Cu)<3.0mg/L、苯<2.5mg/L、酚类物质<1.0mg/L。这样才能生产出无公害高档绿色蔬菜。

水培黄油生菜

3. 水培的注意事项

①刚水培的植物，还未适应水中的环境，常常会出现叶色变黄或个别烂根现象，此时不要急于施肥，可停10天左右，待适应了环境或扎出新的水生根后再施肥。

②不要在水中直接施入尿素，因为尿素是一种人工合成的有机肥料，水培是无菌或少菌状态下的栽培，如果直接施用尿素，植物不但不能吸收营养，还会使一些有害的细菌或微生物快速繁殖从而引起水的污染，产生的氨气还会造成植物中毒。

③如发现施肥过浓造成植物根系的腐烂，且水质变劣、污染发臭时，应迅速剪除朽根，并及时洗根换水。

④无论采用何种水源，需要有足够的供水，尤其是在夏季。在实际水培过程中，如果单一的水源水量不足，可以把自来水、收集雨水、河水以及井水等进行混合使用，从而降低生产成本。

第二节 沙

沙是无土栽培应用最早、易得而价廉的固体基质材料。沙的来源广泛，在河流、大海、湖泊的岸边以及沙漠等地均有大量的分布，便宜易取得。沙作为栽培基质被世界各国广泛采用，特别是干旱地区。如墨西哥和中东的一些国家，常把温室建在海滩，把海岸的细沙经冲洗盐分后作为基质，种植各种植物。美国多采用自然分化淤积的河沙，而不用人工磨碎的岩沙。因为人工岩沙颗粒太细，易滞水。现在，沙漠、沿海地区仍有一些用沙子作为基质的生产设施。例如我国广东的一些地方用沙作为基质槽培营养液滴灌种植的基质，生产效果不错，美国伊利诺伊州和中东地区等也有使用。缺点是容重大，持水力差。

一、沙的理化性质

不同地方、不同来源的沙，其组成成分差异很大，一般含二氧化硅在50%以上。沙没有阳离子交换量，容重为1.5~1.8g/cm^3。使用时以选用粒径为0.5~3mm的沙为宜。沙的粒径大小不同，保水性和透气性亦不同（表5-1），对作物生长影响很大，如太粗易使基质中通气过盛、保水能力较低，植物易缺水，营养液的管理麻烦；而如果太细，则易在沙中潴水，造成植株根际的涝害。较为理想的沙粒粒径大小的组成应为：>4.7mm的占1%，2.4~4.7mm的占10%，1.2~2.4mm的占26%，6~1.2mm的占20%，3~0.6mm的占25%，1~0.3mm的占15%，07~0.12mm的占2%，0.1mm 的占1%。

表5-1 不同等级沙粒的保水力

粒径(mm)	保水力(%)
1.5~1.0	26.8
1.0~0.5	30.2
0.5~0.32	32.4
0. 32~0.25	37.6

另外，沙粒的化学性质随沙的种类及来源不同，也有较大的差异，但pH值一般为中性或酸性。大量元素含量较低，只有钙的含量较高。各种微量元素在沙中都有极少的含量，但也有一些沙中含铁量较高，而且能被植物吸收和利用。锰和硼含量仅次于铁，有时可以满足作物需要。第一次沙培时，可以考虑营养液对这些元素进行调整。

二、沙作为基质的特点

1. 含水量恒定

不论往沙里浇多少水，只要周围排水良好，它都能让多余的水分迅速渗漏出去，保持其相应的含水量。不论浇不浇水，只要沙底层有足够的水分，它都能通过虹吸作用使水分到达比较高的部位，维持适当的含水量。

沙的含水量高低决定于其颗粒大小，颗粒越细，含水量越高。但总的来说，沙易于排水。

草莓沙培

2. 不保水保肥，但透气性好

沙是矿物质，质地紧密，几乎没有孔隙。水分保持在沙粒表面，因而水的流动性大，溶解在水里的营养物质也容易随水分的流失而丢失。沙里的水分养分流失之后，颗粒间的孔隙充满空气。与黏土无机物相比，沙透气性很好。

郁金香无土栽培

3. 提供一定量钾肥，氢离子浓度受沙质影响

常见的沙含有一些有钾的无机物，它们可以缓慢地溶解，提供少量的钾肥。甚至有些植物的根系还能分泌一些有机物，溶解或螯合沙里的钾，以便被根系吸收。能生长在沙里的植物通常不缺钾。

有些沙是由石灰质的矿物组成，这种沙的氢离子浓度小于100nmol/L（pH值>7），如果不改造，对一般植物来讲是不合适的。改造的方法可以通过调节营养液的氢离子浓度来解决。最好选用河岸冲积地的沙或风积地的沙。

4. 沉重

沙不适合高层建筑上无土栽培之用。但用在基层种植，因其来源丰富，成本低，经济实惠，是理想的基质。

5. 安全卫生

沙很少传播病虫害，特别是河沙，第一次使用时不必消毒。

三、沙培的注意事项

用作无土栽培的沙应确保不含有有毒物质。例如，海滨的沙子通常含有较多的氯化钠，在种植前应用大量清水冲洗干净后才可使用。在石灰性地区的沙子往往含有较多的石灰质，使用时应特别注意。一般地，碳酸钙的含量不应超过20%，但如果碳酸钙含量高达50%以上，而又没有其他基质可供选择时，可采用较高浓度的磷酸钙溶液进行处理。具体的处理方法为：将含有45%~50% P_2O_5的重过磷酸钙[$CaH_4(PO_4)_2 \cdot H_2O$]2kg溶解于1000L水中，然后用此溶液来浸泡所要处理的沙子，如果溶液中的磷酸含量降低很快，可再加入重过磷酸钙，一直加至溶液中的磷含量稳定在不低于10mg/L时为止。此时将浸泡沙子的重过磷酸钙溶液排掉，并用清水冲洗干净即可使用。如果没有重过磷酸钙，也可以用4kg的过磷酸钙溶解在1000L水中，将沉淀部分去除，取上清液来浸泡处理。也可以用0.1%~0.2%的磷酸二氢钾（其他的磷酸盐也可以）水溶液来处理，但成本较高。用磷酸盐处理石灰质沙子主要是利用磷酸盐中的磷酸根与石灰质沙子表面形成一层溶解度很低的磷酸钙包膜而封闭沙子表面，以防止沙子在作物生长过程中释放出大量的石灰质物质而使作物生长环境的pH过高。在经过一段时间的使用之后，包被在沙子表面的磷酸钙膜可能会受到破坏而使石灰质物质溶解出来，这时应重新用磷酸盐溶液处理。

在营养液栽培基质的利用方面，沙培不如砾培普遍，而前者多应用于植物营养学研究。从通气性及保水性的角度来看，也可把沙培视为接近土耕的一种营养液栽培形式。正因为有上述的一些特点，在栽培上应用时必须注意以下几个主要方面。

①沙粒不宜过细，也不要在大粒中夹带很小的细粒或粉粒，以免影响通气条件。

②在使用前应进行过筛、冲洗，除去粉尘及泥土。

③以采用定期更换营养液的供液方法为好（即间歇供液法），因为连续供液法会使沙内通气受到限制。

④如沙床较深，宜用较细的沙粒，如沙床较浅，则可用较粗的沙粒。例如，在蔬菜育苗时，沙层很浅，就应采用较粗的沙粒，以便于通气和水分供应。

⑤还应当注意的是，使用沙作基质时，当外界温度很高，特别是日照过强时，沙子内部温度升高很快，易超过植物所适应的范围，使根系受到伤害。

图5-7 沙生植物

第三节 石砾

石砾的来源主要是河边石子或石矿场的岩石碎屑。在无土栽培的发展初期，几乎都是用石砾作基质。但由于石砾的容重大，给搬运、清理和消毒等管理工作带来很大的麻烦，而且用石砾进行无土栽培时需建一个坚固的种植槽（一般用水泥砖砌而成）来进行营养液的循环。正是这些缺点，使石砾栽培在现代无土栽培中使用得越来越少。特别是近20~30年来，一些轻质的人工合成基质如岩棉、多孔陶粒等的广泛应用，逐渐代替了沙和石砾。但石砾在早期无土栽培生产上起过重要作用，且在当今深液流水培技术中，用作定植杯中固定植株的物体还是很适宜的。

一、石砾的理化性质

石砾（以母岩为花岗岩为例）的主要组成为：二氧化硅50%~70%，钾4%~7%，氧化钠3%~6%，三氧化二铁2%~3%，氧化钙1%~2%，镁0.3%~0.5%。容重1.5~1.8g/cm^3；无阳离子交换量；孔隙度好，保水力弱，结构良好。

石砾的粒径应选在1.6~20mm的范围内，其中一半的石砾直径为13mm左右。石砾应较坚硬，不易破碎。石砾本身不具有阳离子代换量，通气排水性能良好，但持水能力较差。

二、石砾作为基质的特点

石砾作为基质的主要优点在于其容易获得、价格低廉、能使作物良好生长，但由于容重大，搬运、消毒和更换等不便。

三、砾培中石砾的处理

砾培形式下营养液中养分供给量及供给时期的确定是以下列理想条件为前提的：用的水不含无机盐，石砾颗粒和营养液接触后不改变营养物质的浓度。然而实际情况却是：即使在未栽培任何作物的情况下，营养液只要一接触石砾颗粒，其养分组成浓度就会发生变化，有时甚至很快表现出某种元素的缺乏症状，严重时可使植株停止生长、发育或枯死。从一些试验资料中，可以明显看出石砾对营养液pH值及组成浓度的影响。

因此，我们必须对砾培中的石砾的基质特性有基本的了解。

1. pH值

启用新砾时，即使营养液为酸性，pH值往往也会升高至7左右，而取自海岸、河口的石砾则会使pH值升高到8左右。只有频繁地更换营养液，pH值才能逐渐下降和稳定。这个特点在实际栽培前必须了解，以便在栽培中进行控制，否则会引起植物生理性障碍，如铁缺乏症等。

2. 钠

取自海边或浸在海水中的砾粒必须在使用前除去盐分。单用流水冲洗不容易清洗彻底，而浸泡几天后再冲洗。如果砾粒含钠量较高，即使进行钙饱和处理，效果也不会很好。

3. 钙

由于和砾粒接触，砾培营养液中钙的浓度会很明显地出现两种可能的变化：降低或增高。引起钙浓度降低一般都是由于钠的溶出。钠溶出量越多的砾粒，砾培营养液中钙的减少越显著。这一类砾粒多来源于海岸与河口等地。频繁地更换营养液可使钠浓度急速下降，从而使钙的含量逐渐稳定在原来的浓度范围。为保证钙的正常供应，在钙浓度有可能降低到零时，可进行钙饱和处理。

钙的增加也与砾粒的溶出有关，但一般变化不太显著。

4. 钾及磷

大多数砾粒对钾、磷的吸附力都很强，由此造成磷的减少尤为显著。当然，即使不进行磷饱和处理，也不一定会出现缺磷症状。在一般砾培中，主要还是凭经验补给磷、钾肥，即确保磷、钾水平不会低于最低标准以下（P_2O_5 0.2~0.5mol/L；钾 2mol/L）。

新启用的砾粒都会吸附钾和磷，或使其沉淀，从而使砾培营养液中的钾和磷的浓度降至原浓度的50%以下。只有经过多次培养液的更新，才能慢慢使砾粒中的钾、磷浓度达到饱和状态，从而使营养液中的磷、钾接近原先设计的浓度。其中钾比磷恢复速度快些。由于砾粒的种类不同，钾和磷浓度的降低程度差异也很大。在新的设施内，钾降至2mg/L以下，磷降至0.2mg/L甚至接近零的情况是很常见的,而典型的钾、磷缺乏症也常有出现。对那些吸附磷能力很强的砾粒，即使更新培养液后,浓度恢复也比较迟缓，如在使用前不进行磷饱和处理，则很容易出现典型的磷缺乏症。对这种砾粒进行饱和处理，有利于促进植株的生长发育。进行磷饱和处理时，磷肥的用量可根据砾粒的特点而定，一般1m^3砾粒可用重过磷酸钙1~2kg，不足时可再追加，过剩时则可用水洗涤，当磷接近或达到标准浓度以上时，可再加入其他肥料进行栽培。

5. 镁

砾培营养液中镁浓度的增减变化原理与钙相同，但与钙相比，变化幅度较小，不会有显著的降低，有的砾粒还会导致镁的明显的增加。在钙、镁含量都降低的情况下不一定表现出缺钙症状，往往在钙量降低，镁量增加，即钙、镁比反常的情况下会发生缺钙，正常情况下钙镁比应保持在2以上。在营养液栽培条件下（砾培），黄瓜、甜瓜容易发生缺钙；而在土耕条件下容易出现缺钙症状的西红柿，在砾培中这种症状反而不显著。

6. 其他

除上述钾、磷外，砾粒对NH^{4+}、铁及其他微量元素等也有一定的吸附能力，但一般不会超过土壤的吸附力。对于NO_3^-则几乎不吸附。

考虑上述情况，在开始砾培前，尤其是在启用新设施开始栽培前，应该根据需要对砾粒进行处理，在没有把握的情况下应先进行营养液处理试验。一般来说，海岸、河口等地来源的砾粒容易改变钙、镁的比值，故应对这些来源的石砾颗粒进行钙饱和处理。这种预处理能取得很好的效果。进行钙饱和处理时，可以用石膏（最好采用比较容易溶解的烧石膏）或过磷酸钙做钙源。处理方法：1m^3砾粒中加石膏200~300g，加水搅成悬浊状，全面均匀撒布，注水并浸渍，接着反复灌、排水，以促进砾粒对钙的吸收，最后可将溶液返回水槽，加入其他肥料再使用。如果钠的溶出量很大，则应弃掉排水，重新配制营养液。

砾粒也常在花园中作铺面材料

四、砾培的注意事项

①由于石砾的来源不同，化学组成和理化性质差异很大。一般在无土栽培中应选用非石灰质的石砾，如花岗岩等石砾。如万不得已要用石灰质石砾，可用磷酸盐溶液进行石砾的表面预处理。

②砾培选用的石砾最好为棱角不太锋利的，特别是株型高的植物或在露天风大的地方更应选用棱角较钝的石砾，否则会划伤植物的根、茎部。

第四节 膨胀陶粒

通常园艺上所用的膨胀陶粒又称多孔陶粒、轻质陶粒或海氏陶粒(haydite),它是陶土在800~1100°C的陶窑中经高温烧制后形成的具有一定孔隙度的粒状物质,呈粉红色或赤褐色。因为生产陶粒的原料多样,因而成品的颜色也有一些特殊品种呈现灰黄色、灰黑色、灰白色、青灰色等。陶粒最早在建材领域中作为隔热保温材料,后由于其通透性好而应用于无土栽培中。

一、膨胀陶粒的理化性质

膨胀陶粒的化学组成和性质受到陶土原料成分的影响,一般含有二氧化硅58%,三氧化二铝23%,三氧化二铁9%左右。其pH值4.9~9.0,容重为0.5~0.7g/cm^3,大孔隙多,碳氮比低,有一定的阳离子交换量(CEC6~21mmol/100g),不容易崩解,可反复使用。膨胀陶粒坚硬,不易破碎,质地轻,在水中能浮于水面。陶粒产品较多,常用的是一种含凹凸棒石(一种矿物)和蒙脱石成分的黏土制成的膨胀陶粒,其pH值为7.5~9.0;阳离子交换量为21mmol/100g。

另外,目前市场上有一种新型陶粒叫陶化营养土,是在陶土原料中直接加入植物生长所需的各种微量元素,经850°C高温烧制而形成的颗粒。该种陶粒加水后,植物的毛细根可以直接吸收颗粒内的营养元素。一段时间后,根据不同植物对营养成分的消耗情况,只需将营养溶液加入陶粒即可,可反复使用。

二、膨胀陶粒作为基质的特点

1. 保水、排水、透气性能良好

陶粒可以单独用于无土栽培，也可以与其他基质混合成复合基质，用量占总体积的10%~20%或以上。因其容重较大和透气性好，也适宜作为表面覆盖用材料使用。

陶粒内部孔隙在没有水分时充满空气，当有充足的水分时，吸入一部分水，仍然保持部分气体空间。当根系周围的水分不足时，孔隙内的水分通过陶粒表面扩散到陶粒间的孔隙内，供根系吸收和维持根系周围的空气湿度。

陶粒颗粒的大小与其吸水和透气性有关，也与根系的生理要求有关。通常选用颗粒较大的陶粒作为基质时，颗粒间的孔隙大，与颗粒小的陶粒相比，其中的空气湿度小，水分含量较少。通过选择并匹配合适的陶粒大小，可以得到植物所需的良好水分条件和通气条件。目前市场上常用的陶粒粒径有4种。

2. 保肥能力适中

许多营养物质除了能附着在陶粒表面，也能进入陶粒内部的孔隙间暂时贮存，当陶粒表面的养分浓度降低时，孔隙内的养分向外运动以满足根系吸收养分的需求。正如陶粒的保水性能一样，陶粒的保肥能力和其他基质相比处于适中的范围。

3. 化学性质稳定

陶粒的氢离子浓度为1~12590nmol/L（pH9~4.9），有一定的阳离子交换量。陶粒来源不同，其化学成分和物理性质也有差别（表5-2、表5-3），但作为基质都很合适。另外，用陶粒进行水培或者半水培宜配用螯合程度较高的营养液，以避免因某些元素积聚过量而可能对植物产生伤害。

4. 安全卫生

陶粒很少滋生虫卵和病原菌，本身无异味，也不释放有害物质，适合家庭、饭店等场所装饰花卉的无土栽培。

5. 价格适中

陶粒本身价格高于珍珠岩、蛭石等基质，但因其耐用，故实际价格并不高。然而，如配用螯合程度高的营养液，则会大大提高盆栽花卉的生产成本。

陶粒

表5-2 一种法国陶粒的性质	
理化指标	数值
容重	300~600g/L
吸水量	80~150ml/L
毛细管水上升量	8~12g/L
氢离子浓度	0.1~10μmol/L
表面特征	多孔
电导率	400μS/cm
水溶性盐	55g/kg
钙	860mg/kg
镁	150mg/kg
钠	110mg/kg
氯	100mg/kg
氟	12mg/kg

表5-3 北京陶粒厂页岩陶粒理化性质		
理化指标	数值	
容重	5~10mm	660~700g/L
	10~20 mm	590~630g/L
吸水率	1h	49ml/L
	3h	144ml/L
	24h	267ml/L
化学成分	二氧化硅（SiO_2）	610~660g/kg
	三氧化二铝（Al_2O_3）	190~240g/kg
	三氧化二铁（Fe_2O_3）	40~90g/kg
	氧化钙（CaO）	5~l0g/kg
	氧化镁（MgO）	10~20g/kg
	氧化钾和氧化钠（K_2O+Na_2O）	25~35g/kg

三、哪些植物适合陶粒栽培

一般较宜进行陶粒无土栽培的有龟背竹、花叶万年青、广东万年青、丛生春羽、银包芋、火鹤、绿巨人、合果芋、淡竹芋、吊竹梅、芦荟、吊兰、银边沿阶草、莲花掌、芙蓉掌，以及橡胶榕、巴西铁、秋海棠类、蕨类植物、棕榈科植物、银叶菊、常春藤、彩叶草、富贵竹、凤梨等各种观叶植物。观花的有君子兰、兜兰、蝴蝶兰、紫罗兰、蟹爪兰等。

适合陶粒栽培的植物

四、使用陶粒应注意的问题

陶粒不宜用于根系纤细植物的无土栽培。由于陶粒颗粒直径比沙、珍珠岩等大，对粗壮根系的植物来说，根系周围的水气环境非常适合，而对根系纤细的植物如杜鹃花、蓝莓等来说，陶粒间的孔隙大，根系容易风干，不宜用来种植这类植物。另外，陶粒不适宜播种和扦插。

第五节 蛭石

蛭石是一种层状结构的含镁的水铝硅酸盐次生变质矿物，由一层层的薄片叠合构成，外形似云母。通常是由黑（金）云母经热液蚀变作用或风化而成，因其受热失水膨胀时呈挠曲状，形态酷似水蛭而得名。蛭石可分为蛭石厚矿和膨胀蛭石。膨胀蛭石是在800~1100℃炉体中受热，水分迅速逸失，矿物被推松膨胀15~25倍，形成银白色或金黄色、有光泽、多孔的海绵状小片。

目前，全球蛭石储备量保持在4700万t左右，集中分布在美国、南非、巴西、印度等国家。根据美国地质调查局（United States Geological Survey, USGS）发布的《2021矿产品概要》，美国、南非、巴西的蛭石储量分别为2500万t、1400万t、660万t。约82%分布在美国和南非，目前欧洲没有商业性开采。从全球蛭石行业产量来看，据美国地质调查局数据，2021年全球蛭石行业产量约为39.0万t，同比增长2.63%，基本处于稳定态势。根据公开资料显示，国内规模最大、最具代表性的是新疆尉犁县且干布拉克蛭石矿，其储量占全国总储量的90%以上，远景储量为1亿t，其中2号矿体已探明储量1400万t，是世界罕见的超大矿床，同时根据实验证明，我国新疆蛭石具有膨胀倍数高、杂质少等优点。国内蛭石矿藏资源丰富，开发空间较大。一般情况下，用于园艺的是较粗的膨胀蛭石。近年来，园艺业中蛭石的应用呈快速发展趋势。由于保护地栽培（即设施园艺）的普及和节水园艺生产的兴起，蛭石在以色列及中东地区得到有史以来最大规模的应用，而北美仍是全球最大的蛭石用户。据美国地质调查局估计，1998年美国消费膨胀蛭石约17万t。在美国，蛭石主要由园艺师用作栽培基质或基质改良剂。最早由美国康奈尔大学教授Dr. Jim Boodley和Dr.Ray Sheldrake在“泥炭类似物”的研究中制成了“无土生长基”，它就是由泥炭、蛭石、磷酸盐、氮类化合物、铁等组成的。这种混合基质可用于多种植物（包括蔬菜）的育苗和扦插。

在东亚，目前园艺蛭石的应用主要集中在日本和韩国。据日本国立土壤微生物研究所的资料显示，日本使用园艺蛭石已有40多年历史，韩国30年左右。随着蛭石价值被不断挖掘，应用领域不断拓展，国内需求量逐渐增加，进口数量逐年上升。据海关数据，2021年中国蛭石进口数量达到8.55万t。出口方面，2021年中国蛭石出口数量为15.61万t。从出口国家分布来看，韩国是我国蛭石资源主要出口国。据海关数据，2021年我国出口韩国蛭石11.56万t，占比74.1%。其次为日本1.44万t（9.2%）、美国1.41万t（9.0%）。

一、蛭石的理化性质

蛭石为火山成因矿物，经高温焙烧后呈片状剥落。其性能如下。

①容重很小（0.07~0.25g/cm^3）。

②具有较大的比表面积和特殊的表面选择吸附功能，阳离子交换量(CEC)为90~100ml/kg，电导率为0.36mS/cm，带表面负电荷等。

③能极好地保持水和空气的平衡。蛭石总孔隙度较大，如规格为2~4mm的蛭石总孔隙度为133.5%，大孔隙为25.0%，小孔隙为108.5%，气水比为1:4.34。

④化学性能稳定，不溶于水，pH7~9。蛭石含铝、镁、铁、钙、钾、磷、猛等多种矿质元素，一般来说，含全氮0.01%，全磷0.06%，速效钾501.6mg/kg，代换钙2560.5mg/kg，所含的钾、钙、镁等矿质养分能适量释放，供植物吸收利用，在配制营养液时应考虑。

蛭石具有较高的缓冲性和离子交换能力，通气性也好，园艺上用它作育苗、扦插或以一定比例配制混合栽培基质，效果很好。

蛭石pH因产地不同、组成成分不同而稍有差异，一般均为中性至微碱性(pH6.5~9.0)。当其与酸性基质如泥炭等混合使用时不会出现问题。单独使用，如因pH值太高，需加入少量酸进行中和。

二、蛭石作为基质的特点

1. 吸水性强，保水保肥能力强

蛭石每立方米可吸水100~650L，超过其自身重量的1.25~8倍。蛭石的阳离子交换量高达100cmol/kg，保水保肥能力很强。

2. 孔隙度大，透气

蛭石吸水使气体空间减小，达到饱和含水量的蛭石透气性很差。正因为蛭石有极大的气体空间，又具有极强的吸水能力，可以人为地调节蛭石的水分含量，以达到适合某种植物的最佳基质水气比例。对绝大多数花卉植物而言，蛭石是很好的无土基质。

3. 安全卫生

蛭石是在高温下形成的，不会携带病原菌和虫卵。使用过的蛭石可以采用高温消毒，或用1.5g/L的高锰酸钾或福尔马林消毒后继续使用。蛭石本身无异味，不散发有害气体。

蛭石

4. 氢离子浓度

蛭石氢离子浓度为1~100nmol/L(pH9~7),能提供一定量的钾,少量钙、镁等营养物质。这些性质是由蛭石的化学组成决定的。蛭石的化学组成为:

组成	含量（%）
二氧化硅（SiO_2）	36%~42%
三氧化二铁（Fe_2O_3）	0.5%~5%
二氧化钛（TiO_2）	0.3%~8%
氧化镁（MgO）	20%~27%

组成	含量（%）
氧化钾（K_2O）	8%~12%
三氧化二铝（Al_2O_3）	12%~20%
水（H_2O）	1%~4%

三、使用蛭石应注意的问题

无土栽培用的蛭石的粒径应在2mm以上,用作育苗的蛭石可稍细些(0.75~1mm)。目前市场上常见的有3种质量等级的蛭石。蛭石作为基质不宜长期使用,因其使用一段时间后由于坍塌、分解、沉降等原因易破碎而使结构遭到破坏,孔隙度减小,结构变细,影响透气和排水。同时要注意在运输、种植过程中不能受重压;一般使用1~2次,其结构就变差了,故一般不宜用作长期盆栽植物的基质,之后可作为肥料或育苗的营养土成分施用到土壤中。园艺用蛭石应该选择较粗的薄片状蛭石,即使作为细小种子的播种基质和作为播种的覆盖物,都是以粗为好。尤其是在种苗生产应用中,一般应选择片径为2~4mm的蛭石。在园艺栽培中建议最好和泥炭混合使用。

虹彩石（左）、蛭石（右）

第六节 珍珠岩

珍珠岩是酸性火山熔岩遇到地球表面的水后急速冷却而形成的一种具有珍珠裂隙结构的非晶质岩石。园艺上应用的珍珠岩是膨胀珍珠岩，是由一种灰白色的酸性火山玻璃质熔岩（铝硅酸盐）经破碎、筛分至一定粒度，再经预热后，瞬间加热至1000℃以上时，岩石颗粒膨胀而形成的。它是一种具有多孔性封闭疏松核状的轻质颗粒体。园艺上常用的粒径为2~4mm，容重轻，吸水性强，吸水量可达本身重量的3~4倍，孔隙度约为93%，pH中性或偏酸性，化学稳定性好，能抗各种理化因子的作用，故不易分解，所含矿物成分不会对营养液产生干扰，无缓冲作用，无毒、无味，多与其他基质混用，以弥补与植物根系接触不良，影响作物生长发育的缺点。

一、珍珠岩的矿石类型

珍珠岩矿物分为珍珠岩、黑曜岩和松脂岩三种。三者的区别在于：珍珠岩具有因冷凝作用形成的圆弧形裂纹，称珍珠岩结构，含水量2%~6%；松脂岩具有独特的松脂光泽，含水量6%~10%；黑曜岩具有玻璃光泽与贝壳状断口，含水量一般小于2%。

珍珠岩矿石结构构造类型的品级划分见表5-4。

珍珠岩

表5-4 珍珠岩矿石结构类型的品级划分

类型	膨润土含量（%）	膨胀倍数	矿石品级
珍珠岩	<10	≥15	一级品
脱玻化珍珠岩	10~40	<15~≥7	二、三级品
强脱玻化珍珠岩	>40~65	<7	夹石

二、珍珠岩的理化性质

1. 物理性质

珍珠岩的物理性质参见表5-5，影响珍珠岩膨胀性能的因素见表5-6。

表5-5 珍珠岩的主要物理性质

颜色	外观	莫氏硬度	密度（比重）(g/cm3)	耐火度(℃)	折光率	膨胀倍数
黄白、肉红、暗绿、灰、褐棕、黑灰等色.其中以灰白-浅灰为主	断口参差状、贝壳状、裂片状，条痕白色，碎片及薄的边缘部分透明或半透明	5.5~7	2.2~2.4	1300~1380	1.483~1.506	4~25

表5-6 影响珍珠岩膨胀性能的因素

影响因素	膨胀性能
玻璃质透明度和结构发育程度	玻璃质由透明、半透明至不透明，珍珠岩结构由极发育、较发育至不发育，膨胀倍数相应地由大变小
透长石及石英斑晶含量	玻璃质中透长石及石英斑晶的存在，不利于矿石的膨胀，具有斑品的珍珠岩膨胀后，其气孔相互联通，造成孔隙过大，影响绝热性能
含铁量	矿石含铁量过高，影响产品的颜色，且有降低膨胀效果的趋势
含水量	矿石含水量是影响产品质量的因素之一

2. 化学性质

珍珠岩没有吸收性能，阳离子代换量<1.5cmol/kg，pH7.0~7.5。珍珠岩的成分为：二氧化硅(SiO_2)73%~75%、三氧化二铝(Al_2O_3)11%~13%、三氧化二铁(Fe_2O_3)0.9%~2%、氧化钙(CaO)0.7%~1%、氧化镁(MgO)0.2%~0.33%、氧化钠(Na_2O)3.5%~5%、氧化钾(K_2O)2.3%~4.4%、氧化钛(TiO_2)0.08%~0.1%、氧化锂(Li_2O)0.01%。其他微量元素有锰(Mn)、铬(Cr)、铅(Pb)、镍(Ni)、铜(Cu)、硼(B)、铍(Be)、钼(Mo)和砷(As)等。

三、珍珠岩作为基质的特点

1. 透气性好，含水量适中

珍珠岩的孔隙度约为93%，其中空气容积约为53%，持水容积为40%。当灌水后，大部分水分保持在表面，由于水分张力小，容易流动。因此，珍珠岩易于排水，易于通气。

虽然珍珠岩的吸水量（约为自身重量的4倍）不如蛭石，但在下层有水的情况下（如防渗漏花盆中），珍珠岩通过颗粒间的水分传导，能将下层的水吸入整个盆内的珍珠岩中，并保持适当的通透性，其含水量可完全满足植物根系生长所需。因此，在栽培一些对水气比例要求较严格的花卉时，选用珍珠岩比蛭石好。特别是栽培一些喜酸性的南方花卉时，更能体现出珍珠岩的优点。

2. 化学性质稳定

珍珠岩的氢离子浓度为31.63~100nmol/L（pH7.5~7.0）。珍珠岩的阳离子交换量<1.5cmol/kg，几乎没有养分吸收能力，珍珠岩中的养分大多数也不能被植物吸收利用。其氢离子浓度比蛭石高，这也正是它更适合种植南方喜酸性花卉的原因之一。

四、珍珠岩作为基质的特点

一般2~4mm的膨胀珍珠岩适合在园艺生产和种苗生产上使用。因其本身较硬，有一定的形状，故主要用来增加基质中的通气量。珍珠岩几乎适合所有植物根系的生长，特别是喜酸的纤细须根系植物，在其他基质中不容易生长而在珍珠岩中则能生长健壮。但由于膨胀珍珠岩容重过小（50~60kg/m³），浇水后常会浮于基质表层，造成“分层”，导致基质上部过干，下部过湿；若基质中珍珠岩比例过大，会使植株根系生长环境过于疏松，植株根系不能与基质紧密贴合，使成品苗换盆成活率下降。因此在使用珍珠岩时应注意以下几个方面：

①珍珠岩中浇入营养液后，表层见光后容易生长绿藻，为了控制绿藻滋生，可以经常翻一翻表层珍珠岩，或进行避光处理。

②珍珠岩的比重比水轻，在种植槽或复合基质中，会因淋水较多而浮在水面，致使珍珠岩与根系的接触不牢，容易伤根，植株也容易倒伏，单独使用珍珠岩时这个问题是没有办法解决的。因此，一般用于扦插或育苗包括栽培使用时，多与其他基质如泥炭、蛭石等配制成复合基质。特性使然，漂浮在复合基质表面的现象还是会发生。

③珍珠岩粉尘污染较大，并对呼吸道有刺激作用，取用时需带口罩；使用前最好先用水喷湿，以免粉尘纷飞。

第七节 岩棉

以农用岩棉(rock wool)为无土基质的栽培方式是目前全世界最流行的无土栽培方式之一。相比珍珠岩、蛭石来说，岩棉通透性、惰性更好，管理更容易，效果更理想。岩棉是以玄武岩为主要原料制成的材料。大致含辉绿岩(60%)、石灰石(20%)、焦炭(20%)，混合后经1450~2000℃炉内处理熔化，然后喷成直径为0.05mm的纤维棉状物，均匀加入一定比例的粘结剂，再将其压成容重为80~100kg/m³的片，然后在冷却至200℃左右时，加入一种酚醛树脂以减少岩棉丝状体的表面张力，使生产出的岩棉能够较好地吸持水分。因岩棉制造过程是在高温条件下进行的，因此，它是进行过完全消毒的，不含病菌和其他有机物。国外(如西欧)应用岩棉栽培比重很大，认为是当今无土栽培较好的一种固体基质材料。

一、农用岩棉与工业岩棉的区别

岩棉的生产从1880年开始。由于岩棉具有容重轻、导热系数低、耐高温、吸音隔热性能好等优点，广泛应用于建筑、石油、电力、船舶、化工、纺织、冶金、交通运输、国防等行业，作为房屋、车船、管道、塔罐、锅炉、烟道、热交换器和其他冷热基质设施的隔热材料，也是良好的消声和吸尘材料。在我国，农用岩棉是近40内年发展起来的，作为栽培农作物的基质使用。工业岩棉不能取代农用岩棉直接作为栽培基质，进行作物的栽培生产。二者的主要不同之处为：①工业岩棉生产过程中，需喷洒憎水性强的物质如硅油等，以减少吸水；而农用岩棉为具保水性，工艺流程中添加了亲水性物质。②工业岩棉pH值高，一般都在7以上，农用岩棉必须调整pH值至中性。③纤维构造不同，农用岩棉应加工成适宜基质的纵构造。本书所出现的岩棉一词，除注明部分外均为农用岩棉。

岩棉栽培

不同形态的岩棉

二、国内外岩棉栽培的发展历史与应用现状

1. 国外岩棉栽培的发展历史和现状

岩棉栽培是伴随无土栽培技术的不断成熟而诞生并发展起来的，至今已有120多年的历史，尤其近半个世纪发展特别迅速。1969年丹麦Grodan公司成功研制生产出农用岩棉，很快在全球推广，使岩棉栽培技术和营养液膜技术（nutrient film technique，NFT技术，是一种水培技术）一样，在无土栽培领域中成为受人瞩目的领先技术。目前丹麦、法国、美国、西班牙、波兰和荷兰都有厂家专门生产农用岩棉。其中丹麦的Grodan公司占全球销量的60%以上，生产车间分布在丹麦、荷兰和美国，销售网络遍布全球。西欧是岩棉栽培最多的地区，此外在东欧、北美洲、日本、韩国等地也大量使用岩棉栽培。

据各种资料显示，各地岩棉栽培占无土栽培面积的比例差异较大，发展趋势也不尽相同。西欧（不包括法国）岩棉培的面积达到5200hm²，占无土栽培的80%~90%，其中，荷兰为无土栽培和岩棉栽培面积最大的国家，岩棉培为2500hm²，占无土栽培总面积的2/3以上。

虽然西欧的无土栽培和岩棉培的面积很大，但发展空间不及东欧。近几年东欧的岩棉栽培发展速度很快，以每年100hm²以上的面积增加，目前已超过900hm²，占无土栽培面积的60%。

岩棉培最早产生于美国，但在美国的发展速度远不及欧洲，这主要是因为美国地域广阔，气候条件复杂，没有欧洲单一气候的优越性，因此岩棉培不可能覆盖绝大部分种植面积。截止2002年年底，北美洲无土栽培的面积仅为西欧的1/7，岩棉培约400hm²。

无土栽培技术在日本一直处于领先地位，20世纪60~80年代得到了大面积推广，日本的土地面积有限，但无土栽培的面积接近整个东欧，1999年已有1056hm²。20世纪90年代初，岩棉工业受到政府的重视，出现了农用岩棉的专业生产公司。20世纪90年代末，岩棉栽培的面积呈几何级数增加，已有580hm²，占无土栽培总面积的54%。受日本无土栽培技术和市场需求的影响，韩国的岩棉种植面积已有250hm²，占整个无土栽培的33%左右。

岩棉拆分

压制成形的岩棉方块

2. 我国岩棉栽培的发展历程

随着我国设施农业的不断发展和温室设施的大量推广，大型温室面积已超过2000hm²，我国已成为全世界设施农业发展速度和现有温室面积最大的国家之一，与之相关的无土栽培也由20世纪80年代初的空白到21世纪初约800hm²。由于初期投资大，岩棉培优越性还没有被充分认识，因此所占的比例很小，约为3%左右。

20世纪80年代初，华南农业大学、浙江省农业科学院等一些科研单位开始了我国农用岩棉种植技术研究的历史。到80年代末，随着温室项目投资的增加，经济发达地区掀起了旅游观光园区的热潮，岩棉栽培被列为先进栽培方式的一种应用，但是没有进入实质性建设的生产阶段。

1988年，广东江门江荷有限公司从荷兰引进1hm²玻璃温室岩棉栽培作为现代温室的一个子项目第一次使用在了大规模生产中。

至2002年年底，我国先后使用农用岩棉栽培的大型生产单位总共有近10个。分布在上海、北京、沈阳、苏州、武汉、无锡和浙江等，种植作物西红柿、黄瓜和甜椒等。据调查，各生产单位引进农用岩棉，在使用1~2年之后，都纷纷改用工业岩棉。改变岩棉品种的主要原因是管理不善，增产效果不明显，入不敷出，没有经济效益。我国还没有农用岩棉的生产厂家，在初期较高投资的情况下，很容易使用户放弃专业岩棉的生产计划，改用廉价的工业岩棉替代。另外，对岩棉的栽培技术，包括水分管理和营养液配方等，缺乏准确的认识，没有相应种植经验，产量无法实现突破。

2001年，北京设立了第一个国外农用岩棉办事处；2002年在苏州成立了岩棉栽培技术咨询公司，提供全套的栽培技术指导，使国内岩棉种植有了技术依托。由于岩棉栽培能最大程度地减少病虫害发生，保证高产优质，可生产出绿色、无公害的食品，岩棉栽培技术越来越受到种植者的青睐。

三、岩棉的理化性质

1. 岩棉的理化性质

岩棉纤维直径3~10μm。长度5~10cm，比石棉等天然纤维粗，易折断，不具纺织性，容重60~80kg/m³，孔隙度90%以上，吸水力很强。在不同吸水力下岩棉的持水容积不同（表5-7）。岩棉吸水后，会依厚度的不同，含水量从上至下而递减；相反，空气含量则自上而下递增（岩棉块水分和空气垂直分布情况见表5-8）。岩棉pH 近中性。早期生产的岩棉在浸水后由于CaO的溶解，pH值增高，需添加磷酸等酸进行中和后使用，现在国外产品基本上没有必要加酸中和。岩棉中还会溶出一些重金属，但都在水质标准之下，是安全的。岩棉的化学组成与原料有很大关系。现在世界上使用最广泛的岩棉是丹麦Groden公司生产的，商品名为格罗丹（Groden）。它的主要成分太多不能被植物吸收利用的（表5-9）。格罗丹公司生产的岩棉以辉绿岩为主要原料，含铁丰富，大致在8%左右。日本许多公司则以高炉矿渣和硅酸盐为主要原料，由于原料中的铁质被提取，多数产品的含铁量在1%左右。化学组成除因原材料不同而异，也因混合比例不同而发生变化。

表5-7 岩棉孔隙容积和不同吸水力下的持水容积

项 目	相当于基质容积的百分数（%）
孔隙容积	97.8
pF0.57时的持水容积	90.8
pF1.05时的持水容积	38.6
pF1.52时的持水容积	2.2

注：pF为基质的吸水力，一般用与大气压相当的水柱高度的厘米数（负值）对数来表示

表5-8 岩棉块中水分和空气的垂直分布状况

自上而下的高度（cm）	干物容积（%）	孔隙容积（%）	持水容积（%）	空气容积（%）
1.0	3.8	96	92	4
5.0	3.8	96	85	11
7.5	3. 8	96	78	18
10.0	3.8	96	74	22
15.0	3. 8	96	74	42

表5-9 岩棉的化学组成

成分	含量（%）	成分	含量（%）
二氧化硅（SiO_2）	47	氧化钠（Na_2O）	2
氧化钙（CaO）	16	氧化钾（K_2O）	1
三氧化二铝（Al_2O_3）	14	氧化锰（MnO）	1
氧化镁（MgO）	10	氧化钛（TiO_2）	1
三氧化二铁（Fe_2O_3）	8		

2. 岩棉的保水性质

岩棉纤维本身不具保水性，生产过程中应添加亲水剂。制品中有90%以上的孔隙度，可通过毛细管作用，提高水位10cm。岩棉与土壤不同，可以保持很多水分，但能够被作物吸收利用而不易移动的水含量极少。由于大部分是易于移动的水，当开始缺水时，很容易使植物因缺水产生凋萎，并破坏毛细管。当干燥后再滴灌时，水分的横向扩散差，纵向移动多，上层不易保水。岩棉团有两种类型的制品，一种能排斥水的称格罗丹蓝，另一种能吸水的称格罗丹绿。

在上盆过程中，每3份土壤加入1份格罗丹蓝团块，可以获得比较良好的水分空气状况。郁金香、风信子和藏红花在岩棉中种植能促成开花，香石竹、月季、菊花、非洲菊等在岩棉中种植都能取得良好的效果。岩棉能促进树木和灌木在黏重土壤中扎根，用占种植穴容积25%的格罗丹蓝就能改良种植穴所用的土壤。岩棉加入到土壤内20cm深的地方，不但能改良栽培作物的生长，也能改良草地的生长。

岩棉栽培

四、岩棉作为基质的特点

农用岩棉与常规岩棉的用途截然不同，它作为栽培基质，必须符合植物生长全过程的要求，并具有相应的特性。

1. 化学稳定性高

岩棉基质是在含有各种元素营养液的润湿环境下使用的，纤维基材的化学成分不会和营养液中任何元素产生不良的化学反应。

2. 无毒害、不污染

在岩棉基质上栽培蔬菜、瓜果，无毒害，不污染，是对农用岩棉最基本的要求。但制取岩棉的原料，特别是炉渣中，含有多种微量元素，其中有害元素如镉(Cd)、砷(As)、铅(Pb)、铬(Cr)等，以及黏结剂中的有害物酚等。这些有害物虽然在天然土壤中也有，但在农用岩棉中，要控制其在溶出液中的含量，必须远低于农用灌溉地面水的国家标准值，经环保部门测定，确认无害，方可使用。

3. 具有优良的保水、亲水性

工业岩棉具有憎水性特点，不适合农用。为了增强岩棉纤维的毛细管作用，科学家专门研制出了一种渗透性强的添加剂，在生产中，均匀施加在纤维上改善了其亲水、保水性。表现在水液滴落在棉块上，能迅速漫延、扩散，渗水速率达$0.125g/cm^3$，比工业岩棉高100多倍，自然吸水量达$0.396g/cm^3$。保水性表现在很小的失水量上(仅$0.012g/cm^3·h$)，表明农用岩棉在24h不补液的情况下仍可保持润湿状态，满足植物生长吸液的需要。

4. 与栽培相适应的一般性能

低而均匀的容重。容重较低可以提高制品的孔隙度，便于在栽培管理中调节纤维内的气液比，满足植物同时吸取气、液、养分的要求。如岩棉基质容重差别大，会造成积水不匀，不便于使用。

不含粗渣球。粒径较大的渣球，阻碍着植物根须在纤维基质内自由生长。

适当降低黏结剂含量，可在保证黏结成型的前提下，使制品保持如同翻耕过的土地那样疏松，避免局部因黏结剂过多而板结。黏结剂固化好，可减少有害物游离酚的存在。

pH值与栽培要求相匹配，农用岩棉的pH值<7.0为宜。

5. 产品规格

岩棉系列产品，如岩棉条、块、板等，使用、搬运方便。经压制成形的岩棉块在种植作物的整个生长过程中，不会产生形态的变化，而且作物根系很容易穿插进去，透气、持水性能好，质地柔软、均匀，有利于作物根系的生长。岩棉的规格大小随栽培作物种类、栽培床宽窄等因素而变化。除盆栽植物中利用颗粒状岩棉外，一般分为栽培床用的生长方块和育苗用的育苗方块两种。生长方块长900~1000mm、宽50~300mm、高50~100mm，育苗方块规格有100mmx100mmx100mm~50mmx50mmx50mm。

五、农用岩棉应用效果

有关科研单位的大量试验研究表明，岩棉在园艺作物上的应用效果如下。

1. 可种植多种蔬菜和花卉

试验表明，农用岩棉可种植西红柿、黄瓜、辣椒、茄子、生菜、甜瓜、草莓和菊花、月季、香石竹等多种蔬菜与花卉。植物长势好、品质优、应用效果良好。

2. 产量高

试验基地岩棉培西红柿统计表明：每茬亩产稳定在5000kg左右。

在徐州郊区进行的示范显示，与土培比较，同时栽培同时采果，岩棉培平均单株西红柿产量近2kg，土培仅0.8kg，岩棉培是土培的2.5倍。折合亩产分别为3226kg与2191kg，岩棉培是土培的1.47倍。

太原市郊岩棉培西红柿示范表明，单茬亩产高达11620kg，比土培增收2440kg；春黄瓜亩产达8550kg，比土培高1050kg；秋黄瓜亩产也达7500kg，比土培多收932kg。

岩棉培花卉在江苏农业科学院园艺研究所试种比较，香石竹单支切花为4.1支，土培仅2.7支，产量净增52%。

3. 品质优

在农用岩棉上种植的蔬果、花卉，经测定：维生素等各种营养成分含量，都明显地高于土培。试种物的品质还表现在长势旺、健叶多、植株高、展度大等众多优点。特别是大幅度降低了病虫害的影响。

岩棉培康乃馨，除表现出幼苗生长快、分枝多、叶色绿、无病害外，还显示在挺拔度（硬度）高达85.2%，土培仅22.2%；花冠重为7.4g，土培则只有4.8g。

4. 其他应用效果

①节省工时。太原市郊栽培对比表明，岩棉培春黄瓜，亩投工187个，比土培少投工93个；秋黄瓜投工197个，比土培少107个工；西红柿投工180个，比土培少90 个工。

②省肥。岩棉栽培黄瓜、西红柿平均每亩投入的肥料比土培节省50~55 元。

③节水。岩棉栽培的耗水量均为土培的50%左右。

综上所述，在农用岩棉上栽培蔬果、花卉已经取得了优良的应用效果。

六、使用岩棉应注意的问题

第一，全新的未使用的岩棉氢离子浓度较低，一般氢离子浓度在100nmol/L以下（pH>7），使用前灌溉时需加入少量酸，1~2d后，氢离子浓度会增加。

第二，岩棉是不能分解的，使用后的处理至今尚未解决。通常的方法是把用过的岩棉作为土壤改良剂，也有的作为岩棉生产的原材料回收利用。但这些方法仍在探索中。

第八节 其他无机基质

前面着重介绍了水、沙、石砾等传统基质和膨胀陶粒、蛭石、珍珠岩、岩棉等目前广泛应用的无机基质。此外，还有很多在园艺无土栽培中使用规模相对较少的无机基质，下面分别介绍。

一、火山岩类

火山岩是由火山活动而形成的岩石，是一种次生矿物。火山岩结构良好，不易破碎，是一类优良的栽培基质。生产中常用火山岩类基质与泥炭或沙等混合种植盆栽植物，也可单独用作基质。

1. 几种日本的火山岩基质

由于频繁的火山活动，日本享有丰富的火山资源，远古时期火山爆发遗留下来的火山灰、火山岩和浮石堆积在火山附近。利用这种独有的资源，日本开发出了丰富的园艺栽培基质产品，赤玉土和鹿沼土就是其中有代表性的两种。此外还有桐生砂、富士砂、柏拉石、日向石和植金石等。在日本，这类基质单独使用或与其他基质混合应用于盆栽植物，如与泥炭、椰糠、树皮等混合，在园艺生产上广泛应用。日本的园艺栽培混合基质和无机矿物混合的比例要比泥炭的比例高很多。相对于其他许多国家尤其是欧美国家采用泥炭作为主要栽培基质，日本利用此类产品更有优势，多年实践证明，这类产品还是良好的土壤改良材料，可全面改善土壤状况，并有效地促进植物生长。

赤玉土（左）、鹿沼土（右）

(1)赤玉土

①成分。以下是赤玉土主要成分的含量测定数据:

SiO_2(二氧化硅)	42.7%
CaO(氧化钙)	0.98%
MgO(氧化镁)	2.5%
MnO(氧化锰)	0.15%
Fe_2O_3(氧化铁)	8.4%
Al_2O_3(氧化铝)	25.1%
pH值	6.9
EC值	0.052ms/cm

②型号与包装。产品两个型号,L型(大粒)12~20mm、M型(中粒)6~12mm、S型(小粒)3~6mm和SS型(细粒)1~3mm,以14L的日本原包装进口。

③用途与使用方法。L型适用于铺面和大型容器植物种植;M型适用于多年生盆栽植物使用、土壤改良;S型适用于各种小型植物盆栽以及多肉植物种植应用,可谓“万能用土”,尤其对仙人掌等多浆植物、中国兰花等栽培有特效;SS型是草坪配植和园艺植物育苗的最佳选择。一般与其他基质如腐叶土、鹿沼土等混合比例为30%~35%,效果与泥炭比较有过之而无不及。

赤玉土

(2)鹿沼土

也是一种罕见的物质,产于鹿沼地区的火山区一带。它是由下层火山土生成的高通透性的火山沙,呈酸性,蓄水力和通气性良好。

①成分。以下是鹿沼土主要成分的含量测定数据:

SiO_2(二氧化硅)	46.2%
CaO(氧化钙)	2.0%
MgO(氧化镁)	0. 36%
MnO(氧化锰)	0. 039%
Fe_2O_3(氧化铁)	2. 20%
Al_2O_3(氧化铝)	28.7%
pH值	6. 1
EC 值	0. 047ms/cm

②型号与包装。产品四个型号:L型(大粒)12~20mm、M型(中粒)6~12mm、S型(小粒)3~6mm和SS型(细粒)1~3mm,以14L的日本原包装进口 。

③用途与配方。鹿沼土不论是用于专业生产还是家庭栽培或土壤改良,均有良好的效果,尤其适合嫌气、忌湿、耐瘠薄的植物,如各类盆景、兰花、高山花卉等。鹿沼土可单独使用,也可与泥炭、腐叶土、赤玉土等其他基质混合,建议混合比例为草花和观叶植物为30%,球根花卉50% ,兰花60%。

(3)日向石

是一种火山浮石,分布在日本西部日向市一带,像其他浮石一样十分干燥,并在韩国广泛运用。

(4) 柏拉石

与日向石十分相似,只是不那么干燥而且也更便宜。

(5) 桐生砂

是以产地日本桐生命名的一种火山砂，含有大量的Fe_2O_3(氧化铁)，呈硬石沙状。用于兰花、落叶植物等的栽种。

(6) 富士砂

也是以地名命名，产于日本富士山一带。此种基质有很好的通透性、蓄水性、流通性和排水性。适用于盆景、高山花卉等植物。

2. 浮石

浮石也称浮岩，是熔融的岩浆随火山喷发冷凝而成的密集气孔的玻璃质熔岩，其气孔体积占岩石体积的50%以上。因孔隙多、质量轻、容重小于1g/cm³，干燥状态下能浮于水面而得名。具有良好的保水性和通气性。在国外，浮石被大量应用于园艺，尤其适用于兰科植物和大部分观叶植物的盆栽，其配方使用量为15%~100%。目前在花鸟市场上销售的“塘基石”，是一种与浮石类似的火山喷出岩矿物，但其表面强度、吸水性均较浮石稍差。浮石适宜应用于屋顶绿化，主要有两个方面的作用。首先，屋顶绿化中在基质底部做一层排水层是必不可少的，一般的排水层均使用1~3cm的粒状物，浮石因其表面强度高、抗压、质轻、能吸水，可大规模用作屋顶排水层。其次，浮石是非常好的土壤疏松剂，在屋顶绿化基质中添加4~7mm粒径的浮石，可极大地改善基质孔隙度，保持基质较高的透气性与排水性，避免植株烂根，使植株迅速发根。

表5-10 浮石的理化性质

化学成分	SiO_2	70%
	Fe_2O_3	5.5%
	FeO	2.4%
	Al_2O_3	11.50%
	CaO	0. 79%
	MgO	0. 29%
	K_2O	4. 10%
	Na_2O	5.80%
物理性质	颗粒容重（g/cm³）	0. 459~0. 65
	松散容重（g/cm³）	240~450
	孔隙率（%）	71.8~81.0
	抗压强度（Mpa）	0. 53~1.76
	吸水率（%）	26.6~64.2
	导热系数（w/m·k）	0. 23~0. 46
一般应用规格	4~7mm、7~15mm、15~30mm	

二、矿物

1. 麦饭石

麦饭石在矿物学上属于石英斑岩或花岗岩，是以碱长石和石英石为主的矿石。麦饭石独特的性质是它的超多孔性和罕见的多物质成分。据测试，其表面积与活性炭近似，所含的物质成分多达2000余种。特别是对生物体有益的微量元素应有尽有，而一些过量则对生物体有害的元素含量则恰到好处。麦饭石独特的性质和神奇的功能自古以来一直受到许多科技工作者的关注，对它进行了不懈的研究开发，使麦饭石在医药、食品、保健、种植、水处理等领域得到广泛的应用，并取得了很好的效果。

麦饭石在无土栽培中，主要用于花果、蔬菜等植物的种植栽培，能保水、保肥、通气、防病，提供植物生长所需的微量元素。节水、节肥、节农药，增产、增收、增效益。

2. 彩砂

目前市场上的彩砂有两种，一种是天然彩砂，是由大理石等矿物的高度风化物筛选而成；另一种人工彩砂，是石英砂染色的产品，沙粒内外颜色一致，呈现天然色彩，长久使用不掉色、褪色。

彩砂切面带有小孔，透气性也相当好，莫氏硬度介于2~3，容积为0.6kg/L左右，吸水率为自身重的60%，pH6.5~6.8。它自身具有较强的吸水性，持水性好，不需要经常浇水。彩砂也如一个内存很大的储肥库，所含营养物质不会被水淋溶，可在植物生长过程中和沙粒中的水分一起缓慢释放，因此，只需浇水，不必施肥，种植一年后可适当加入营养液。

彩砂可作为绝大多数植物的栽培基质，特别适宜于喜疏松、砂质土壤植物的栽培，采用透明容器，通过不同颜色搭配造型，可使花卉和栽培基质相映生辉，使盆花成为一个活的艺术品。品位搭配是它的个性，五颜六色是它的特点。

彩砂

3. 沸石

(1) 天然沸石

天然沸石是一类变质岩，它的成因有多种，是由碱金属和碱土金属矿物成分与充足的水在一定高温条件下进行反应而形成的富含水的铝硅酸盐矿物。天然沸石分子中具有独特的孔道结构以及孔道中含有大量可用于交换的阳离子，使沸石具有很高的选择性阳离子交换量，并含有钙、镁、钠、钾、铁、铜、铬等20余种植物生长所需的大量和微量元素。

天然沸石在无机基质方面的应用尤其值得大力开发，无论从其理化性质，还是资源廉价易得等方面均有其独特的优越性。它具有持水性好、缓冲能力强、通气性能好、阳离子交换能力强（阳离子交换量可达7100cmol/kg）、容重轻、化学稳定性好等特点，故具有固氮、保肥、保水功能。例如，浙江缙云县非金属矿产研究所研制开发的花卉沸石复合固体基质，它是以天然沸石、珍珠岩为主要原料，配以多种有机营养基制成。这种沸石复合固体基质由于具有优良的物理性能和化学性质（如pH值、阳离子交换量、电导率以及吸水、吸铵和吸钾量等），适宜无土栽培技术发展。以天然沸石为主的复合固体基质经多家花圃的长期试验与实际使用，其效果十分明显。

天然沸石作为栽培基质方面的用途无疑值得推广。由此可得出这样的启示：在天然沸石开发方面，除了在建材（沸石水泥、轻骨料等）中的一些常规用途外，可瞄准一些21世纪的热点产品如绿色产品、居室及阳台绿化、微型草坪等。总之，沸石的园艺应用研究与开发，有十分广阔的市场前景。

(2) 活化天然沸石

活化天然沸石是一种新型基质。经活化处理（如酸浸、焙烧）的沸石吸附性能高于未加处理的沸石。其打通沸石的内部孔道，增大表面积，用氯化钠溶液浸泡的方法，增加其离子交换量，从而提高天然沸石的吸附性及阳离子交换性能。这种新型无土栽培基质的特点是：多孔结构、疏松、透水透气、有吸收水分和气体的特性，内含丰富的植物所需的大量无机养分，及各种微量元素。能缓慢释放植物所需的营养物质，一年内不用补充任何营养。基质的pH值呈弱酸性至中性（pH5.5~7.0），具有较好的缓冲性，符合所有花卉的生物学习性。清洁卫生，无菌、无异味、对植物不会产生病虫害，吸氮、保氨，肥效可保持两年以上，减少了土培植物生虫子滋生细菌的烦恼。因活化沸石内含大量矿物及稀有元素，加入鱼缸、鱼池、水族箱，能缓解释放植物所需的营养物质，使水族箱内水草生长旺盛，并吸附含氮有机物，使水质清澈、净化水源、富氧。

活化天然沸石有3种粒度，适合栽培红掌、蝴蝶兰、大花蕙兰、杜鹃花、文竹、朱顶红、仙客来、球兰、常春藤、兰花、君子兰、金琥、芦荟、虎尾兰等多种花卉。用法：将花卉从原盆中倒出，把带土的根系放在清水中浸泡10min，细心洗净根系，切勿伤根系。将栽培容器洗净，在底部铺设排水片或网片，将植物放入盆中央并扶正，根系立呈伞状分布在基质中。加入活化浮石基质时要边填边摇动栽培容器，以便根系与基质密接，用喷壶淋入清水到盆底有水流出为止，以后经常喷洒清水保持湿度即可。

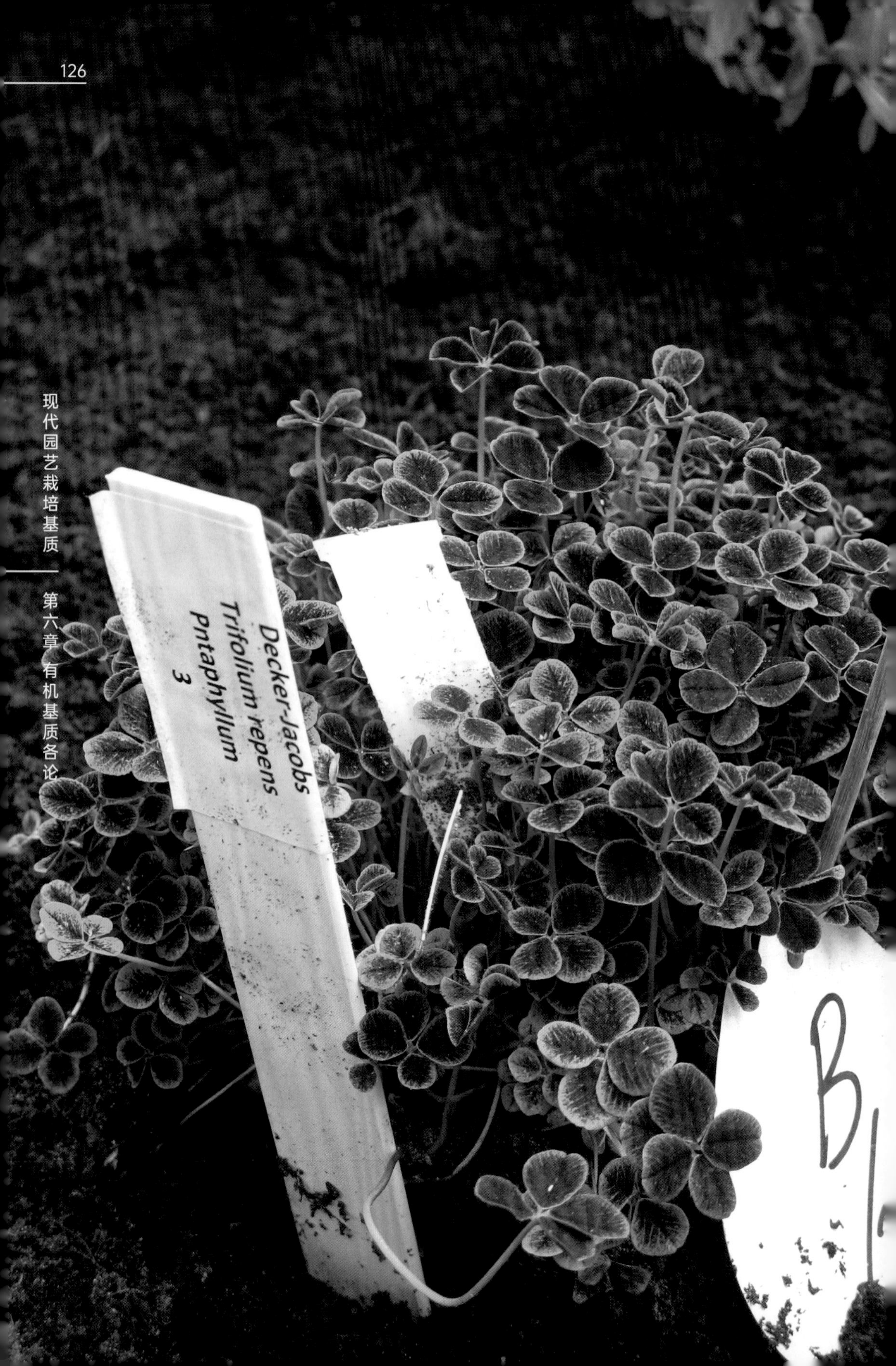
Decker-Jacobs
Trifolium repens
Pntaphyllum
3

第六章

有机基质和复合基质

本章将详细论述有机基质的理化性质、特点、使用方法以及注意事项。尤其随着我国园艺行业的快速发展，泥炭和椰糠这两种在国际上占主流的有机基质，在中国园艺栽培包括家庭园艺中的地位越来越高，需求及进口量逐年增加。

此外，新的有机生态型栽培基质——木纤维因其可再生性相对环保，并且具有取代泥炭的部分功能，也逐渐在中国打开市场，为从业者及爱好者所熟悉。

回顾有机基质的发现及发展史，包括泥炭、椰糠、松鳞等都是从堆砌很久的“废弃物”逆袭成为主流园艺基质的。无论哪种基质都有其优势，也存在短板，合理选择用于实践，才能事半功倍。

第一节 水苔

水苔也称白藓，属苔藓植物，常生长在林中的岩石峭壁上或溪边泉水旁，一般呈白绿色或鲜绿色。水苔经除杂、洗净、晒干后可用来栽植花卉，是栽培兰花或珍贵花木的理想基质，特别是对于肉质根的花草尤其适宜。

一、水苔的理化性质

水苔的pH4.3~4.7，电导率为0.35~0.45mS/cm，通气孔隙度70%~99%，持水量为260%~380%，容重0.9~1.6g/mL。

二、水苔作为基质的特点

1. 干净、无杂无菌

水苔是一种天然植物源基质，经加工后不含任何病菌，用来栽培花卉，既干净卫生，又可减少病虫害的发生，使植物生长健壮。

2. 保温、保湿

将水苔作基质或盆面表层覆盖物，不仅可以防止浇水溅土玷污叶面，而且可以减少水分蒸发，维持土温恒定，起到保温、保湿的作用。

3. 适用范围较广

水苔最适于栽植兰科植物，也可用来栽植各种室内盆栽花卉，如君子兰、南洋杉、万年青、瑞香及天南星科植物等。此外，用水苔点缀各类花卉的盆面，也能起到美化的效果。

4. 营养丰富，植株生长快

水苔属附生植物，含丰富的有机质及氮、磷、钾、钙、镁、硫、铁等多种营养元素，用作栽培基质，可节约施肥量。若需追肥，应以无机肥为主（可选用0.2%~0.5%的磷酸二氢钾或复合肥），要掌握“薄肥勤施”的原则。

5. 透气，不致烂根

大部分花卉（尤其是肉质根花卉）都要求基质具有良好的通气透水性能，水苔在这方面表现十分突出。干燥后的水苔非常疏松，适于根系生长，可避免因盆土积水造成的烂根现象。

6. 经济、实用

质量好的水苔使用年限可达3~5年。

7. 种植方法简单

用水苔栽植与用土栽植方法相同,只是干燥的水苔使用前须先浸润,略微拧干后再用。

目前,不论国产的水苔或是进口的水苔,用途都是基本一致的。所不同的是,进口水苔的草身较为长些、色泽黄净鲜明,不易腐烂,可用1年以上;而国产水苔的草身较短、颜色黄褐、缺少光泽,使用不到一年便会腐烂。但进口水苔的价格比国产水苔高出许多。

三、使用水苔应注意的问题

刚买回来的水苔是干燥的,不易吸水,须泡在水里一阵子,待它吸水后才可以拿来栽培植物。浸泡过程中,可以用手挤压水苔,可促使水苔吸水。已经完全吸收水分的水苔,可再用手挤压以去除过多的水分,再塞到花盆里。水苔是松软的栽培基质,必须在花盆内多塞一点,并压紧使之密实,才能固定植物。

水苔的保水能力很强,浇一次水可维持好几天,但当它完全干燥时却很难吸水,所以必须在水苔干透前浇水。如果发现花盆里的水苔已完全干燥,用简单的浇水方式几乎是没有用的,必须整盆泡在水里经过一段时间才会完全吸水。

使用水苔不适合采用浸水法来给植物补充水分,此法水苔会过度潮湿,对于不喜湿的植物而言是非常不好的环境。此外,水苔长期处在潮湿的状态下,容易长绿藻,加速水苔的腐烂。若发觉水苔变得黏黏滑滑,颜色变黑,就应更换新的水苔。

干燥的水苔中可能会含有活的水苔孢子,遇到合适的环境便会萌发生长起来。活的水苔也可以用来栽培植物,但只能铺在表面上,不要塞到花盆里,不要拿来栽培小型植物,以免植物被水苔掩盖。活水苔的出现或生长状况可作为植物生长环境的指标,因水苔的生长环境和许多植物相似,有些甚至是可一起生长。水苔对环境的变化比其他植物敏感,如发现水苔的生长状况不好,要注意植物的栽培环境是否有问题。

活水苔与长绿藻的死水苔的区别:活的水苔是淡绿色的,以手指揉搓会感到涩涩的;长绿藻的死水苔呈深绿色,触感黏滑,还有很重的臭味。

目前,园艺生产上对水苔的开发越来越广,除了利用水苔本身容易造型的特点开发造型产品外,染色的水苔产品也已经上市,颜色鲜艳、清洁的水苔,不仅仅适合养植兰花,用作其他植物盆栽基质、盆栽表面覆盖、玻璃瓶插鲜花、花艺布景等,都是不错的选择。

水苔栽培

第二节 泥炭

泥炭(peat)是沼泽中死亡的植物残体不断积累转化形成的天然有机矿产资源。在自然条件下呈褐色或黑褐色，通常含65%~70%的水分,富含有机质和腐植酸,纤维状结构,具有疏松多孔、通气透水性好、贮存养分和水分能力强、无菌、无杂草种子、性质稳定等优良特性。因此泥炭是一种宝贵的自然资源,具有其他材料不可替代的作用,价格适中,近年来在我国及世界园艺上应用广泛。

迄今为止,泥炭被世界各国普遍认为是最好的基质之一。特别是工厂化无土育苗中,以泥炭为主体,配合沙、蛭石、珍珠岩等基质,制成含有养分的泥炭钵(小块),或直接放在育苗穴盘中育苗,效果很好。除用于育苗之外,在袋培营养液滴灌中或在槽培滴灌中,泥炭也常作为基质,植物生长良好。

世界上几乎各个国家都分布有泥炭,但分布得很不均匀,主要以北方为多。如加拿大南方只是在一些山谷的低洼地表土层下有零星分布。据国际泥炭学会估计(1980),现在世界上的泥炭总量超过420万km^2,几乎占陆地面积的3%。

我国北方出产的泥炭质量较好,这与北方的地理和气候条件有关。因为北方雨水较少,气温较低,植物残体分解速度较慢;相反,南方高温多雨,植物残体分解较快,只在低洼地有少量形成,很少有大面积的泥炭蕴藏。需要指出的是,目前市场上销售的广东泥炭严格意义上不能称为泥炭,而称为南方照叶林下的腐叶土,可能更准确些。如前所述,南方也有草本和木本的泥炭,但前者分解率高,不宜作基质使用,部分高山地区的草炭才能使用。

泥炭的容重较小,生产上常与沙、煤渣、蛭石等基质混合使用,以增加容重,改善结构,从而提高其利用效果(表6-1)。

表6-1 泥炭与其他基质混合使用表

混合物	比例	用途
泥炭、珍珠岩、沙	2:2:1	盆栽植物
泥炭、珍珠岩	1:1	栽培薯、菜及插条繁殖
泥炭、沙	1:1	插条繁殖
泥炭、蛭石	1:1	栽培薯、菜、花卉、插条
泥炭、浮石、沙	2:2:1	盆栽植物

一、园艺泥炭的发展

(一) 国外园艺泥炭的发展

德国费西塔块状泥炭与中间的吸尘式泥炭

1. 园艺泥炭的发展历史

早在19世纪，荷兰的现代园艺业就已经奠基。1870年，荷兰的塞瑞建造了第一个由木头和玻璃构成的房子，以创造适宜的植物生长条件。从那时起，泥炭即进入园艺作物的栽培应用，20世纪初期，随着对有机质重要性的认识逐渐提高，欧洲的生产商就开始利用各种材料进行栽培基质的制备，并开发了第一代无土栽培基质。为了不断降低生产成本，改进产品质量，减少土传性病虫害传播，欧洲编制了第一个栽培基质标准。1939年，英国公司John Inne Compost开发了第一种堆肥栽培基质，其基本组成是有机肥、泥炭和沙。1948年，德国的Einheitserde公司开发了泥炭/黏土栽培基质，后来芬兰的Puustjarvi开发了第一个完全用泥炭做原料的栽培基质。由于灌溉技术和施肥技术的改进，泥炭基质越来越广泛地应用于园艺栽培，以增加作物产量，改善产品品质，园艺栽培基质的生产者手中已经积累了数百个配方。

特别值得一提的是，泥炭始终在荷兰园艺业发挥主导作用。最初是用于蔬菜育苗，1950年开始使用泥炭、垃圾与农肥混合制成的栽培基质栽培蔬菜。20世纪初，荷兰仅有400hm^{2}玻璃温室，1940年，上升到3000hm^2。荷兰向德国和英国大量出口蔬菜和花卉，逐渐成为这些国家的蔬菜和花卉供应商，与泥炭基质的广泛应用关系密切。1970年，荷兰出现了许多专业化栽培基质公司，从培育种苗到作物栽培生产，泥炭园艺利用越来越广泛，品种和数量需求越来越多，泥炭已经成为蔬菜、花卉与其他如园艺作物的主要生长基质。特别是在由先进的复杂设备控制植物生长环境，如提供水源、肥料、通风、除虫条件的现代化连栋温室中，泥炭栽培基质更是最基本最重要的材料。荷兰还因此建立了世界上第一个泥炭港口，泥炭产业因园艺业的发展而发生了巨大变化。

2. 泥炭在园艺业中的重要地位

园艺泥炭的重要性首先表现在欧洲园艺泥炭的生产、输入和消耗数量上(表6-2)。全欧洲每年泥炭生产、输入量为3534万m^3,每年消耗园艺泥炭1590万m^3。德国既是欧洲最大的泥炭生产国,也是最大的消费国,其生产量和消费量都占欧洲总量的26%以上,生产的泥炭一半数量用于出口。欧洲的第二个园艺泥炭来源是加拿大,占欧洲泥炭总输入量的21%。欧洲的其他泥炭输出国是爱沙尼亚、俄罗斯、英国、爱尔兰、美国、瑞典、芬兰等泥炭丰富的地区。美国作为资源保守开发国家,每年向欧洲出口园艺泥炭240万m^3,说明泥炭资源的适度开发在国外十分普遍。荷兰因为国内泥炭早已开发殆尽,现在成为净进口国。其他的泥炭净进口国分别是法国、意大利、西班牙、比利时等国家。

园艺泥炭的重要性不仅因为其来源广泛,价格低廉,也有其特殊原因。泥炭特殊的物理、化学、生物学性质能使园艺业产生革命性变革,是园艺业的一种无公害的可以确保园艺生产可持续发展的物质。因此,工业化生产的泥炭基质已经逐渐代替了人工制造的复合基质。大量的研究结果表明,目前还没有任何材料能同时具有泥炭所拥有的优势(表6-3)。因为泥炭结构稳定,通气透水性好,酸度和营养含量低,易于通过添加石灰和肥料进行调整和改造。泥炭中没有病菌、虫卵和草籽,是天然无公害材料。泥炭易于处理加工、运输、分级和包装,资源来源广泛,价格低廉,使用效果稳定。如果园艺生产者长期使用以泥炭为主要成分的栽培基质,会使生产风险降到最低。与其他泥炭替代材料相比,具有不可比拟的优势。因此,在欧洲,用于制备栽培基质材料中,泥炭仍然占据首要地位(表6-4),而其替代材料目前的实际应用数量仍然十分少。即使在荷兰这样泥炭资源开发殆尽、急于寻找泥炭替代材料的国家,也仅仅在树皮粉末、岩棉等泥炭替代材料的应用上比德国有所增加。

泥炭晒干

现代设施园艺中,栽培基质是最基本最重要的材料。目前欧洲95%的园艺生产商使用以泥炭为主要成分的栽培基质。国际泥炭学会的统计结果表明, 1997年全世界泥炭总产量9600万m^3, 其中园艺泥炭为3550万m^3, 占总泥炭开采量的38%。而欧洲的园艺泥炭产量占世界园艺泥炭总产量的73.52%。泥炭的重要性在1999年表现特别明显:由于1998年气候不好,欧洲泥炭产量受到显著影响, 世界泥炭需求陡然上升, 价格迅速增长, 说明泥炭的重要性很难在近期内发生变化。

表6-2 欧洲园艺泥炭输入量与消费量统计对比(1999-2000)

欧洲泥炭输入国	泥炭生产量(万m^3)	占欧洲总输入量(%)	欧洲泥炭消费国	泥炭消耗量(万m^3)	占欧洲总消耗量(%)
德国	900	26.20	德国	430	26
加拿大	750	21.83	荷兰	340	20
爱沙尼亚	350	10.19	英国	250	15
俄罗斯	280	8.15	芬兰	150	9
英国	270	7.86	瑞典	100	6
美国	240	6.99	意大利	100	6
爱尔兰	200	5.82	乌克兰	10	0.3
芬兰	185	5.39	比利时	80	5
瑞典	140	4.07	法国	65	4
波兰	80	2.3	爱尔兰	50	3
白俄罗斯	20	0.6	西班牙	25	2
挪威	10	0.3			

表6-3 泥炭与其他基质混合使用表

材料	容重	持水量	空气体积	结构稳定性	pH值	盐分	营养含量	病虫害来源
泥炭	++	++	++	++	++	++	++	++
树皮	0	0	+	0	0	0	0	++
树木纤维	++	〈〈	++	〈〈	0	++	++	++
稻壳	++	〈〈	++	++	0	0	++	++
椰糠	++	0	+	+	0	〈	0	0
堆肥	〈〈	〈〈	〈〈	〈〈	〈〈	〈〈	〈〈	0

注: ++很适宜; +适宜; 0中等; 〈不适宜; 〈〈很不适宜。

表6-4 德国和荷兰园艺市场中各种栽培基质原料的数量对比

材料	德国		荷兰	
	万m³	%	万m³	%
草本泥炭	600	63	150	39
藓类泥炭	300	32	160	42
木质纤维	19	2	0.5	<1
黏土	17	2	—	—
发酵生物源废弃物	9	1	—	—
发酵树皮与普通树皮	3	<1	4	1
岩棉	2	<1	50	13
珍珠岩	0.9	<1	5	1
沙	0.8	<1	—	—
椰糠	0.5	<1	10	3
稻壳	0.3	<1	1	<1
浮石	0.04	<1	2	<1
膨胀黏土	0.04	<1	2	<1
其他（浮石/蛭石/合成有机物）	0.7	<1	0.5	<1
总计	952.28	100	385	100

吸尘式泥炭开采设备

3. 世界园艺泥炭的发展方向

21世纪初，园艺业在发达中国家发生了巨大的变化，成为重要的经济力量。尤其过去的10年是园艺业高新技术飞速发展、影响深远的10年，泥炭基质的作用功不可没。未来，园艺业必将产生更大的变化，这些变化也将直接影响到泥炭业的发展。

①由于发展中国家劳动力成本低，发达国家园艺业将向发展中国家转移，将向干旱、沙漠地区扩展。

②园艺产品的跨洲运输销售将迅速增加。

③控制环境条件的园艺作物生产将进一步增加。

④园艺产品的采收、处理、保藏技术将增加园艺产品的国际竞争力。

⑤兼有先进技术和适宜环境的地区将更具竞争力，园艺业将扩展到更加适宜的地点。

⑥小型园艺种植方式将逐步消失，而大型有效的利用高技术的生产者将迅速增加。

⑦经济的全球化将削弱发达国家已经建立起来的园艺业。

由于园艺产业的上述变化，在以泥炭、岩棉、椰糠、树皮、膨胀黏土、稻壳、木质纤维等构成的栽培基质市场中，草本泥炭和藓类泥炭将继续占据主导地位。泥炭替代材料将逐渐成为重要的基质来源，尤其是生物源基质将成为重点开发方向。

随着未来园艺业发展，园艺泥炭栽培基质生产将在加强产品标准化和质量控制、强调泥炭重复利用、颁发泥炭开采与栽培基质生产许可证、利用先进信息技术与电子商务营销栽培基质、对重要产品进行风险分析、研制开发新型复合基质，加强政府与泥炭产业部门之间的合作、加强泥炭企业环境管理等方面取得新的进展。

（二）我国园艺泥炭发展方向

中国是一个幅员辽阔，人口众多，自然差异巨大的国家。全国总泥炭蕴藏量约为124亿t，居世界泥炭丰富国家前列。但泥炭资源的分布、品质、市场等条件给泥炭资源的有效开发利用提出了许多问题。

首先，我国泥炭以低品质草本泥炭为主，高质量的藓类泥炭储量很少，开发工业泥炭产品成本高，副产品多，经营效益不佳。因此，泥炭的应用方向应该以农业，尤其是以园艺业为主。

第二，我国裸露泥炭地主要分布在东北山地平原和西北西南高原，而华北、东南沿海地区的泥炭大多为埋藏的、分解度很大的劣质泥炭。但泥炭市场却集中在华北、东南沿海和向国外出口，泥炭资源产地与泥炭市场分布并不吻合。泥炭应用必须经过长途运输，大大提高了泥炭成本，直接限制了泥炭在我国的普遍应用。

第三，传统的泥炭利用以简单加工为主，有的就是原料泥炭的直接包装销售，技术附加值很低，运输体积庞大，运距远，运费高，企业经营困难，自我发展实力不足。因此，我国的泥炭开发必须走高新技术与资源节约道路，通过对产品进行高新技术加工增值，提高产品的应用效果，降低使用数量，减少运输体积，增加经营效益，使经营企业能够自我发展，打造品牌，进入良性循环。

二、泥炭的分类

由于使用泥炭的目的不同，对它各项性质的特殊要求也不同，因此，泥炭的分类应当反映这些要求。从园艺栽培的角度，泥炭的分类应当考虑水分和空气的关系，以及特殊情况下的营养水平。分类的基础在于让使用者能轻易看出泥炭的各种类型。

下面介绍两种有代表性的的分类方法。

(一) 根据植物组成和分解度不同分类

最近，国际泥炭协会理事会(The Council of the International Peat Society)接受了芬兰推荐的分类系统。这份建议书将会送到日内瓦的国际标准化组织(International Organization for Standardization, ISO)，由不同的国家讨论他们感兴趣的部分，讨论通过后再作为国际标准予以推荐。

这个分类系统认为，由于园艺泥炭的最重要特性是由它的植物组成和分解度决定的，所以这两个因素是分类的基础(Puustjärvi, 2004)，分解程度的划分参见表6-5。

组成泥炭的植物也称造炭植物，其中主要有四种：泥炭藓、真藓、苔草以及木本植物。分解度是泥炭有机质分解转化的主要特性，是反应泥炭分解特性的动态指标。泥炭植物残体碎片会随季节性冻融交替不断出现不可逆的崩解。

1. 轻度分解泥炭——泥炭藓泥炭

经过分解，留下很少的疏水胶体或者凝胶，但是泥炭变干后并不会结成硬块，所有的硬块也很容易用手弄碎。

(1) 白泥炭(泥炭藓泥炭)

该泥炭不含有任何非晶形物质，因此变干后不会结成硬块。由于它不含有黑色的分解产物，泥炭的颜色与原来苔藓物种的颜色一样。白泥炭还可以细分为：

①尖叶泥炭藓(*Sphagnum nemoreum*)组。最重要的种类是锈色泥炭藓(*Sphagnum fuscum*)、红叶泥炭藓(*Sphagnum rubellum*)，以及芬兰北部的阔边泥炭藓(*Sphagnum warnstorfii*)。这类泥炭具有较高的交换能力，大约为130~140cmol/kg。这些苔藓的叶片很小，是这类泥炭典型的结构，锈色泥炭藓呈褐色，另外两种泥炭藓呈红褐色。

②疣泥炭藓(*Sphagnum papillosum*)。是最重要的种类，叶片较厚，因此泥炭质地较粗糙，呈淡黄色或灰褐色。阳离子交换能力约为120cmol/kg。

③狭叶泥炭藓(*Sphagnum cuspidatum*)组。呈浅绿色，最重要的种类是狭叶泥炭藓，它生长在高位沼泽的潮湿洼地中，常与锈色泥炭藓混生。交换能力约为80~100cmol/kg。

白泥炭

德国西北部成排的切割泥炭

(2) 黑泥炭(泥炭藓泥炭)

黑泥炭含有一定量的分解产物，因此呈黑色，且干时易结块，受压易碎。黑泥炭也主要由泥炭藓组成，可以像白泥炭一样加以细分。

(3) 藓类泥炭

与白泥炭(泥炭藓泥炭)比较，本类泥炭明显含有莎草残渣。可以这样加以区别：藓类泥炭以泥炭藓为主，混入草本植物和木本植物的残体。

以上三类泥炭的组成的植物残体中由于泥炭藓占比较高，在一些简易分类法中也被统称为藓类泥炭。

(4) 真藓目(Bryales)泥炭

通常带褐色，真藓目泥炭常常被叫做灰藓属(*Hypnum*)藓类泥炭。其中最重要的种类有：

①镰刀藓属(*Drepanocladus*)泥炭；

②蝎尾藓属(*Scorpidium*)泥炭；

③湿原藓属(*Calliergon*) 泥炭；

④沼寒藓属(*Paludella*)泥炭等。

真藓没有泥炭藓储水储肥的能力，其残体只有经过发酵分解，形成腐殖质后才能具备这个功能。此类泥炭的分布与占比很少，在简易的泥炭分类中常常被忽略。

(5) 草本泥炭(Sedge Peat)

草本泥炭的植物来源主要为莎草(Sedge)或芦苇(Reeds)等，是较高等的维管束植物。是各种草本植物残体占造炭植物相对较高的泥炭。草本泥炭包括如下几种具有相似性质的泥炭：

①莎草科莎草属(*Cyperus*)泥炭；

②莎草科羊胡子草属(*Eriophorum*)泥炭；

③禾本科芦苇属(*Phragmites*)泥炭；

④木贼科木贼属(*Equisetum*)泥炭等。

草本泥炭灰分高，分解度强，酸碱度从微酸性过渡到微碱性，含水量比其他泥炭低，颜色较暗，弹性较差。我国的泥炭多为草本泥炭，简称草炭。此外草炭的腐植酸含量比较高，吸收养分能力强，有利于养分的吸持和固定，草炭可以用于育苗以及土壤的改良与调理。

(6) 木本泥炭

木本泥炭形成于充满二氧化碳的环境中，因此分解程度通常较高。树木的残体含量不低于泥炭有机残体总量的50%，特别是各种腐烂阶段乔、灌木的根系、树皮和树干，常常随处可见(小灌木的残体在任何的泥炭类型中都可以发现)。木质泥炭的表层通常较薄，它已经向更深层分解了，不具有藓类泥炭和草本泥炭的纤维状结构，因此它们可能被划分为泥炭腐殖质。适合用作土壤改良或制备功能性肥料。

2. 重度分解泥炭——泥炭腐殖质

本类泥炭已经差不多分解了，所以植物残体不能轻易鉴别。根据Von Post分解度，用手抓起一小撮本类泥炭，约有1/3的泥炭会从指缝间流出，手中剩下的部分是具弹性的粥状物质。由于本类泥炭的分解产品很丰富，因此，如果石灰含量不是足够高，当变干时就会发硬。一旦干燥，本类泥炭很难重新湿润。在重度分解泥炭中，只有泥炭腐殖质一种类型，它可以细分为两小类，非晶形泥炭和颗粒状泥炭。

（1）非晶形泥炭

本类泥炭呈酸性，分解过程中形成了胡敏酸作为持水胶体。胡敏酸使泥炭摸起来很滑腻。胡敏酸干燥后，泥炭会变硬，成为像煤一样的硬块，很难重新湿润。如果受到辗压，硬块就变成粉末。冰冻或者熔化都可以改善非晶形泥炭的结构，就像改善泥泞的胶质黏土的结构一样。因此，非晶形泥炭和黑泥炭在使用前应当冷冻一下。

（2）颗粒状泥炭

颗粒状泥炭的化学成分与非晶形泥炭一样，但是由于石灰的影响，胡敏酸已经沉淀了，转变成为胡敏酸钙。它pH值非常高，常常接近7。胡敏酸钙的持水力小于胡敏酸，因此，颗粒状泥炭的手感不如非晶形泥炭滑腻，摸起来较为粗糙。如果颗粒状泥炭变干形成硬块，就很容易破碎。

表6-5、表6-6、表6-7总结了不同类型园艺泥炭的特性和鉴别方法。

表6-5 各类泥炭的植物稠度、分解度和容重(Puustjärvi, 2004)

泥炭类型	植物种类		分解度	容重(g/L)
	泥炭藓的残渣(%)	其他物质		
轻度分解泥炭—泥炭藓泥炭				
白泥炭	75 ~100	莎草、羊胡子草	1~3	~82.5
黑泥炭	75~100	莎草、羊胡子草	4~6	82.5~112.5
鲜类泥炭	50~75	莎草、羊胡子草	1~6	~112.5
草本泥炭	25~50	莎草、木贼属植物	1~6	~112.5
苔类泥炭	0~25	莎草、木贼属植物薦草属植物	1~6	~112. 5
真藓目泥炭	0~25	真藓目植物、莎草	1~6	~112.5
木本泥炭	0~50	木本植物	1~6	~112.5
重度分解泥炭—泥炭腐殖质				
非晶形泥炭		肉眼难以辨认的块状物	7~10	112. 5
颗粒状泥炭		肉眼难以辨认的块状物	7~10	112. 5

表6-6 各类泥炭的颜色和结构(Puustjärvi, 2004)

泥炭	颜色	结构
轻度分解泥炭—泥炭藓泥炭		
白泥炭	浅褐色	分解，具弹性
黑泥炭	暗褐色	团块状，稍具弹性
藓类泥炭	灰褐色	略呈块状，稍具弹性
草本泥炭	灰褐色	疏松，纤维状
苔类泥炭	浅灰色	纤细，纤维状，不呈块状
真藓目泥炭	红褐色	疏松，或者略呈块状
木本泥炭	黑褐色	团块状，或者疏松
重度分解泥炭—泥炭腐殖质		
非晶形泥炭	黑色	坚硬，难于破碎的块状物
颗粒状泥炭	灰黑色	疏松

表6-7 各类泥炭的栽培技术特性(Puustjärvi，2004)

泥炭	泥炭	透水性	容气量	养分保持力	结块性
轻度分解泥炭—泥炭藓泥炭					
白泥炭	XXX	XXX	XXX	XXX	X
黑泥炭	XXX	X X	X X	XXX	XXX
藓类泥炭	X X	XXX	XXX	XXX	X X
草本泥炭	X	X X X X	X X X X	X X	X
苔类泥炭	X	X X X X	X X X X	X	X
真藓目泥炭	X X	X	X	X X	X X
木本泥炭	XXX	XXX	XXX	X X X X	XXX
重度分解泥炭—泥炭腐殖质					
非晶形泥炭	X X X X X	X	X	X X X X X	X X X X X
颗粒状泥炭	X X X X	X X	X X	X X X X X	XXX

（二）根据形成的地理条件和分解程度不同分类

根据泥炭的形成地纬度、气候条件和分解程度的不同，又可将泥炭分为低位泥炭、中位泥炭和高位泥炭3大类。

1. 低位泥炭

也称富营养泥炭，分布于低洼积水的沼泽地带，以苔藓、芦苇等植物为主。其分解程度高，氮和灰分元素含量较少，酸性不强，养分有效性较高，风干粉碎后可直接作肥料使用。它容重较大，吸水、通气性较差，有时还含有较多的土壤成分，矿物质的含量往往较高。低位泥炭在我国分布很广，面积大，储量也丰富，但这类泥炭不宜作为无土栽培的基质，而宜直接作为肥料来施用。

2. 中位泥炭

也称中营养型泥炭。在低位泥炭沼泽中的各种植物死亡后渐渐堆积使地面隆起，而地下水又难于流到上面，造成矿物质营养供应缺乏，木本植物逐渐枯死，而仅需空气供养的大量苔藓植物却得到了发育。在这类沼泽中生成的泥炭属于中位泥炭。这类泥炭在我国分布很少，只限于东北冷湿地带，面积不大，储量也不多。

3. 高位泥炭

也称为贫营养型泥炭，主要由泥炭苔藓属植物残体组成，故又称为泥炭藓泥炭。分布于低位泥炭形成的地形高处。沼泽中植物陆续死亡和堆积，沼泽表面不断升高，隆起，当其高出水面时，植物依靠土壤吸收地下养料更加困难，而苔藓植物大量生长发育，就在低位泥炭沼泽上形成了高位泥炭。高位泥炭在我国分布较少，主要分布于加拿大、俄罗斯等近北极圈地区。其分解程度低，氮和灰分元素含量较少，酸性较强(pH4~5)，容重较小，吸水、通气性较好，一般可吸持相当于其自身重量10倍以上的水分。此类泥炭不宜作肥料直接使用，宜作肥料的吸持物，如作为畜舍垫栏材料，在无土栽培中可作为复合基质的原料。

高位泥炭是目前园艺栽培中应用效果最好的泥炭。其植物残体组成以泥炭藓占优势，其残体主要由木本和藓类组合而成。常见的泥炭藓有中位锈色泥炭藓，白齿泥炭藓，尖叶泥炭藓和詹氏泥炭藓等，并常混有金发藓和皱斯藓等残体。泥炭藓在水多、氧少、强酸性条件下，微生物活动受到抑制，植物难以分解，其残体较完整地保存于泥炭之中，在地表形成藓丘。其高度一般在0.4~0.6m，少数可达1m。

我国泥炭以低位泥炭占多数。低位、中位泥炭属土壤营养沼泽，高位泥炭属大气营养沼泽。

以上3类泥炭的一些物理性状及其特征见表6-8、表6-9。

表6-8 各类泥炭的栽培技术特性(Puustjärvi，2004)

泥炭	容重(g/L)	总孔隙度(%)	空气容积(%)	易利用水容积(%)	吸水力(g/100g)
高位泥炭	42	97.1	72.6	7.5	992
	58	95.9	37.2	26.8	1159
	62	95.6	25.5	34.6	1383
	73	94.9	22.2	35.1	1001
中位泥炭	71	95.1	57.3	18.3	869
	92	93.6	44.7	22.2	722
	93	93.6	31.5	27.3	754
	96	93.4	44.2	21.0	694
低位泥炭	165	88.2	9.9	37.7	519
	199	88.5	7.2	40.1	582
	214	84.7	7.1	35.9	487
	265	79.9	4.5	41.2	467

表6-9 各类泥炭的栽培技术特性(Puustjärvi，2004)

特征	泥炭类型		
	高位泥炭	中位泥炭	低位泥炭
有机质	通常销售的泥炭含水量为50%，一包6立方英尺(0.17m³)的泥炭重78磅(35.41kg),即干有机质重量是39 磅(17.70kg)	通常销售的泥炭含水量为40% ,一包6立方英尺(0.17m³)的泥炭重95磅(43.13kg)，即干的有机质重量是54磅(24.51kg)	一包6立方英尺(0.17m³)的泥炭干的有机质重量只有含水总重量的30%。
在无土栽培中的反应	透气性高。容易迅速干透	透气性适中。干得慢而均匀	透气性差。除非加入排水物质，否则会长时间处于较湿的状态
化学性质	没有持肥力，缓冲力差，阳离子交换量低	能够持肥，释放养分供应植株生长需要：缓冲力和阳离子交换量较高	留住的养分过多，缓冲力和阳离子交换量太高，可能会伤害植株
在无土栽培中的反应	需要经常施肥，因为此泥炭没有持肥力	保持养分并释放养分供植株生长有效利用	过高的养分含量会产生肥害
排水	排水快，水分迅速流失，同时带走了养分	排水性中等，能留住足够水分，供植株生长需要	排水性差，养分过多的积累会造成肥害
在无土栽培中的反应	需要花更多的时间和劳动力来浇水，特别是春末和夏季。因养分流失迅速，施肥成本增加	都是毛管水，能被植株吸收利用，养分的供应也非常理想，成本合理	因排水性差，不能滤去过多的养分
质地	轻，呈毛状，粗而长的纤维使其透气性非常高（超过 30%）很难控制水分的供应	纤维大小理想，使其透气性非常合理（20%~30%）。水分控制合理	密实，纤维颗粒小，透气性很差（低于20%），重新湿润的能力低
在无土栽培中的反应	有弹性，密度小，因体轻，盆 器容易翻倒	密度稍大，重量合适；盆器稳定性好	密度高湿而重，会限制植株根系生长
纤维组织	几乎是全纤维	纤维和腐熟的有机质比例合适	纤维含量低，几乎全部是腐熟的有机质：干后呈粉末状。湿润时呈泥浆状
在无土栽培中的反应	质地太疏松，不能支撑住大植株	能很好地支撑植株，但又不板结	板结，限制植株的生长

三、泥炭的理化性质

不同类型和不同分解度的泥炭，其性质有很大的差别，同时产地环境也对泥炭的性质有很大的影响。

拉脱维亚泥炭产地

（一）物理性质

1. 颜色

泥炭颜色是对泥炭资源评价最直观的特征。它能够反映泥炭的分解度、造炭植物种类、水分、炭化程度及泥炭中混入物的多少和种类，有黄、棕黄、褐色、暗褐、黑色等。泥炭颜色与泥炭类型有关，藓类泥炭颜色最浅，一般呈褐黄和黄褐色；草炭的颜色多呈棕褐、褐、黄褐、棕黄、黑褐色。随着泥炭分解度的增加，颜色有由浅变深的特点。在同一泥炭垂直断面上，泥炭会随着深度的增加而由黄褐色向黑褐色变化。裸露泥炭一般较埋藏泥炭颜色浅，这与前者较后者分解度低、含水量大、灰分含量低有关。

2. 结构

泥炭的结构是指不同形状大小的纤维、腐殖质和矿物质的组合排列特征。主要结构形状为海绵状、纤维状、小块状和小粒状。泥炭结构能反映泥炭的类型、分解度、灰分、成矿条件与过程。随造炭植物种属的不同，泥炭结构不同。藓类泥炭的结构多为疏松海绵状；草炭多呈纤维状；随着微生物分解作用的加强，泥炭中植物残体随之变细变碎。

一般弱分解的草炭为粗纤维状，中、强分解的草炭呈细纤维状、碎纤维状或颗粒状；木本泥炭呈木屑或土状结构。矿物质含量较高的泥炭呈土状结构。

3. 容重

容重是指单位体积泥炭的重量，分为湿容重和干容重。泥炭容重可反映残体组成、分解度、灰分含量。干容重指风干后的重量。泥炭的干容重平均值为0.42g/cm³，一般介于0.25~0.5g/cm³。干容重主要与造炭植物残体组成、灰分含量、含水量、分解程度及结构特征有关。不同残体类型的干容重差别显著，以藓类泥炭最小，草本次之，木本较大，平均值分别为0.17g/cm³、0.41g/cm³和0.61g/cm³。泥炭中灰分含量与干容重成正相关。

4. 含水量

泥炭含水量是指自然状态下，泥炭所含水分的重量百分比(%)。两者都与残体类型、灰分含量、分解度有关。我国泥炭含水量平均值为72.59%，常见值为60%~80%；中灰分泥炭区的泥炭含水量一般为73.17%~9.18%，吸湿水含量8.21%~11.69%；而高灰分泥炭区含水量较低，一般为61.42%~66.35%，吸湿水含量降到6.08%~8.09%。不同造炭植物残体类型中，泥炭含水量有较大差别。一般来说，高位泥炭的含水量高于中位泥炭，中位泥炭高于低位泥炭，藓类泥炭的含水量高于草本泥炭。

(二) 化学性质

1. 分解度

指失去细胞结构的腐殖质占有机质的百分数。随着泥炭分解度的增加，泥炭含水性减弱，容重增加。通常泥炭的分解度值在20%~40%。泥炭分解度的强弱，主要取决于泥炭沼泽中微生物的种类、数量、活动强度及造炭植物的抗解性。不同类型的泥炭，其分解度有明显的差异。由富营养到中营养再到贫营养泥炭，其随着泥炭沼泽气温降低、湿度增大、酸性增强和营养物质的减少，微生物的生长、繁殖及活性受到抑制，加之造炭植物的抗解性逐渐增强，因而泥炭分解度逐次降低，平均值分别为37%，26%，15%。

表6-10就是关于泥炭分解程度的等级表，也叫Von Post分解度表，以H_1~H_{10}来表示。H_1是完全没有被分解的泥炭，H_{10}是全分解的泥炭，测试的方法是用手抓一把刚采集的泥炭，用手挤压后由流出的水和被挤压后泥炭的性状来确定是何种分解程度的泥炭，H_1~H_3为白泥炭，H_4~H_6为黑泥炭。在欧美，黑泥炭主要用于食用菌的生产。H_6以上的基本不能用作植物栽培基质。

2. 灰分含量

泥炭的灰分含量代表了矿物质的含量。按其来源可分为两种：一种称外在灰分，是在植物残体堆积过程中由风和水带来的矿物质，其值一般在2%~10%；另一种称为内在灰分(或称纯灰分)，来自植物残体，其上限值一般不超过18%。二者总称为粗灰分或总灰分。低位泥炭、中位泥炭、高位泥炭的灰分指标分别介于6%~18%、4%~6%、2%~4%。木本泥炭、草炭、藓类泥炭的灰分依次降低。

表6-10 Von Post分解度表

分解程度	从泥炭中挤出的水分	可由指缝之间流出的泥炭的程度	挤压后在手掌上剩下泥炭的性状
H_1	无色的清水	无	弹性好
H_2	几乎透明的水呈黄褐色	无	有弹性
H_3	混浊，褐色	无	不是泥状物,弹性低
H_4	非常混浊，褐色	有一点	有点泥状
H_5	非常混浊，黑色	中量	半泥状
H_6	黑	1/3泥炭流出	非常泥状
H_7	非常黑，泥状	1/2泥炭流出	只剩植物残渣、根等
H_8	只有少许污泥水	2/3泥炭流出	只剩植物残渣、根等
H_9	没有水挤出	几乎全部	差不多不剩任何泥炭
H_{10}	没有水挤出	全部	无泥炭剩下

3. 有机质含量

泥炭的有机质包括未完全分解的植物残体和腐殖质，它是考察泥炭质量的最重要指标，含量介于30%~90%之间，一般在40%~60%之间。其高低取决于泥炭的植物组成和分解度，一般高位泥炭由于分解度小，有机质含量较高。

4. pH值和EC值

不同类型和分解度的泥炭其pH值和EC值差别较大。一般低位泥炭pH值和EC值较高，高pH值下病菌容易生长，用作园艺栽培基质需要消毒。同时较高的EC值也会影响作物的生长。而高位泥炭由于植物残体分解较少，并且一般处于强酸性条件下，pH值和EC值较低。

5. 营养元素含量

营养元素通常指氮、磷、钾的含量。泥炭的含氮量通常在1%~3%之间，氧化钾含量在0.1% ~2%之间。

总之，园艺生产中泥炭的选择需要综合考虑泥炭的类型和理化性状，同时要根据泥炭的产地和分解度来确定。对园艺植物特别是种苗生产来讲，优质的泥炭应是：① 原产于北纬45°以北地区，如加拿大、俄罗斯等国；②分解程度属于H_1~H_3的泥炭藓泥炭。

四、优质泥炭的判断方法

不同产地的泥炭，由于造炭植物、产地环境以及泥炭分解度的不同，其理化性状有很大的不同，将其用于园艺栽培也会产生不同的效果。一般藓类泥炭的栽培效果要好于草本泥炭。分解度小的泥炭理化性状稳定，效果要好于分解度大的泥炭。下面简要介绍优质泥炭的感官和实验室判断方法。

（一）感官判断

泥炭的优劣，同泥炭的类型、分解度直接相关。目前国内使用的泥炭主要有进口泥炭（如德国维特泥炭、品氏泥炭、俄罗斯泥炭等）和国产的广东泥炭、东北泥炭（东北属高寒地区，这种泥炭的氮和灰分元素含量较低；略显酸性或强酸性，pH5.0~5.9；EC值小于1；持水量很高，一般有52%；通气性良好，通气空隙在27%~29%。进口泥炭一般属于藓类泥炭，而国产泥炭主要是草本泥炭。生产者拿到泥炭后可根据感官判断初步确定泥炭的来源、类型，然后判断泥炭的分解度和理化性状的优劣。

1. 纯度和一致性

纯度和一致性是判断泥炭优劣的最直接的指标。优质泥炭透气性好，粗细均匀，质地疏松柔软，富有弹性，放在手上不黏手，杂质少，粗灰分含量少，不含泥土。藓类泥炭由于盛产地地势偏高，养分少，主要生长以大气营养为主的藓类植物，因此混入其他植物较少，纯度高。同时由于环境偏酸，分解度较小，粗灰分含量少。草本泥炭由于生长地地势低，养分含量高，生长的植物为高等的维管束类植物，而且种类较多，形成泥炭的过程中混入物也多，同时生产地环境适合微生物繁殖，泥炭分解度较大，其纯度和一致性较差，此外，受开采方式的影响，泥炭纤维的粗细和均匀度也会有很大的影响。生产上应该选择纤维粗度合适，均匀一致的泥炭。

2. 颜色

泥炭的颜色同造炭植物和分解度直接相关。藓类泥炭颜色较浅，如拉脱维亚产的维特泥炭一般呈褐黄和黄褐色。草炭的颜色多呈棕褐、褐、棕黄、黑褐色，如国产的广东泥炭、东北泥炭。另外随着泥炭分解度的增加，颜色有由浅变深的特点。随着泥炭中混入物的增加，泥炭颜色的一致性也会变差。因此优质的栽培泥炭应该呈浅黄色或黄褐色，而且均匀一致【具体参见136页】。

东北泥炭　　虹越进口泥炭

Sodentorf块状泥炭田

3. 结构

园艺栽培中的泥炭要求有一定的粗度和均匀度，并且比较疏松，保证基质的通透性。

4. 灰分含量

灰分含量和泥炭的分解度直接相关，同时也受造炭植物的影响。一般分解度小的泥炭，灰分含量也较低，分解度相近的泥炭，随造炭植物的不同，灰分含量也会有差别。如藓类泥炭由于生产地环境偏酸，微生物不易生长，泥炭的分解度小，灰分含量低于草炭，种植者一般可先判断是属于哪种类型的泥炭，然后测定泥炭的分解度来确定灰分的含量。

5. 分解度

优质的栽培泥炭应该具有较小的分解度，使泥炭具有合适的容重和孔隙度，有利于植物的生长。同时分解度小的泥炭性质也较稳定。一般可根据泥炭加水后挤压的方法来确定泥炭的分解度。具体做法是将泥炭润湿后用手挤压【详见138页】。

（二）实验室测定

对植物生长影响较大的指标主要有容重、总孔隙度和大小孔隙比、pH值、EC值和CEC等，下面分别介绍如何根据实验室测定结果来判断泥炭的优劣。

1. 容重

容重直接影响泥炭的通透性。一般结构疏松，含水量少，泥炭容重小，孔隙多，通透性也较好。泥炭容重一般介于0.25~0.5g/cm^3。不同残体类型的干容重差别显著，一般苔类泥炭为0.17g/cm^3，草炭为0.41g/cm^3。

2. 总孔隙度和大小孔隙比

园艺生产中适合的总孔隙度为大于或等于70%，通气孔隙度大于或等于30%。在盆栽条件下，由于受盆壁的影响，持水和通气都有更高的要求。优质的栽培泥炭应该尽可能的靠近这个指标。

3. pH 值

优质的栽培泥炭开采时pH值较低，注意判断泥炭优劣的pH应该是开采后未经处理的泥炭。泥炭的pH一般在3.0~6.5，和造炭植物的种类、产地环境有很大的关系。pH较低的泥炭，微生物不易滋生，可以直接用于栽培，如藓类泥炭。而草炭生长环境pH值一般在4.5~5.5，微生物易于滋生。由于大多数植物生长的适宜pH值在中性或微酸性，目前供应商提供的泥炭很多已经调好pH，因此测定前应该对此加以区别。

4. EC 值

优质的栽培泥炭EC值应该尽可能低，以便于在生产过程中的调配。EC值和造炭植物的类型、分解度有关。如同样分解度的泥炭，由苔藓植物经过矿化和腐殖化作用形成的藓类泥炭EC值较草炭低。一般随着分解度的增加，EC值升高。

5. 阳离子交换量(CEC)

优质的栽培泥炭应该具有合适的阳离子交换量。若阳离子交换量太高，将影响营养液的平衡，使人们难以按需控制营养液的组分，而过低的阳离子交换量则会影响泥炭的缓冲性，泥炭pH值易受施肥的影响，同时也不利于养分保存。

五、使用泥炭应注意的问题

泥炭的用途很广，如扦插、移植、播种等均适合使用泥炭。泥炭和珍珠岩、蛭石或树皮的混合物更是栽培上经常采用的基质配方。甚至有的盆栽容器不用泥炭就种不好植物，如吊盆或花箱等。这些盆栽容器中的基质都容易干，用土、浇水是一大难题，且频繁浇水又会造成肥分的流失，会出现缺肥现象。用花箱将矮牵牛与天竺葵种得盖满了箱子而且观赏期很长，所用的基质就是泥炭。

经过多种尝试，发现在花箱中培育的矮牵牛，从育苗到开花，所使用的种植基质，不论是红土、田园土，还是用泥炭与珍珠岩掺半的混合基质，在生长、发育上几乎没有差别。但问题在于，到花盛开的时候，矮牵牛的根系长满整个花箱，由此花箱基质的排水性变得非常良好，非常容易干燥，尤其在盛夏一天需浇两次水，养分也不大吸收，于是植株逐渐衰弱。而混了泥炭的种植基质，即使在盛夏，也每隔2~3天浇一次水即可，与在开花前的发育期中一样，此时就可以看出差别来了。垂下的枝条，只要注意追肥，就可一直开花到秋天。吊盆也一样。另外，在庭院种植花坛草花或花木的时候，预先将泥炭作为有机质的补给来源施用也很理想。

泥炭的正确使用方法，需要先将泥炭进行解压，条件允许情况下用专业泥炭解压设备，或者采用传统敲碎的方式进行解压。 此外，将压缩泥炭泡水膨胀而解压后，将其中硬块捣碎，也能解压成均一的泥炭。其次，泥炭作为基质使用过程中要尽量保持其湿润。一旦彻底干透，即使浇水也不会吸收，再令其均匀湿润就要大费周折了。

在泥炭中不均匀搀合田园土或红土等持水性较好的基质，往往会令其严重干燥，即使浇水仍然只是表面潮湿，水分亦不会渗透到内部。这是不当使用泥炭造成失败重要又常见的原因。干燥的泥炭，若要使之容易吸收水分，除非搀和像河沙、珍珠岩、蛭石等透水性好的材料。市场上销售的泥炭复合基质大多搀了这些材料，正是为了弥补泥炭的此项缺点。

单独使用泥炭时，若按照通常的浇水习惯与频率，将会造成长期过湿。正确的方法是用园艺用喷头或喷雾嘴轻轻地喷洒。混合泥炭的复合基质，要比平常的浇水量稍少一些。

泥炭原料因其为强酸性，单用时，宜添加白云石粉（≤100目）、石灰，令其呈弱酸性后使用。若要与其他材料混合使用，则混合30%左右的泥炭为好。除非与其混合的原料也是强酸性， 一般不必特别添加石灰。若与中性的珍珠岩、蛭石等对半搀合使用，一般也会呈弱酸性，没有特别添加白云石粉（≤100目）、石灰的必要。

第三节 椰糠

Hume（1949）指出椰皮纤维加工厂的副产品椰糠具有园艺基质的功效，并称其为椰子泥炭。椰糠是指组成椰果较厚的中果皮层的纤维部分。长椰糠纤维可以从各种椰子产品加工过程中提取，短椰糠纤维（长度<2mm）和椰糠废渣可作为加工废弃物。据Meerow（1996）的资料显示，斯里兰卡每年加工椰子量超过25亿个，许多公司已经投入巨资进行椰子废弃物加工处理的基础研究，使其成为适于园艺应用的产品。椰糠基质容重约0.08g/cm^3；总孔隙度高达94%；pH4.5~5.5，偏酸；阳离子交换量（CEC）为32~95cmol/kg；EC值0.4~6.0mS/cm；C/N比平均为117；与泥炭相比，椰糠含有更多的木质素和纤维素，半纤维素含量却很低；其本身所含可供植物利用的矿质元素含量很低，尤其是N、Ca、Mg，但P和K的含量却很高。

Meerow(1997)也证实椰糠因有下列特性，在利用方面可代替泥炭：①高保水能力，等同于或优于藓类泥炭。②优良的排水能力，等同于或好于藓类泥炭，③无杂草和病害。④回弹性能好于藓类泥炭，可经受打包压力。⑤是可更新可再生的资源。⑥降解速率比藓类泥炭慢。⑦具适宜的pH值、CEC和电导率。⑧毛细润湿能力强于泥炭。⑨同品质同体量情况下价格与泥炭相同。⑩品质稳定。

蔬菜及观赏作物的栽培试验表明，椰糠应用效果完全不亚于泥炭。我国海南等地具有丰富的椰子纤维资源，有待很好的开发利用。基于椰糠的良好性能，应以生产模制基质等高档成型产品为主才能创造更好的效益。目前国内已有进口的、经过高温消毒以后压缩成各种尺寸的砖模制的基质椰糠，是植物无土栽培和育苗的优良基质。

另外，在园艺栽培中椰块和椰丝也有应用，只是量远不及椰糠。其中椰块是没有剥离椰子纤维的椰子中果皮产物，同样需要经过椰糠的制作过程，包括水洗、脱盐等。椰块的颗粒可以定制，可以取代树皮，增加复合基质的透气透水性。椰丝也称椰纤，就是椰子加工中原先最主要的纤维产品，在园艺用途中，主要作为盆栽植物铺面、装饰以及花艺造型素材使用。

椰糠

椰糠砖

椰壳颗粒

用椰丝来生产石斛

第四节 其他有机基质

有机生态型栽培基质的概念是20世纪90年代后期提出的，它是以有机废弃物经发酵处理，配以少量泥炭、蛭石、珍珠岩等矿物基质，而制成的能满足园艺生产的无毒要求的可再生利用的栽培基质。发展有机生态型基质栽培的关键在于如何开发一种理化性能稳定、原材料来源广泛、价格低廉、对环境无污染和便于规模化商品生产的基质。自20世纪90年代以来，由于人们对环境保护意识的增强，岩棉的后处理问题日益突出。而泥炭由于短期内为不可再生资源，泥炭的过分开采已经受到环保人士的反对，且泥炭资源分布不均，如在我国，泥炭主要集中在东北，运输到东南部地区将大大增加成本。于是，人们的目光便自然而然地投向众多的废弃物上。科研工作者利用各种有机废弃物研制合成了生态型无土栽培有机基质，在各种作物上栽培应用效果良好。不仅解决了有机废弃物的处理问题，还为无土栽培提供了优质有机基质，提高了自然资源的综合利用水平。可见，利用废弃物生产多样化、无害化基质实现自然资源的可循环利用是基质选材的新方向。

可做为基质材料的有机废弃物要求是：①发酵后总养分<4%（$N+P_2O_5+K_2O$干基），否则在混合基质中使用量一定不能超过20%。按照国标，总养分>4%就是有机肥的标准。②发酵后物料基本稳定1年。③发酵完熟后，EC值≤4。④吸水率≥2。除了必须满足以上几个要求外，配制有机生态型栽培基质还必须因地制宜，选择资源丰富，价格便宜的原材料。如青岛农业科学研究所用当地种过蘑菇的棉籽壳、猪粪、炉渣灰配制的复合基质种瓜果类、叶菜类蔬菜，取得明显的效果。福建省亚热带植物研究所应用锯末及小径材加工的木屑，生产茶花用栽培基质。江苏利用芦苇造纸厂废料进行发酵处理生产苇末基质取得了明显的经济效益。上海农业科学院与浙江大学、南京农业大学，合作研究利用稻草为原料进行基质生产。浙江大学农业与生物技术学院种业有限公司、浙江锦大绿产业技术有限公司用稻壳及牛粪大量生产球场草坪用基质。

一、生产有机生态型栽培基质的核心技术——发酵

发酵是生产有机生态型栽培基质的核心技术，几乎所有的这类产品的生产都要经过这道环节。

（一）处理方法

1. 堆沤

通常制作有机肥料时使用，前期是耗氧发酵，后期是嫌气发酵。

2. 高温裂解

170℃高温，2个大气压的条件下裂解，主要是用于垃圾处理。

3. 发酵罐发酵

快速发酵，也应用于垃圾处理，起到除臭的作用。

4. 低营养快速发酵

（1）加菌发酵：菌种种类是EM菌(日本)、酵素菌(日本)、发酵菌(美国)。

（2）不加菌发酵：两者的区别主要是达到高温的时间上有些差异及有益微生物菌群的差异，对发酵本身无实质性影响。

（二）低营养快速发酵介绍

综合比较以上几种处理方法，无论从时间、温度要求等条件，还是从处理效果、经济等因素来考虑，低营养快速发酵都是一种最值得提倡和推广的有机基质处理方法，特别是进行大批量的处理或商品化生产时。

1. 营养调节

调节液态界面（液体界面）的C/N比为40~50，而微生物体C/N比为20~30，发酵过程C/N比为20~30，微生物的炭源不足，活性降低。水分控制在40%~90%，最适宜为60%~70%。注意创造微生物的好氧环境，如通气、翻堆等措施。

2. 过程变化

（1）温度变化：低温➡次高温➡高温➡中温➡低温。

（2）pH值变化：开始时pH值稍低，随着发酵过程pH值升高，到发酵完熟阶段pH值又慢慢降低直至稳定。

（3）EC值变化：开始时EC值稍低，随着发酵过程EC值升高，到发酵完熟阶段 EC又慢慢降低直至稳定。

（4）微生物变化：中温微生物➡高温嗜纤维分解菌(木霉)➡放线菌➡真菌。

（5）C/N比变化：高C/N比➡低C/N比。

3. 发酵过程

不同的材料发酵原理相同，但过程中各指标变化有所不同，操作上也各有差异。为了使读者对低营养快速发酵有个总体的认识，这里以木屑发酵为例进行详细阐述。

在发酵槽中将袋装原料木屑倒出，用水浇湿，然后按木屑体积10%的量加入有机肥(或者接入发酵菌种)，混合均匀，在槽里建1.2m左右高的发酵堆。

木屑发酵堆建完后，插入一温度计在堆中，观察其温度变化。要求建堆后3~4天(夏季)或5~6天(冬季)，温度上升到60℃以上，将此高温阶段持续1周左右，就到了发酵完熟阶段，要求此阶段把温度控制在45~50℃。

4. 发酵完成标准

新建堆的温度达到60℃以上1~2天后，进行第一次翻堆，翻堆时注意物料的混匀程度，让翻堆过程同时也成为混合过程。第一次翻堆后1周左右，进行第二次翻堆， 翻堆过程中发现局部偏干的物料，要对其喷施水分直至合适的含水量。第三、四次翻堆同第二次翻堆。之后便进入木屑发酵完熟阶段，温度在45~50℃，在此阶段，可根据需要对发酵堆再翻1~2次，最终到发酵过程结束。

5. 基质发酵理论与传统发酵理论的差别

基质发酵与传统发酵相比，具有以下特点：

①完全的好氧发酵；

②C/N比的控制是液态界面的C/N比值；

③发酵并非越完全越好，只要求达到去除可溶性、短链有机物即可，尽量保持大分子有机质的数量。

堆肥发酵过程

01. 堆肥原材料

02. 添加垫料

03. 60~70℃高温阶段持续4周左右，待温度降至55℃左右即可出肥

04. 连续三天超过70℃需要打开盖子散热

05. 出肥

06. 出液肥

二、利用工农业有机废弃物生产有机生态型栽培基质

(一) 可制作有机生态型栽培基质的工农业有机废弃物

随着经济的发展和生产水平的提高，我国各种工农业废弃物排放量逐渐增加，给环境带来了直接和间接的污染，其中大量的被抛弃或被燃烧的废弃物经过一定的加工处理后可作为良好的基质(表6-11)。

表6-11 可制作有机生态型栽培基质的工农业有机废弃物

产业	产物
木材工业	树枝、树皮、木屑、刨花
纺织工业	亚麻、残余羊毛、废棉花
食品工业	核桃壳、豆渣、油粕、酒渣、果渣、甘蔗渣等
养殖业	鸡粪、猪粪、羊粪等畜禽排泄物
种植业	椰壳、稻壳、菇渣、玉米芯、秸秆、棉籽壳、葡萄藤等
烟草业	烟屑、烟草渣
造纸业	树皮、芦苇末、废纸浆
能源业	沼气渣
其他	中药厂药渣、城市垃圾（废纸等）

(二) 具有发展前景的几种有机生态型基质

1. 树皮

树皮是木材加工过程的副产品。在盛产木材的地方，如加拿大、美国等国，常用来代替泥炭作为无土栽培的基质。

树皮的化学组成随树种的不同差异很大。一种松树皮的化学组成为：有机质含量98%，其中，蜡树脂为3.9%、单宁3.3%、淀粉果胶4.4%、纤维素2.3%、半纤维素19.1%、木质素46.3%、灰分2%。这种松树皮的C/N比值为135，pH 4.2~4.5。

松树皮和硬木树皮，具有良好的物理性质，通常既能单独应用为单质基质，也可与泥炭等混合作为盆栽基质。但有些树皮含有有毒物质，不能直接使用。大多数树皮中含有较多的酚类物质，这对于植物生长是有害的，而且树皮的C/N比都较高，直接使用会引起微生物对速效氮的竞争。为了克服这些问题，须将新鲜的树皮进行发酵处理，发酵方法如本节开篇所述。

经过发酵处理的树皮，不仅可使有毒的酚类物质分解，本身的C/N比值降低，而且可以增加树皮的阳离子交换量，可以从发酵前的8cmol/kg提高到发酵之后的60cmol/kg。经过发酵后的树皮，其原先含有的病原菌、线虫和杂草种子等大多会被杀死，在使用时无需额外消毒。

树皮的容重约为0.4~0.5g/cm^3。树皮作为基质使用时，在使用过程中会因有机物质的分解而使其容重增加，体积变小，结构受到破坏，会造成通气不良，基质积水。这时，应进行基质更换。但一般需要1年以上，树皮基质结构才会变差。

利用树皮作为基质时，如果树皮中氯化物含量超过2.5%，锰含量超过20mg/kg，则不宜使用，可能对植物生长产生不良的影响。

在发达国家，树皮及类似材料经机械粉碎加工后作为基质（通称为“木鳞”）应用已极其普遍。我国近几年公共景观上面木鳞作为覆盖物铺面使用较多。虹越花卉股份有限公司在国内率先利用松树皮作为原料，经破碎、腐熟等工序加工而成的“松鳞”系列产品，已在园艺生产中越来越受到生产者的青睐。其产品规格见表6-12。

表6-12 松鳞基质产品特点（虹越花卉）

松鳞类型	原材料	颗粒状态	作用
精细型	松树皮	不含粗块树皮	用于与珍珠岩混合后的扦插生根基质
粗犷型	松树皮	含粗块树皮	主要用于苗木的容器栽培
抛光型碎末	松树皮	碎末	用于有机肥的添加料
洋兰专用基质	松树皮	均匀颗粒	能促进兰科植物肉质根的生长，尤其是大花蕙兰

松鳞发酵型 0.9~1.2cm

松鳞发酵型 1.2~1.8cm

铺面松鳞 1.5~2.5cm

松鳞普通型 3~10cm

松鳞的应用

2. 山核桃壳

将山核桃壳开发为基质，其商品名为"核鳞"，产品规格见表6-13。核鳞由山核桃蒲壳发酵而成（须腐熟，否则使用时会与植物竞争养分，而且易伤根）。山核桃蒲壳有机质含量高（表6-14），与植物具有极强的亲和性，而且可以增加基质的缓冲性，增强保肥能力。山核桃蒲壳中还含有丰富的钾和适量的微量元素，在栽培过程中能缓慢释放，供植物生长需要，避免微量元素缺乏症，特别是在植物开花时足量的钾能促进植物的生长。该产品可单独使用，是良好的无土栽培基质，也可与泥炭、珍珠岩等混合，提高基质的通透性，促进植物的生长，广泛用于木本容器苗栽培以及花园、庭院景观等的铺面覆盖物。

表6-13 核鳞基质产品特点（虹越花卉）

松鳞类型	原材料	颗粒状态	作用
普通型	山核桃壳	<3cm（含碎末）	色泽较深，主要用于苗木的容器栽培，一般要添加其他基质混合
核鳞硬壳型	山核桃壳	1~3cm	理想的有机肥添加料
筛选型	山核桃壳	不含碎末	可作大苗的容器栽培
洋兰专用基质	-	-	-

表6-14 新鲜山核桃壳成分分析

成分	含量
含水量（%）	79.8
N (%)	1.27
P_2O_5 (%)	0.42
K_2O (%)	4.18
有机质（%）	97.5
EC (mS/cm)	0.456
CEC (mg/100g土)	12.8
交换性K_2O (mg/kg)	2114
交换性 CaO (mg/kg)	657
交换性 MgO(mg/kg)	240
交换性 Na_2O (mg/kg)	43.1
交换性 MnO (mg/kg)	痕量

3. 锯木屑

锯木屑又称锯末或木糠，是木材加工的下脚料，被广泛用于袋培、槽栽或盆栽等的一种有机基质。锯木屑来源广，价格低，质量轻，具较强的吸水性和保水性，多与其他基质混合使用。其中以黄杉、铁杉锯木屑最好；若树种有毒，如侧柏、桉树，则其锯木屑不能作基质用。有的锯木屑由于木材长期在海水中保存，含有大量氯化钠，必须经淡水淋洗后才能使用。研究表明，锯木屑添加一定量的黏土、硝酸铵和有机肥后可以成为一种很好的栽培基质。但各种树木的锯木屑成分差异很大。一般锯木屑的化学成分为：含碳48%~54%、戊聚糖14%、纤维44%~45%、树脂1%~7%、灰分0.4%~2%、含氮0.18%，pH4.2~6.0。

锯木屑的许多性质与树皮相似，但通常锯木屑的树脂、单宁和松节油等有害物质含量较高，而且C/N比值很高，因此，锯木屑在使用前一定要经过发酵处理。发酵方法如本节开篇所述。

锯木屑作为无土栽培的基质，在使用过程中的分解较慢，结构性较好，一般可连续使用2~6茬，在每茬使用后应加以消毒。作为基质的锯木屑不应太细，小于3mm的锯木屑所占比例不应超过10%，一般颗粒在3~7mm应有80%的占比。

锯木屑作为基质的特点如下。

①轻便。与珍珠岩、蛭石的容重相似。适合在长途运输或高层建筑上栽培应用。

②吸水透气。锯木屑具有良好的吸水性与通透性，对大多数粗壮根系的植物都很容易满足其水气的比例。对于纤细根系的植物，在空气湿度较大的南方或沿海地区，如辽宁丹东。锯木屑水气的比例也很合适。但在北方干燥的地区，由于锯木屑的通透性太好，根系容易风干，不及时补充水分，容易造成植株死亡。这些地区使用锯木屑最好掺入一些泥炭配成复合基质。

③有些树种的化学成分有害。多数松柏科植物的锯木屑有树脂、鞣酸和松节油等有害物质，而且C/N比很高，对植物生长不利。但云杉、冷杉的锯木屑则非常好。

4. 刨花

刨花在组成上类似锯木屑，只不过体积较锯木屑大，通气性良好，但持水量和阳离子交换量较低，刨花和锯木屑一样，具有高的C/N。含50%刨花的基质，均能种植出良好的作物。

5. 甘蔗渣

甘蔗渣是来源于甘蔗制糖业的副产品。在我国南方地区如广东、海南、福建、广西等原料来源丰富。以往的甘蔗渣多作为糖厂燃料而烧掉。现在利用蔗渣作为造纸、蔗渣纤维板、糠醛的原料等用量在逐年增加。因此，用其作为基质的来源很丰富。

新鲜蔗渣由于残存蔗糖及含大量半纤维素、纤维素和木质素等，碳素的含量较高，达到61.3%，但氮素少，C/N比值很高，可达170，不可直接作为基质使用，必须经过发酵处理后才能够使用（表6-15）。

用蔗渣作为育苗基质应较细，最大粒径不应超过5mm。用作袋培或槽培的蔗渣，其粒径可稍粗大，然而最大也不宜超过15mm。

6. 棉籽壳

也称棉皮，是棉籽经过剥壳机分离后剩下的外壳，未脱绒的棉籽壳，表面包裹一层短绒，质薄松软。棉籽壳是榨油厂生产棉籽油的副产物。它的主要组分是纤维素、木质素、半纤维素及无机质等。加工后可以作为饲料使用。

此外，棉籽壳是食用菌生产的重要培养基材料，一般种过平菇后的棉籽壳菌菇渣就可以用来作无土栽培的基质。

棉籽壳一般含全氮2.2%、全磷2.2%、全钾0.17% ，容重0.24g/cm^3，总孔隙度为74.9% ，大孔隙73.3%，小孔隙26.69%，pH值6.4，碳氮比为23:1。使用时应进行消毒，防止病菌感染。

表6-15 蔗渣和泥炭的养分含量和性质比较

基质	养分及含量										C/N比	腐植酸总量($\times10^{-2}$)	pH值	容重(kg/L)
	全量($\times10^{-2}$)			速效($\times10^{-2}$)			有效($\times10^{-6}$)							
	N	P	K	N	P	K	Ca	Zn	Fe	Mn				
腐熟蔗渣	0.930	0.117	0.27	25.3	62.0	513.5	11.8	101.5	2100	75.2	36	22.3	5.42	0.253
泥炭	0.660	0.072	1.10	82.5	20.3	225.8	23.6	24.2	4800	107.7	49	31.0	4.09	0.290

7. 稻壳炭

稻壳炭是将稻壳进行炭化之后形成的，也称为炭化稻壳或炭化砻糠。

稻壳炭容重为0.15g/cm^3，总孔隙度为82.5%，其中大孔隙容积为57.5%，小孔隙容积为25%，含氮0.54%，速效磷66mg/kg，速效钾0.66%，pH值为6.5。如果稻壳炭使用前没有经过水洗，炭化形成的碳酸钾（K_2CO_3）会使其pH值升至9.0以上，因此使用前宜用水冲洗。

稻壳炭因经过高温炭化，如不受外来污染，则不带病菌。营养含量丰富，价格低廉，通透性良好，但持水孔隙度小，持水能力差，使用时需经常淋水。另外，稻壳的炭化不能过度，否则受压时极易破碎。使用时应加入适量的氮，以调节碳氮比。炭化稻壳主要用于快速无土草皮生产中。作盆栽基质时，其用量不能超过总体积的25%。

稻壳碳

8. 菇渣

菇渣是种植草菇、香菇、蘑菇等食用菌后废弃物的培养基质。刚种植过食用菌的菇渣一般不能直接使用。常用的方法是将菇渣加水至其最大持水量的70%~80%左右,再堆成一堆,盖上塑料薄膜进行发酵,3~4个月之后,摊开风干、打碎,过5mm筛,筛去菇渣中粗大的植物残体、石块和棉籽壳等即可使用了。

不同种类的菇渣差异较大,种过香菇的木屑废渣容重为0.16g/cm^3,EC值0.4,而种过草菇的棉籽壳废渣容重0.15g/cm^3,EC值2.6,pH为6.4。一般而言,菇渣的容重约为0.41g/cm^3,持水量为60.8%,菇渣含氮1.83%、磷0.84%、钾1.77%。菇渣中含有较多石灰,pH6.9(未发酵处理的更高)。

菇渣的氮、磷含量较高,不宜直接作为基质使用,应与泥炭、蔗渣、沙等基质按一定比例混合制成复合基质后使用。混合时菇渣的比例不应超过40%~60%(以体积计算)。如菇渣的养分含量较低,可适当提高其比例。近年来,还有单位利用蘑菇渣,混合泥炭、蛭石、饼肥、矿物钾肥、磷肥及镁肥等,添加有益微生物菌群在机械化发酵槽内经有氧高温发酵而制成一种基质产品。它不但富含N、P、K、Ca、Mg等大量元素,而且含有腐殖质、小分子有机营养物质以及Fe、Mn、Cu、Zn等微量元素,具有肥效高、肥力持久以及良好的保水保肥能力和通透能力。经过初步测定,总养分含量是优质草炭的3.2倍,基质持水量、大小孔隙度接近泥炭。本产品在有些地区已取代泥炭、珍珠岩进行大规模蔬菜、盆花的育苗及生产,比原来基质增产25%以上,并且产品品质优良。

9. 玉米秸秆和玉米芯

玉米秸秆和玉米芯均为农产品废弃物,作适当处理后可用于无土栽培。使用前每立方米基质中需加入2.8kg的氮肥,然后用水浸湿(使含水在80%左右),盖上塑料薄膜让其发酵,发酵时间,夏天15天左右,冬天可稍长些。

种过蘑菇的玉米芯也要进行同样的处理,只不过氮肥用量、浇水量可适当减少,因为种过蘑菇后,玉米芯的含水量已经很大,同时碳氮比也已降低。

玉米芯还可与其他农作物秸秆、豆腐渣等混合腐熟后加工成有机基质,含有丰富的有机质,营养全面,其理化特性适宜,是理想的工厂化育苗基质,具有广阔的开发前景。

10. 中药渣

南京市农业技术推广站和南京市蔬菜科学研究所通过借鉴国外先进的穴盘育苗技术,开创性地利用制药厂废弃的中药药渣,通过独特的粉碎工艺和快速腐熟技术,开发出了一种有机全营养型蔬菜育苗轻基质,并总结出配套的省工节本、操作简便的无公害蔬菜专业化穴盘育苗新技术。这项技术的研究成功,解决了科学合理利用中药渣废弃物的问题,符合可持续发展原则,生态效益显著。同时对推进蔬菜种苗产业化发展具有重大影响。

11. 芦苇末

芦苇末是造纸工业原料芦苇经机械粉碎过筛后的废弃物,此物未经化学等处理,洁净无污染。南京农业大学和江苏大学利用造纸厂废弃的芦苇末短纤维下脚料作原材料，加入一定配方的辅料，添加特定的微生物，经过堆制发酵，研制合成了一种环保型优质无土栽培有机基质，目前已进入工厂化生产，月生产能力达2500m³。通过测定证明：芦苇末作基质有良好的物理性状（表6-16），氮、磷、钾成分也较丰富，特别是微量元素含量更为丰富，可以满足栽培作物的需要。用芦苇末作基质栽培的西红柿植株比同条件岩棉培植株可提早结果4天，单株产量提高12.7%，果实品质也有明显改善（表6-17）。芦苇末基质容重0.2~0.4g/cm³，重0.2~0.4g/cm³，总孔隙度80%~90%，大小孔隙比0.5~1.0，EC值1.2~1.7mS/cm。CEC为60~80cmol/kg。其中用于育苗的芦苇末基质建议加入30%的蛭石或珍珠岩；栽培应用时，每1m³芦苇末基质添加0.2m³泥炭、0.5m³炉渣、、0.3m³珍珠岩和适当有机颗粒肥，可以满足蔬菜作物生长发育的需要。该产品的开发既解决了造纸厂废物处理的难题，又为无土栽培提供了良好基质，具有广阔的发展前景。另外，芦苇末经栽培食用菌后的菇渣再混合蛭石或珍珠岩也是良好的蔬菜栽培基质。生产含有根际促生性细菌、抗根系病虫害的功能型基质是今后进一步研究的方向。

芦苇末基质的简易制作方法：采用芦苇造纸过程中产生的废弃物芦苇末，按照含水量60%时芦苇末原料的重量，加入0.1%纤维分解菌（液体）、10%的鸡粪、0.5%的尿素。加水，调水分含量至75%~85%，并搅拌均匀。然后覆盖塑料布等防水保温材料，进行发酵处理。当堆中心部分的温度达65°C以上时，翻一次堆，继续堆制。夏天堆制30~40天，冬天堆制45~55天，堆中的温度基本上降至与外界气温相同时，发酵过程完毕，形成了芦苇末基质。经过发酵的芦苇末再进行粉粹、干燥，然后包装，成为基质产品。

表6-16 苇末基质与其他基质物理性状比较

基质	容重(g/m³)	总孔隙度（%）	气相率（%）	持水孔隙（%）
蛭石	0.21	93.5	23. 1	70.3
珍珠岩	0. 18	90. 25	55.5	34. 75
草炭	1. 10	94.3	39.7	54.6
苇末	0. 112	93.5	59.8	33.7

表6-17 苇末基质与其他基质物理性状比较

基质	可溶性固形物（%）	可溶性蛋白（mg/kg 鲜重）	维生素C（mg/kg 鲜重）	可溶性糖（mg/kg 鲜重）	有机酸（mg/kg）	果色
苇末	5.4	6570	134	3210	3236	深红
岩棉	4.7	6230	115	2250	4854	红

12. 煤渣

煤渣(炉渣)为烧煤之后的残渣。煤渣的来源丰富,工矿企业的锅炉、食堂以及北方地区居民的取暖等,都能产生大量的煤渣。

煤渣的容重约为0.70g/cm³,总孔隙度为55.0%,其中通气孔隙容积占基质总体积的22%。持水孔隙容积占基质总体积的33.0%。煤渣含有一定的营养物质,一般含氮0.18%,速效磷23mg/kg,速效钾204mg/kg,pH6.8。未经水洗的煤渣pH值较高。

煤渣如未受污染,不带病菌,不易产生病害,含有较多的微量元素。如与其他基质混合使用,种植时可以不加微量元素。煤渣容重适中,种植作物时不易倒伏,但使用时必须经过适当的粉碎,并过5mm筛。适宜的煤渣基质应有80%的颗粒在1~5mm 。

13. 木纤维

木纤维是木材经过150℃的高温处理后,把里面的油脂、单宁之类的物质全部脱离后的产物。可以和椰糠、泥炭混合使用,是目前最新的一种栽培基质。作为上世纪90年代园艺有机基质的新成员具有重要意义。首先,木纤维作为泥炭替代材料在无土栽培中使用,可以减少泥炭用量。在特性上,木纤维有着最接近泥炭且更高一筹的大孔隙容积,并且原则上不含杂草。木纤维蓬松的结构具有良好的排水特性并且更耐浇。然而木纤维的主要缺点在于,大孔隙占比高。因此,在种植前期可以体现其较强的透气透水的优越性,然而随着时间推移,木纤维在使用过程还会进一步降解,从而失去其蓬松的结构,在种植后期,特别是种植多年生植物时,出现亏方的情况。

目前市面上的进口木纤维,出厂都是高度压缩的状态,用户使用时需要用专业的解压设备进行解压。而解压设备大部分是进口为主,造价高昂。因此,木纤维也常与椰糠混合后再压缩成复合椰糠砖的形式,或者与泥炭按比例混合后进行包装销售。

此外木纤维因其优势凸显在边坡绿化中效果显著。

①覆盖地表浮土。能够在表层土的表面形成具有一定厚度、均匀质密的纤维毯,防止风、雨对表层土壤的侵蚀。

②改良土壤结构。喷播纤维表面可以吸附大量的微尘粒,使粉状土的颗粒增大,减少尘土飞扬。

③喷播纤维含有丰富的有机物,有利于微生物的生长,改良土壤,增加土壤肥力。

④涵养水分,为植物生产提供充足的水分。

木纤维结构疏松多孔,资源可再生,稳定性较强。在我国作为栽培基质而使用的,产业化刚刚起步。

除了这些常用的基质外,淤泥、废纸、城市固体废弃物,甚至经粉碎的废旧橡胶轮胎等都可作为泥炭的替代物进行无土栽培应用。通常这些有机基质都是与沙、蛭石、珍珠岩等无机基质或泥炭等其他有机基质按一定比例混合使用才能取得较好的效果。

14. 腐叶土

腐叶土又称腐殖土,是植物枝叶在土壤中经过微生物分解发酵后形成的营养土。在由多种微生物交替活动使植物枝叶腐解的过程中,形成了很多不同于自然土壤的优点。一是质轻疏松,透水通气性能好,且保水保肥能力强。二是多孔隙，长期使用不板结，易被植物吸收。能改良土壤，提高土壤肥力。三是富含有机质、腐植酸和少量维生素、生长素、微量元素等，能促进植物的生长发育。四是分解发酵中的高温能杀死其中的病菌、虫卵和杂草种子等，减少病虫、杂草危害。

腐叶土自然分布广，采集方便，堆制简单。有条件的地方，可到山间林下直接挖取经多年风化而成的腐叶土。也可就地取材，家庭堆制腐叶土。具体方法是秋天收集落叶、橘子皮、香蕉皮、腐烂水果、蔬菜等废弃物，堆入长方形坑内。堆制时，先放一层园土，再放一层落叶等废弃物，如此反复堆放数层后，再浇入少量尿素的刷锅水或洗鱼、肉的水。含水量达到60%~70%为宜，不可过湿。放入少量呋喃丹防止生虫，最后在顶部盖土封严。经过翌年夏季高温发酵即能充分腐熟，到秋天取出，捣碎过筛后使用，未腐熟的残渣按此法继续堆制。

腐叶土堆制时应注意4点：一是多选择针叶树的落叶，因为它比阔叶树的落叶易发酵分解，有机质和腐植酸含量高。二是落叶等废弃物要多于园土，并加入尿素等含氮较多的材料和橘子皮、杀虫剂等，能加快分解，无虫、无臭味。三是堆积物不能挤压太紧，以利空气透入，使好气性微生物繁衍生长，加快落叶的发酵分解。四是堆积物不要太湿，以用手握紧时，微有水流出即可。否则通气不好，厌气性微生物大量繁殖，造成养分严重散失，影响腐叶土质量。

使用腐叶土时，可根据盆花的不同种类、根系生长的要求，按一定比例加入园土、黏土、沙土等其他种类土壤和适量的化学肥料，混匀后配制成培养土再栽种花卉。兰花、杜鹃、君子兰等喜酸的南方花卉可直接用腐叶土栽培，能使花卉根深叶茂、枝壮果丰、花艳果大，生长快近1倍，且病虫害少。用于花卉播种育苗能提高发芽率，加快幼苗生长发育，是花卉栽培理想的培育基质。

腐叶土

（三）利用有机废弃物生产基质应注意的问题

有机废弃物是较好的无土栽培基质的原料，但有机废弃物中含有的一些有害物质必须经过特定的工艺处理后，才能用于作物栽培，目前，处理方法以堆制发酵为主。堆制的本质是固体废弃物分解为相对稳定的腐殖质的过程，它是细菌、放线菌和真菌等在好气或厌氧条件下完成的。

作为栽培基质应达到三项标准：①易分解的有机物大部分分解。②栽培使用中不产生氮的生物固定。③通过降解除去酚类等有害物质，消灭病原菌、害虫卵和杂草种籽。

有些堆制基质仍含有许多对植物生长不利的物质，必须与其他基质，尤其是沙、蛭石、珍珠岩等理化性状稳定的无机基质混合使用，并且不能超过一定的比例.另外，重金属含量必须控制在规定的范围。

目前虽然有机废弃物来源不一，随着行业发展有机废弃物的生产工艺开始标准化、规模化，质量也逐渐具有稳定性，虽然各批量间质量还是会存在一定差异。基质的颗粒大小、形状、容重、总孔隙度、大小孔隙比、pH值、EC值、CEC值等是比较重要的理化性状，近十年来国家质检总局、国家林业和草原局、农业农村部以及各省（自治区、直辖市）对于主要作物栽培基质的标准化性状参数也逐步出台，制定了一系列的国家标准、林业行业标准、农业行业标准以及地方性标准。基质的使用可以参考各标准进行选配和测定。从目前的情况看，利用有机废弃物生产栽培基质是大势所趋。同时，不断研发新技术、新工艺仍是优化并推动有机废弃物基质化推广应用的关键。

栽培基质作为一种市场上流通的商品，必须具有固定的配方、稳定的成分和可靠的性能，要适于包装运输，质轻易用，无毒、无害、无臭，具有很好的生物稳定性。

三、利用城市“绿色垃圾”生产的有机生态型栽培基质

据统计，每个城镇的绿色植物每年都会产生成千上万吨的枯枝落叶。此外，城市公园、道路两侧树木、草坪的养护管理中也会产生大量的剪枝、间伐木材和草坪草枝叶等有机废弃物，这已成为城市的“绿色垃圾”。“绿色垃圾”曾经都是具有生命的植物体，其主要成分是可溶性糖类、淀粉、纤维素、半纤维素、果胶质、木质素、脂肪、蜡质、磷脂以及蛋白质等。但它们历来都是被人们当作环卫垃圾一起清除掩埋或焚烧掉，既浪费了资源，又污染了环境。与此同时，随着园艺生产规模的不断扩大，园艺作物栽培用土也随之大量增加，源源不断地获得优质、廉价而又不破坏环境的土壤成了亟待解决的问题。如用枯枝落叶作园艺栽培基质，既廉价易得、不污染环境，又数量充足，且没有地域的局限性。

(一) 开发绿色基质的意义

城市“绿色垃圾”处理及综合利用工作在我国处于刚刚起步阶段。废弃资源再利用，是一项变废为宝、造福人类的工程，所以发展基质生产有着较好的开发前景。发达国家普遍加强了对各种垃圾再生资源化的工作，把垃圾资源作为国家能源政策的一部分，投入巨额资金加以开发，在世界范围内形成了“二次物料工业革命”，“绿色垃圾”也是如此。

城市生态环境建设是当前工作的重点之一，国家在新能源的开发和综合利用方面先后出台了一些关于处理城市污染和新能源利用的政策，并投入了大量资金。解决好城市“绿色垃圾”的问题符合国家有机生物能源再利用政策。

要实现基质产品的持续发展，就必须发展绿色基质产业，在实践中可积极创办具有强辐射功能的规模化“绿色垃圾处理厂”和“绿色资源开发公司”等龙头产业体系，抓好科学管理，完善垃圾处理设施的综合配套，提高基质加工环节的技术水平，建立基质市场牵引龙头企业，龙头企业带动基地垃圾处理厂，基地垃圾处理厂连接生态环境，产、加、销一体化的产业化生产格局，实现城市“绿色垃圾”的资源化、减量化、无害化及加工的产品化。从市场发展的角度，从调研到分析，从选址到收集，从储存到处理，从加工到销售，都要以企业化模式运作。要发展链式的生态经济模式，充分发挥“绿色垃圾”利用的最大潜力，将经济效益同环境治理紧密结合起来，把城市“绿色垃圾”变成新的经济增长点，以绿色基质的需求为促进龙头企业清除垃圾、发展绿色基质产业的动力，不断创造出良好的生态效益和经济效益。

(二) “绿色垃圾”制作基质的方法

对“绿色垃圾”的有效处理首先要减量化、无害化，然后实现“绿色垃圾”的再生资源化，逐步形成资源的良性循环。

1. 初级处理——减量及无害化

在由养护管理中产生的剪枝、间伐木材、草坪草枝叶等，以及秋季落叶等组成的有机废弃物中，木本植物占的体积较大，其特点是木质纤维粗大，硬度强，难以处理，对这一类物质在初级阶段采取的处理方法主要是通过机械将其粉碎，使其体积缩小，木纤维初步破坏，以解决运输难、占地大的问题。将粉碎物集中到一起，然后经过药物处理。

2. 深化处理——发酵处理

高速、无害的发酵处理才是整个垃圾处理最为核心的技术，因为植物枝叶的碳氮比为60~120:1左右，不易被微生物降解，所以虽有养分，但大多数不能直接被植物体吸收利用。有时还含有大量的病菌、虫卵和杂草种子等，影响了使用效果。因此必须采用发酵处理，使其养分充分释放，同时杀死病菌、虫卵和杂草种子等。处理时需要对温度、水分、酸碱度、配料添加比例等发酵条件进行综合调控。目前“绿色垃圾”处理的设备越来越系统化、自动化与规模化，然而原理以及相关参数的调控还是与传统处理方式是一致的。

(1) 水分调控

发酵处理前用水将废弃物进行浸透，发酵过程中水分应保持在60%~70% 。

(2) 空气调控

堆积时不宜太紧也不宜太松，料堆上要打上通气孔，以保持良好的通气条件。

(2) 温度调控

发酵初期，料堆温度达到55~70°C高温，并保持1周左右，促使高温微生物分解木质素。之后10天左右维持在40~50°C高温，使木质素进一步分解，促进氨化作用和养分释放。

(4)酸碱度调控

酸碱度保持在中性和微碱性为宜。

(5) 碳氮比调控

碳氮比以25~30:1为宜，主要采用尿素来调节。

(6) 营养控制

适量加入豆饼、麦麸，为微生物的活动补充营养。

(7) 微生物

利用微生物(EM菌、酵素菌、木屑菌等)，用量为0.5kg/m^3，促进木屑发酵。

其中，添加辅助物这个环节很重要，根据作用不同，辅助物有以下3类。

第一类为用于调节碳氮比的物质。人粪尿或化学氮肥，添加比例可根据各地实际情况而定，一般植物枝叶干重与人粪尿的比例为4~7:1。若用尿素则为60~120:1，最终将碳氮比调节到25~30:1。如枝叶含蜡质较多(如广玉兰、香樟叶等)或纤维素较多(如棕榈、丝兰等)则不易分解，需多加一些氮素予以弥补。

第二类为碱性中和物质。在腐化分解的过程中会产生一些酸性物质，积累起来后会抑制微生物的活力，从而降低分解速率，所以必须加入一定量的碱性物质予以中和。可选用石灰或草木灰(可同时破坏叶表面蜡质，促进分解)，用量约为枯枝落叶干重的2%~3%(用草木灰则略多)。可预先加入，也可在腐化半途的翻堆过程中加入。

第三类为缓冲、吸附物质。有泥炭、木炭、草木灰、碎土等，既可对腐化分解过程中复杂多变的酸碱度进行缓冲，又可吸附缓释养分，减少肥力逸失。

此外，在对植物枝叶进行堆积发酵时应选背风向阳、不积水、渗水的地方，就地或挖坑将枝叶和添加物混合均匀后堆积成2mx2m的长堆(南方或高温季节可适当堆小一些，北方或低温季节可适当堆大一些)。堆的过程中可适当加入一些水，使含水量达到干物重的10%~20%，直观的感觉就是轻压有湿意，抓在手中紧握有少量水溢出。

发酵处理中还应注意堆体的通气与调温。首先，为了加速分解，最好使堆体有适当的透气性。往往在枝叶堆中拌入一些稍大的枝条等物，使其富含空气。同时，堆积过程中不宜压得过紧，堆体不宜过大，便于透气。在南方或高温季节，如堆体过大，可设置通气道或插入通气孔。其次，为了有较高的温度以加速分解腐化和杀死病虫与杂草源，堆体又不可太小、太疏松，尤其是在北方或寒冷季节。必要时可在堆中接种喜高温的纤维分解菌，即加入一些骡马粪或已腐熟的堆肥，并且在堆置了一段时间后，视干湿情况添加一些水，然后封闭堆体(用塘泥或塑料膜)，以利增温、保水、保肥和杀死病虫及杂草源。有条件的可在堆制过程中翻堆1~2次，促进腐熟。

3. 基质深加工

(1) 杀菌杀虫处理

经过高温腐熟后的木屑在发酵过程中产生出大量的酚类和苯环类有害物质，对作物生长极为不利，可采用化学杀菌的方法进行处理。用化学药剂(如15%甲醛、杀虫剂等)浸泡，然后晒干。有时类似金龟子等昆虫的成虫、幼虫会寄生其中，在一定程度上促进分解腐化，但必须在翻堆操作中或在用作基质前结合化学处理予以全部杀死。常用药物有高锰酸钾、甲醛、多菌灵、呋喃丹、敌百虫等，根据说明按一定比例拌土或熏蒸使用，注意用药安全和防止药害。

(2) 基质的形成

发酵产物与一定的有机物、化学肥料等进行混配，制成在瓜果、蔬菜、花卉、苗木等不同作物上应用的多种类基质。

无土栽培的露天苗圃

第五节 复合基质类型

一、硅胶

硅胶的主要成分为二氧化硅。用作无土栽培基质的硅胶有两种：一是硅胶G，二是硅胶B。硅胶G是一种变色硅胶，干燥时为蓝色，吸水后变为粉色或无色。它的吸水量和养分吸附量都不如硅胶B。硅胶B是在烧制过程中经过膨化处理，结构中孔隙较多，吸收水分和贮存养分的能力都比硅胶G大两倍以上。

由于硅胶是一种晶状的颗粒，植物根系在其间的空间分布可以看得清楚，更增加了无土栽培的乐趣。

除杜鹃等纤细根系的植物不适合硅胶无土栽培外，大多数根系较粗壮的、可以见光的植物，如一些气生的或肉质根系的花卉植物都适用。

二、泡沫塑料

泡沫塑料是由大量气体微孔分散在固体塑料中形成的一类高分子材料。其种类繁多，能用作基质的主要有脲醛泡沫、软质聚氨酯泡沫、酚醛泡沫和聚有机硅氧烷泡沫等泡沫塑料。其中以脲醛泡沫塑料性能为佳。这里以脲醛泡沫塑料为代表，与其他基质进行比较。

脲醛泡沫塑料pH值为6.5~7.0，干容重为0.01~0.02g/cm^3，总孔隙度为82.78%，大孔隙为10.18%，小孔隙为72.60%，气水比为1:7.13。最高饱和吸水量可达自身重量的10~60倍或更多。有弹性，在受到不破坏结构的外力压缩后仍能恢复原状。富含氮（高达36%~38%）、磷、硫、钾、锌等元素，色洁白，按需要容易染成各种颜色，无特殊气味。生产过程中，经过酸、碱和高温处理，即使有病菌、害虫、草籽混入，也均被杀灭。pH值容易调节。利用其栽培成功的植物已不下200种，包括喜旱的仙人掌类和喜湿的热带雨林花卉。日常管理简便，供家庭观赏的盆花，尤其是不讲究生长速度的观赏植物，即使终年只浇清水也无妨，不必与技术不易掌握的营养液管理相挂钩。可以使用瓦盆、紫砂盆、塑料盆、瓷盆等各种容器，甚至使用玻璃容器。可100%地单独替代土壤长期用于无土栽培植物，也可与其他泡沫塑料或珍珠岩、蛭石、颗粒状岩棉等混合使用。价格不高，与椰糠或工业岩棉相近，低于农用岩棉，远远低于水晶土或精品泥炭。它不是土壤却胜似土壤，从播种扦插到移栽定植、从固体基质培到半基质培、从微型盆栽到大型盆栽、从室内盆花到室外盆花等，几乎无不适用，故与其他基质相比，是一种长处极多而短处很少的基质材料，基本上能满足理想基质的多项要求。

我国于1981年开始研究农用脲醛泡沫塑料，首先完成了育苗性能超过日本产的水稻育苗泡沫，然后相继在蔬菜、芝麻、甜菊、烟草、棉花、玉米等作物育苗上获得成功，并且完成了用脲醛泡沫培育草坪的整套技术，作为组培的基质也获得突破。尤其对适用于各种花卉栽培的脲醛泡沫塑料的研究，创造了相应的一套非常简便的无土栽培技术，获得国家发明专利。因此，在农用脲醛泡沫塑料的研制及园艺应用技术上，我国处于国际领先水平。

三、树脂类高分子化合物

1. 离子交换树脂

离子交换树脂又叫离子土，它是用环氧树脂等阳离子或阴离子吸附剂把植物所需的养分吸附后，按不同的比例混合所得的一种基质。环氧树脂是含有环氧线性的高分子化合物，它是由环氧氯丙烷与双酚A反应而制得。离子土具有稳定的结构、固定的组成，及很高的阴、阳离子交换量。离子土具有良好的气、固、液三相，它的持水能力强，载肥量大，透气性好，有着许多其他栽培基质所无法兼备的优点。安全卫生，无毒无味，吸附在树脂上的离子缓慢释放供给植物吸收，即使树脂上吸附的离子浓度较高也不会伤害植物。当所含的矿质元素被植物大量吸收后，还能够经过再生处理以保证反复使用。

离子土可以看做内存很大的化学库，它所吸附的营养元素不会因被水淋溶而有所减少，它具有长期供肥的能力，适宜于很多作物，因此离子土培是颇具发展前途的。相信随着成本的降低，其最终必将成为一种大规模使用的无土栽培方法。

2. 高吸水性树脂

高吸水性树脂是一种吸水能力特别强的功能高分子材料。无毒无害，能反复释水、吸水，因此农业上人们把它比喻为“微型水库”。同时，它还能吸收肥料、农药，并缓慢释放，增加肥效、药效。高吸水性树脂除了广泛应用于建筑材料、化工、医疗卫生等领域，目前已应用在干旱地区的农业、林业生产，以及现代园艺上。目前市场上园艺栽培基质中此类产品主要有水晶泥和冰花土等，均是经过染色等加工的高吸水性树脂。

（1）水晶泥

水晶泥主要含有丙烯酰胺—丙烯酸钾共聚物、色素、表面活性剂、各种营养元素等物质。吸水后呈晶体状，生产上可加工成方形、球型、水晶状等形状。吸水倍率一般在50~100倍，吸水速率在2~4小时。

水晶泥具有以下特点：

①赏心悦目，七彩缤纷，随心搭配。水晶泥外观绚丽多彩、晶莹剔透、酷似水晶果冻，具

有很强的观赏性，颜色有玫瑰红、玛瑙红、葡萄紫、翡翠绿、深海蓝、柠檬黄、亮银白等多种颜色。用水晶泥、玻璃容器培植的花，既可让人们赏花观叶，又可欣赏其根系的生长过程。

②高保水性。富含水分、养分、微量元素。迷彩水晶泥母料颗粒状，加水浸泡后重量增加50~100倍即成可栽培种植的水晶泥湿料，富含水分（95%）、养分、微量元素。植物只需15~30天喷洒少许水分，不需施肥。

③易操作性。既可种花，也可插花。用于种花，不需天天浇水、经常施肥。用于插花，可长期保鲜，长时间不凋谢。加入植物香料，香气可在室内缓慢释放，别有乐趣。

④绿色环保。水晶泥无蚊虫、无污水、无异味，无毒、无害、无污染，时尚、卫生、环保。

⑤寿命长久。水晶泥能反复吸收和释放水分，能持续为植物提供2~5年的养分、微量元素和杀菌剂。

⑥高成活率。经试验，用水晶泥栽培各种室内植物成活率已达95%。甚至如君子兰、红掌等高档植物都能种活。

彩色水晶泥

目前，使用水晶泥栽培成功的品种，主要以观叶类阴生植物为主。种植时，尽量避免选择不适宜无土栽培的品种，以免失败。使用1~2个月以上最好用清水洗去滋生的藻类和植物根系分泌的有害物质，以保持清澈美观和良好的生长环境。水晶泥的缺点是透气性较差，尤其是方块形产品；受紫外线、杀菌剂等影响，时间长色泽易变淡，如果不是专业产品，产品掉色现象严重。此外，它难以与其他基质混用，使用面较窄。加上目前主要依赖进口，价格不菲。

此外市场上还有一些水晶泥系采用聚丙烯酸钠加工而成，其缺点是吸水速率慢，约8~12h，耐光性差，在阳光直射下易降解发黏；耐盐性差，加入养分后吸水性差。这类产品大部分都是方块形状，弹性差，透气性不良。

（2）冰花土

市场上销售的冰花土，与水晶泥一样，都是钾—聚丙烯酸脂—聚丙烯酰胺共聚体型保水剂。只是加工工艺不同，从而使两者具有以下区别：

①外观上，水晶泥规则，都是平面；而冰花土颗粒大小不均匀，多角多棱，胜似美丽的冰花，更有观赏性，同时可染成下深上浅的过渡色，观赏效果独特。

②水晶泥主要用于移栽花卉，而冰花土弹性好、透气性好，相互接触面大，近似土壤。所以冰花土不但可以移栽花卉，而且可以育苗、种菜、培育菌类，如灵芝等。

③在优良的水质与适宜的温度条件下，冰花土吸水能力和膨胀系数可达自身的80~100倍。

冰花土特别适合栽培阴生、水生花卉。如：君子兰、仙客来、小苍兰、水仙、蟹爪兰、白兰、睡莲、百合、郁金香、万寿菊、冷水花、秋海棠、杜鹃、风信子、火鹤、白鹤芋、文竹、富贵竹、棕竹、巴西木、绿萝、绿巨人、万年青、发财树、天鹅绒竹芋、孔雀竹芋、变叶木、肾蕨、袖珍椰子、龟背竹、春羽、苞叶芋、吊兰及人参、灵芝、雪莲等。

冰花土使用与栽培方法：用冰花土的100~160倍清水浸泡12h，捞出后用水稍冲一下沥水后便可使用。把花卉从泥土中轻轻取出，尽力做到少伤根断根，将其根部彻底洗净，再用清水浸泡24h后，放入适量的高锰酸钾溶液中浸几分钟根部，便可移栽。对于根系不很发达的品种或断根较严重的花卉，将其根部浸入生根剂液中浸泡1~3天，然后用冰花土移栽为好。在夏季气温高期间，若发现植物长势不好，冰花土变混浊，可将其倒出冲洗，用0.10%高锰酸钾溶液清洗冰花土和植物根部，再继续使用栽培。对于喜水喜肥的花卉，可适当喷点叶面肥和往盆中加适量水。

四、竹炭

竹炭是竹材经800~1200℃的高温烧制而成的，从而形成了表面和内部大量且均匀的毛细微孔。这些微孔具有透气、吸潮的特点。竹炭是一种土壤微生物和有机营养成分的载体，含有植物生长所需的各种矿物质，可保持良好的营养平衡；颗粒炭含水率14%~18%；比表面积(BET)300~600m^2/g，为木炭的3倍，因此吸附力为木炭的8倍以上。

竹炭是室内花卉较理想的栽培基质，它不但有透气、吸潮的特点，还具有植物生长所需的各种钙、镁、铁、锰、磷等元素。它无毒、无味、环保、卫生，在生产和运输过程中不会产生任何污染。竹炭可以加工成2~15mm各种规格大小的，以满足不同植物生长的需要。

竹炭粒

第七章 基质的研究发展与应用

选定的基质在使用前还必须进行筛选、去杂质、清洗或必要的粉碎、浸泡等处理。使用后须按基质理化性质选择适宜方法消毒灭菌，然后经检验合格，方可重复使用。基质使用是无土栽培技术的重要环节。本章主要介绍基质的研究发展与选用趋势，基质使用前后的处理方法，以及基质使用的注意事项。

第一节 基质的研究发展与选用趋势

一、基质的发展历程

砂砾最早被植物营养学家和植物生理学家用来栽培作物，通过浇灌营养液来研究作物的养分吸收、生理代谢，以及植物必需营养元素和生理障碍等，可以说是最早的无土栽培基质。在Van helmont著名的柳条试验基础上，Boussingault、Salm（1851—1856）在涂蜡的玻璃器具或纯蜡的容器中用砂砾、石英或活性炭栽培燕麦，得到了植物需要N、P、K、S、Ca、Mg、Si、Fe、Mn的证据。随后，Salm Horstmar（1871）试验过石英、河沙、水晶、碎瓷、纯碳酸钙、硅酸以及活性炭作为燕麦的生根基质；Hall（1914）用不同级别的沙、粉粒、高岭土栽培羽扇豆和大麦；蛭石被Woodcock（1946）用来作为兰花的栽培基质......可作为固体基质栽培的基质很快扩展到石砾、陶粒、珍珠岩、岩棉、海绵、硅胶、碱交换物（离子交换树脂，如斑脱土、沸石及合成的树脂材料等）、泥炭、锯末、树皮、稻壳、泡沫塑料、炉渣以及一些复合基质。其间还有很多关于基质的作用、各类基质的优缺点、应用技术等的研究。

基质栽培的历史虽然很悠久，但真正的发展始于1970年丹麦Grodan公司开发的岩棉栽培技术和1973年英国温室作物研究所的NFT技术（Nutrient Film Technigue，营养液膜栽培技术）。随后，荒木（1975）研究了几种基质的主要理化性状；De Boodt和Verdonck（1983））就树皮、软木屑、椰子纤维、污泥、垃圾等配比作了报道；Nicole de Roui等（1988）从基质的孔隙度、pH值、可利用水量、产量、养分平衡性等方面对几种复合基质进行了评价，并推荐了各种基质的栽培技术；M.Prasad和M.J.Maher（1993）报道了泥炭的各种理化性质和栽培技术......这一阶段的研究可归纳为基质与植物营养供应的关系，基质与栽培技术、基质与水分、养分、空气利用的关系，基质的混合利用和重复利用等。而在生产上运用较多的有美国康奈尔大学开发的4种复合基质，英国温室作物研究所开发的GCRI混合物以及荷兰的岩棉、泥炭等。1990年以后，稻壳、黏土、砂、珍珠岩、纤维素、岩棉、泡沫塑料成为基质的主要材料。

近年来，国内关于基质方面的研究报道、专利技术越来越多。内容包括对可作为基质的原材料进行评价，即各种基质的比较、选择等，以及对基质的结构（颗粒大小、形状、孔隙度）、结构的保持、水分养分运移、配套的营养液管理技术等关键要素的研究。此外，商品化基质的研发与规模化生产也越来越成熟。

二、目前基质研究的主要领域

1. 基质原材料的研究

根据前文归纳，有以下几类物质被用作基质的原料。

(1) 有机质

如各种类型的泥炭、秸秆、树皮、锯末、堆肥等。优点在于其具有团聚作用或成粒作用，能使不同的材料颗粒间形成较大的孔隙，保持混合物的疏松，稳定混合物的容重。有机质原料的缺点是缺乏稳定性，各批量间质量不均匀。如泥炭，要测定它的有机质含量、分解程度、含水量、持水量、pH值、颗粒大小、颜色等。秸秆、树皮、锯末要测定碳氮比，一般要调整到30:1以下，否则在栽培过程中需要追施大量氮肥，并且分解迅速，容易板结。堆肥（绿色垃圾堆肥）有可能释放出不明确的有毒有害物质，故在混合物中不能超过一定的比例。

(2) 粗团聚体

包括沙、砾、膨化矿物质如珍珠岩、炉渣、塑料颗粒等。优点是耐分解、质量稳定、均匀、孔隙度大。缺点是阳离子交换量较小，缓冲性较弱。珍珠岩是火山岩高温加热后膨化而成，含有一定量的钾、镁、钙、铁，质地轻，透气性、吸水性都较好，但保水性较差，是目前国内外应用较多的基质材料。炉灰渣是锅炉燃煤的废弃物，强碱性，可能有重金属问题，但物理性质好，经济方便，经处理后作为基质的原料之一是可行的。塑料颗粒是膨化的塑料纤维，如脲醛泡沫、聚苯乙烯，只在表面吸水，内部孔隙小，可用来改善基质排水、通气性，降低容重。

(3) 农用岩棉

岩棉是玄武岩经100°C高温熔融后在离心和吹管作用下形成的束状玻璃纤维，是很好的保温、隔热、隔音、防火材料。农用岩棉是岩棉经压制成网状结构的条状物，适合植物根系穿插生长，有很强的吸水性。由于孔隙大小均一，保水性也很好，在欧洲，岩棉是应用最多、最成功的基质。国内的岩棉是保温建筑材料，据有关试验结果显示（表7-1），其结构和性能与进口农用岩棉有很大差别，难以取得理想的栽培效果。

表7-1 国产岩棉和进口农用岩棉性能比较

项目	容量 (g/cm³)	总孔隙度	饱和持水量（体积比）	pH值	EC值 (mS/cm²)	结构	黄瓜产量 (kg/m².季)
国产岩棉	0.0817	083%	1.1	7.02	7.02	层理状	6.3
进口农用岩棉	0.0486	95%	1.9	6.71	6.71	均匀的网状	14.7

2. 基质分类的研究

根据基质的成分，目前国内外使用的基质可分为无机基质、有机基质和复合基质。从国内外无土栽培研究和生产实践的历史与现状看，有机型基质使用较少。一方面是由于植物的有机营养理论不清楚，有机成分在设施滴灌条件下的释放、吸收、代谢机理不明。另一方面随着计算机技术、自动化控制技术和新材料在设施中的应用，设施园艺已进入全自控现代温室新阶段，有机型基质的使用可能会给植物营养的精确调控和营养液的回收再利用带来困难。复合基质由结构性质不同的原料混合而成，可以扬长避短，在水、气、肥协调方面优于单一基质，所以，复合基质仍将是今后发展的方向。

各种无机基质

3. 基质理化性质的研究

主要是园艺植物用基质的适宜理化性质参数研究。这不仅是基质标准化生产的技术基础，也是营养管理的依据和基质重复利用的前提。类似于土壤，结构决定了基质的理化性质，比如水分养分吸附性能和空气的含量，影响水分、养分的供应、吸收甚至运输。同时基质的结构对根系的生长也有很大的影响。目前认为基质的颗粒大小、形状、容重、总空隙度、大小空隙比等是比较重要的物理性状。这方面的研究和报道较多，有的甚至涉及了水分养分运移等，各项研究也正成功地转化为标准，以此来规范、指导园艺行业的发展。国内已经有《绿化有机基质》《蔬菜育苗基质》将国家标准和各省（自治区、直辖市）制定的地方栽培基质标准，但标准大多偏重单一产品和有限地域，技术指标较多，检验成本较高。同时各地方还发布了一些基质的栽培规程，在规程中规定栽培单一品种基质的技术指标、配置材料选择、配比等。我国的《泥炭基质》（HGT 6080-2022）已经发布实施，确定了基质物理、化学和生物特性测定标准。但很多基质企业对标准了解不多，对基质检测技术还非常陌生。因此，基质的生产以及使用还存在经验性甚至盲目性。这方面的系统研究可能带来创新和突破。但还需要积极开展基质检测技术培训，推广基质检测方法，降低检测成本，这是基质质量控制和基质行业规范发展的重要基础。

4. 基质水分、养分供应的研究

根据基质结构特点进行水分、养分供应研究是无土基质栽培技术的关键。这包括两方面内容：一是基质对水分、养分的吸附、保持、释放性能以及植物根系对营养和水分的吸收过程（应不同于根系在土壤中营养和水分的吸收）。这方面的研究目前还不够深人，不能确切说明水分、养分的需求、运移机理等。二是营养液的组成、配制、灌溉制度。由于植物对水分、养分吸收、运输的相对性，加之基质的水分养分运移特点不清楚，因此使营养液的灌溉和管理比较难控制。目前国外的现代化自控温室营养液的电脑管理基本上停留在依靠调控EC值的水平上。灌溉是根据温室内不同时间太阳辐射能的不同来调节供液间隔和灌溉量，实行过量灌溉，是一种半精确的水分养分供应方式。国内的塑料大棚也采取类似的经验灌溉。因此，养分、水分的精确供应研究尚有待于进一步深人，如用不同的传感器分别测定营养液和回收液中各养分的含量和氢离子含量；掌握植物对水分、养分的吸收量，以便进行相应的调控。

5. 模制基质的研究

模制基质是把基质模制成固定形状，在上面预留栽培穴，种子或幼苗直接种在穴内，省去了栽培容器，便于消毒。目前，模制基质主要有网袋、压缩泥炭块、农用岩棉等。这些成型基质使用方便，且使用效果好。如网袋分扦插网袋和种植网袋。扦插网袋基质主要成分是泥炭、珍珠岩和蛭石。它比一般穴盘扦插的基质通气、排气效果更好，发根比通常的穴盘扦插提早了2~3天，根系更加健壮，使用方便。网袋材料可降解，不会对环境造成污染。成苗栽植时，网袋无须划破，便于苗木运输，保护根系，提高种植成活率。适用于植物的扦插育苗、种子点播、分苗。种植网袋主要成分为泥炭、珍珠岩、有机肥、稻壳炭、木屑，适用于造林苗木培育和蔬菜、花卉大苗种植，特别是芽苗移植，目标产品植林高度为30~50cm。

6. 基质重复利用无害化处理技术的研究

基质结构在灌溉和植物根系作用下会有所改变，由于根分泌物和盐分的积聚，以及可能存在的病虫等，想要重复利用基质需要进行一些处理，如结构重组、淋洗、消毒等。消毒措施有蒸汽消毒、溴甲烷、福尔马林、氯化钠消毒和重新发酵等，但尚没有经济可靠的大批量基质消毒的办法。

7. 基质配方研制和产品开发

生产过程中，由于使用单一基质可能出现的偏酸或偏碱、通气不良、容重过小或过大等问题，需要将2种或2种以上的基质按照一定比例混合制成复合基质。国内外学者针对不同作物种类，利用不同基质原料研制出大量的混合基质配方，开发出众多复合基质产品。近年来对于优质土壤微生物的研究更加深入与全面，在成品基质中通过添加促生菌、缓释肥、氨基酸肥、腐植酸等开发功能性基质产品正成为各大基质生产企业提升品牌竞争力的“秘密武器”。

基质化制备的研究

8. 展开对工农业有机废弃物、城市污泥等基质化制备的研究及标准化指定

全球每年由于人类的生产劳动而产生大量的工业有机废弃物、园林修剪枝叶、农业废弃物等。以我国为例，每年产生食用菌菌渣约6000万t、花生壳达140万t、农作物秸秆产量约8亿t、粪污排放量约39.8亿t，并且年均递增5%~10%，但我国有机废弃物的有效利用率还不到30%，造成资源浪费的同时，如果无法妥善处理，还会对生态环境造成重大威胁。因此，利用工农业有机废弃物生产性能稳定、价格低廉、养分充足且适宜规模化生产的基质产品，是各国特别是发展中国家高效生态农业提质升级的迫切需要。

基质化利用这些废弃物资源，同时也需要对此类基质的应用制定合适的技术标准。以进口泥炭的指标作为参考制定的国家标准《花木栽培基质》(LY/T 2700-2016)和《蔬菜育苗基质》(NY/T 2118-2012)，对EC等指标限制过高，有机废弃物原料基质难以达到该标准要求；且标准中对抗生素、农药残留等特征污染物未进行规定，从而限制这类基质的应用与推广。基质pH值、EC值和物理性状测定的地方标准仍然以土壤测定方法制定，存在一定的缺陷，需要进行改进与调整。

因此目前对基质的研究可概括为：①理论上，进行基质的机理和特性研究，如基质孔隙、吸水性、保水性、吸附养分性、基质结构的保持等；②生产上，研究与不同的基质相配套的栽培管理方式和技术，最大限度地发挥基质的作用；③工业上，进行商品化生产和配方差异化供应。

三、基质发展需重点研究的问题

1. 基质的结构

主要是园艺植物用基质的适宜理化性质参数研究。这不仅是基质标准化生产的技术基础，也是营养管理的依据和基质重复利用的前提。这方面的系统研究将是一种创新和突破。

2. 基质生产工艺

即如何按标准参数控制基质结构的形成技术，并适应标准化、规模化、工厂化生产的需要。基质的结构应该是团聚体结构，团聚体结构有利于水分的吸收、排放、通气、根系的伸长和结构的稳定。然而稳定的团聚体是可望而不可及的材料，机械混合中对团聚体的破坏也是较大的。基质中的结构主要还是受材料本身的物理性状影响。同时，对基质结构的稳定性影响更大。基质搅拌、改土或基质使用后的团聚化才是值得重视的问题，且意义重大。团聚体分水稳定性和非水稳定性团聚体，对水稳定性团聚体的研究意义更大。基质的重复利用性能也决定于基质结构的稳定性。

3. 基质栽培中的根际营养

虽然不像在土壤栽培中那样。普遍存在环境胁迫，如养分、水分、酸碱、温度等胁迫，且基质中养分只有速效养分，但植物是如何适应充足的水分养分供应的?特别是有些养分如钾、钙、铁的含量远远超过土壤中的含量，是土壤中的上百倍，植物的根际营养和根际微生物，根系分泌物是如何调节植物养分的?这些研究工作都是很有意义的。

4. 基质的水肥管理技术

在设施栽培的气候环境和营养环境下，植物的营养生理也有其特点，特别是在高产管理和使用设施专用品种的情况下，植物的营养生理特征不同于露地栽培。因此，营养液的配制技术（包括配方）、灌溉技术（频率、灌溉量）、监测调整技术（植株、营养液回收液的监测调整）、设施营养诊断技术，适合滴灌的园艺用肥料（高浓、全溶复合肥）的研制等将是基质研究和应用的重点。

基质水分传感器

泥炭生产

5. 关于有机基质营养释放及其与营养液的作用机理

有机基质是使用有机物料或以有机物料为主的基质。与目前普遍使用的无机基质的主要差别是其本身含有营养，这种营养的有效释放是不可控、不匀速的。当它与营养液作用时，养分的释放、离子间的颉颃、对营养液中离子的吸附等问题仍未可知。因此，虽然营养液的成分、浓度很精确，但植物可吸收的养分状况是不确定的，不利于养分水分的精确调控。因此系统地研究有机基质营养的释放规律，以及它对离子的吸附变化规律是十分必要的。

6. 关于有机废弃物

有机废弃物是较好的有机基质原料，目前处理方法仍以堆肥为主，堆肥的本质是固体废弃物分解为相对稳定的腐殖质的过程。目前有机废弃物处理的关键是采用新工艺，降低成本。近年来，木材加工的废弃物作为基质原料也逐渐形成了规模。

7. 使用效果好、成本相对低的基质开发

各地可以就地取材，因地制宜研究开发基质。长江以南稻壳多，可以研究稻壳炭化后的合理使用。华北应加强炉渣，并配合泥炭、蛭石、锯末等基质混合使用的研究；东北是草本泥炭资源丰富的地方，可以加强对草炭、锯末等成本相对廉价基质的研究；大西北则应加强对沙培技术特点的研究。

四、基质的选用趋势

K. C. Govcdd (1991)根据基质选用的材料按年代绘制了一个发展历程图，为方便理解，编者根据这个发展历程表整理出表7-2。从表中可以看出，20世纪50年代无土栽培刚用于生产时选用的基质种类较多，既有有机基质，也有无机基质，但所有基质都是自然材料，无工厂加工产物。20世纪六七十年代则以较单一的无机基质为主，配以泥炭，材料中有了工厂加工的产物如泡沫塑料。80年代提供的岩棉培更使无土栽培面积迅速扩大，荷兰等国的无土栽培面积扩大了几十倍。90年代有机基质培又重新得到重视，特别是各种废弃物的利用使无土栽培进入了一个新的发展阶段，这主要缘于经济和环境两方面的因素。随着产业化工业化生产规模的提高，各种副产品和废弃物的排放量日益增多，其中有许多可用于无土栽培生产。进入21世纪，功能型基质研发将是重点，就是将微生物特性与基质的物理、化学和生物学特性整合，充分发挥微生物的作用。传统有机基质的有机养分难以有效释放，对作物促生的作用不理想，在增强作物抵抗病原菌侵染和提高不利环境下抗性方面的作用甚微，功能型基质可克服上述缺陷。

表7-2 基质组分的过去、现在及将来趋势

1950年代	1960年代	1970年代	1980年代	1990年代	2000年代	2020年代
自己混合，开始出现少量的现代栽培技术与生产标准	自行配比，初期的 基质是白泥炭与粘土	仅以白色泥炭为基质	使用森林中黑泥炭与白泥炭	堆制树皮等新型基质出现	增加泥炭替代品的研发与使用	有益微生物有效导入基质，功能性基质的研发
主要材料： •森林土 •落叶 •畜粪料 •肥土 •沙 •泥炭	主要材料： •沙	主要材料： •黏土 •沙 •珍珠岩 •泡沫塑料	主要材料： •沙 •黏土 •珍珠岩 •泡沫塑料 •岩棉	主要材料： •稻壳 •黏土 •沙 •珍珠岩 •纤维素 •石棉 •岩棉 •泡沫塑料	主要材料： •稻壳 •农业废弃物 •有机废弃物 •堆制树皮 •石棉 •纤维素 •其他	主要材料： •木纤维 •农林废弃物 •有机废弃物 •其他
配比是栽培的关键	开始重视介质理化性质	基质生产工厂化	基质生产工厂化、多样化，利用可循环废弃物生产基质			功能性基质研发

K. C. Govcdd认为无土栽培选用基质的方向应以有机废弃物的利用为主，实现资源的可循环利用，但他同时也认为泥炭是各种复合基质的基础，具有不可替代的作用。他比较了泥炭和各种堆肥的性质（表7-4），从袋培理想基质的要求出发，认为泥炭在将来还是不可缺少的。Y.Chen（1988）和Y.Hadar分析了发酵后的葡萄酒渣和沼气发酵后冲洗过的牛粪及泥炭的理化性质，并进行了比较，栽种西红柿、黄瓜、辣椒的结果也表明纯酒渣及牛粪作基质比纯泥

炭作基质的要好；酒渣和牛粪混合后的效果也较泥炭好，因此他们认为有机废弃物的选用不一定要以泥炭为基础，完全可根据废弃物理化性质进行配比。

基质发展的另一个趋势就是复合化，这一方面是作物生长的需要，单一基质较难满足作物生长的各项要求。另一方面则由经济效益、市场对有机食品的要求及环境因素所决定。汪浩、郑光华(1992)用消毒鸡粪和蛭石混合而成的复合基质进行西红柿、生菜和黄瓜的栽培，取得了良好的经济效益，并且这种配比的排出液中盐分及硝酸盐含量远低于营养液栽培的。

因此，不论是从对作物的适用性、经济性的角度出发，还是从市场需要、环境要求的方面考虑，选择能够循环利用，不污染环境并且能够解决环境问题的有机—无机混合基质是将来的主要发展方向，其中有机废弃物的合理使用是关键。

表7-3 可用于栽培基质的有机废弃物（Govcdd, 1991）

产业	产物
木材工业	树皮、木屑
纺织业	亚麻、残余羊毛、废棉花
生物工业	鸡粪、猪粪、羊粪
食品工业	豆类碎片、果实残渣、咖啡渣等
烟草业	烟屑、烟草渣
造纸业	树皮、废纸浆

表7-4 泥炭、堆肥和理想介质的性质

类别	泥炭	堆肥	理想基质
杂质（塑料.玻璃.石头）	无	低（分类后）	无玻璃等
生理毒素	无	无（堆热后）	无
病害（种子，植物）	无	无或少（堆热后）	无
有害物	无	可能会有重金属	尽可能少
容重（g/L）	0. 12~0. 25	0. 3~1.3	不能太高或太低
总孔隙（%）	85~98	50~80	>75
小孔隙（%）	40~87	45~65	>60
pH值（氯化钙法）	2. 5~3. 5	6.5 ~8.5	5.5~6.5
盐分（g/L）	<0. 5	较高＞3.5	<3.0
N (mg/L)	0~80	50~500	200~450
P2O5（mg/L）	无	非常高	200~400
K2O (mg/L)	0~20	最高 6000	250~500
Mg (mg/L)	20~200	非常高	50~120
微量元素	非常高	高	限量

黑种草
Nigella Damascena
15-20°C

第二节 基质使用前后的处理

一、使用前处理

基质不能含有对植物生长、发育有害的物质，各种基质在使用前最好用清水淋洗，去掉各种可溶性矿物质或过量的酸或碱。同时去掉各种尖锐棱角的颗粒或碎玻璃等，尖锐物质混杂其中不仅不便操作，对工作人员造成伤害，而且会使植物基部或根冠与其摩擦而造成损伤，病原菌也会通过伤口侵入植物体。

二、使用前处理

经过一个生长季或更多生长季的已使用基质，由于滋生病害或吸附了较多的盐类，必按基质理化性质选择适宜方法进行再生处理或者更换。

（一）洗盐处理

可以用清水反复冲洗基质，以除去多余的盐分。在处理过程中，可以靠分析处理液的电导率来进行监控。洗盐处理的效果如何与基质的性质有着很大的关系。总体来看，离子交换量较高的基质的洗盐操作相对来说较为困难，而离子交换量较低的基质的洗盐效果相对来说比较令人满意。

（二）离子导入

对于传统无土栽培来说，离子导入这个名词似乎有些陌生。实际上，定期给基质浇灌浓度较高的营养液，就是一个离子导入的过程。除了真正的溶液栽培之外，很多花卉栽培基质实际上都面临着离子导入的问题。由于植物根系对于矿质营养的吸收在很大程度上是通过离子交换进行的，因此有固体基质存在的环境中，植物的根系都会与其发生离子交换作用而吸收其表面所吸附的阳离子或阴离子。这是一个可逆反应，进行到一定程度后，则必须通过含有较高水平的阳离子或阴离子溶液来置换出基质中未被植物根系所释放的相应离子，这就是离子导入。它与离子交换的不同，此项操作是在人为控制下进行的。

（三）氧化处理

一些栽培基质，特别是沙、砾石在使用一段时间后，其表面就会变黑，这种现象是由于环境中缺氧而产生成了硫化物的结果。在重新使用时，应该将这些硫化物除去，采用有通风法，将被处理的基质置于空气中，这时空气中的游离氧就会与硫化物反应，从而使基质恢复原来的面貌。同时，还可以用药剂进行处理，例如在某些情况下，可以采用不会对环境造成污染的过氧化氢来处理。

（四）消毒处理

现代园艺栽培中高密度栽培形式及同一地块上连年种植作物使得土传病害、病原菌得以不断的积累、生长和繁殖。基质消毒是控制土传病虫害的重要措施之一。固体基质的消毒方法主要分为物理消毒和药剂消毒两大类。

1. 物理消毒

（1）蒸汽消毒

利用高温蒸汽（80~90℃）通入基质中以达到杀灭病原菌的方法。消毒时将基质放在专门的消毒厨中，通过高温的蒸汽管道通入蒸汽，密闭20~40min，即可杀灭大多数病原菌和虫卵。在有蒸汽加温的温室内可利用锅炉产生的蒸汽来进行基质消毒。目前国外也有较成熟的设备。例如，荷兰VISSER移动式高温蒸汽基质消毒机，该设备每小时可产生60~800kg高温蒸汽，将基质装入专用消毒转运车上，将耐高温薄膜覆盖在基质表面，通入高温蒸汽进行消毒。设备效率较高，但加热时间长，能源消耗大，蒸汽输出过程中的热传导性、穿透性及对生物酶的杀伤性大大下降，消毒性能降低。在进行蒸汽消毒时，主要进行消毒的基质体积不可过多，否则可能造成基质内部有部分基质在消毒过程中温度未能达到杀灭病虫害所要求的高温而降低消毒的效果。另外还要注意的是，进行蒸汽消毒时基质不可过于潮湿，也不可太干燥，一般基质含水量为35%~45%为宜。过湿或过干都可能降低消毒的效果。生产上面积较大时，基质可以堆成20cm高，长度根据地形而定，全部用防水防高温布盖上，通入蒸汽后，在70~90℃条件下，消毒1小时就能杀死病菌。此消毒法效果良好，而且也比较安全，但缺点是成本较高。

（2）热水消毒

将普通常压热水锅炉产生的80~95℃热水通过开孔灌注到基质中进行消毒。为增强保温效果，此法在基质表面铺盖保温覆盖膜。根据热水消毒法的原理，热水消毒设备主要由常压热水锅炉和洒水设备构成。热水锅炉提供80~95℃的消毒用热水，洒水装置将来自锅炉的热水均匀地灌注到待消毒基质中。但是热水消毒成本较高，能耗和运行成本也较高。另外耗水量较大，注水量为100~200L/m^3，在水资源不足的地区使用受到限制。

(3) 太阳能消毒

太阳能是近年来在温室栽培中应用较普遍的一种简单实用、廉价、安全的土壤消毒方法，同样也可以用来进行基质的消毒。通过温室效应吸收太阳能辐射热产生较高的温度进行消毒处理。具体方法是：夏季高温季节，在温室或大棚中把基质堆成20~25cm高，长宽视具体情况而定。堆的同时喷湿基质，使其含水量超过80%，然后用塑料薄膜进行覆盖。密闭温室或大棚，曝晒10~15天，消毒效果良好。

该方法应用在7月气温达35℃时，基质温度可以升至50~60℃可杀死基质中各种病菌。但是该法消毒不均匀，消毒时间长，且受到天气的制约。另外，该方法使20cm以内土层的温度可达到50℃，从而可以消灭大部分病虫害，但20cm深度以下基质层的温度不高，因而对深层基质的消毒不彻底，堆放时注意堆料高度。

(4) 冷冻消毒

此法适用于少量的育苗基质。在低温冰箱中用−20℃冷冻1~2天，一般可杀死杂草种子和病菌。其缺点是由于设备以及能源消耗大，难于大规模推广。

(5) 微波消毒

采用微波消毒土壤的方法具有卫生、方便、高效率、处理后无污染等优点，很早就有国外学者进行试验研究；但是由于技术水平、设备成本等因素的限制一直未能得到推广使用。

2. 化学药剂消毒

利用一些对病原菌和虫卵有杀灭作用的化学药剂来进行基质消毒的方法。一般而言，化学药剂消毒的效果不及蒸汽消毒的效果好，而且对操作人员有一定的副作用，但由于化学药剂消毒方法较为简便，特别是大规模生产上使用较方便，因此使用得很广泛，现介绍几种常用的化学药剂消毒方法。

(1) 甲醛(HCHO)消毒

甲醛俗称福尔马林，是良好的消毒剂。进行基质消毒时一般将浓度40%左右的甲醛原液稀释50~100倍，把待消毒的基质在干净的、垫有一层塑料薄膜的地面上平铺一层约10cm厚，然后用喷壶或喷雾器将已稀释的甲醛溶液把这层基质均匀喷湿，接着再铺上第二层，再用甲醛溶液喷湿，直至所有需要消毒的基质均喷湿甲醛溶液为止，最后用塑料薄膜覆盖封闭1~2个昼夜后，将消毒的基质摊开，曝晒至少2天，直至基质中没有甲醛气味方可使用。利用甲醛消毒时由于甲醛有挥发性强烈的刺鼻性气味，在操作时工作人员必须戴口罩，做好防护工作。

(2) 溴甲烷(CH_3Br)消毒

溴甲烷在常温下为气态，作为消毒用的溴甲烷为贮藏在特制钢瓶中、经加压液化了的液体。它对于病原菌、线虫和许多虫卵具有很好的杀灭效果。槽式基质培在许多时候可在原种植槽中进行消毒。方法是：将种植槽中的基质稍加翻动，剔除植物残根，然后在基质面上铺上一根管壁上开有小孔的塑料施药管道(可利用基质培原有的滴灌管道)，盖上塑料薄膜，用黄泥或其他重物将薄膜四周密闭，用特别的施入器将溴甲烷通过施药管道施入基质中，以每立方米基质用溴甲烷100~200g的用量，封闭塑料薄膜3~5天之后，打开塑料薄膜让基质暴露于空气中4~5天，基质中残留的溴甲烷全部挥发后才可使用。袋式基质栽培在消毒时要将种植袋中的基质倒出来，剔除植物残根后将基质堆成一堆，然后在堆体的不同高度用施药的塑料管插入基质中施入溴甲烷，施完所需的用量之后立即用塑料薄膜覆盖，密闭3~5天之后，将基质摊开，曝晒4~5天后方可使用。

使用溴甲烷进行消毒时基质的湿度应控制在30%~40%，太干或太湿都将影响到消毒的效果。溴甲烷具有强烈的刺激性气味，剧毒，并且是强致癌物质，因而必须严格遵守操作规程。特别注意：使用时如手脚或面部不慎沾上溴甲烷，要立即用大量清水冲洗，否则可能会造成皮肤红肿，甚至溃烂。

(3) 氯化苦(CCl_3NO_2)消毒

药剂消毒的关键问题是环保问题，如果使用不当容易造成污染不符合绿色农业发展要求。例如，溴甲烷对大气臭氧有一定的破坏作用，目前普遍用氯化苦代替溴甲烷作土壤熏蒸剂。氯化苦是一种对病虫有较好杀灭效果的药物。外观为液体。氯化苦熏蒸时的适宜温度为15~20℃。消毒时可采取将基质逐层堆放，然后加入氯化苦溶液的方法进行。即消毒前先把基质堆成高30cm，长宽根据具体条件而定，然后在基质上每隔30~40cm打一个深10~15cm的小孔，每孔注入氯化苦5~10mL，随即用一些基质将孔堵住。待第一层放完药之后，再在其上堆放第二层基质，然后再打孔放药，如此堆放3~4层之后用塑料薄膜将基质盖好，经过1~2周的熏蒸之后，揭去塑料薄膜，把基质摊开晾晒4~5天后即可使用。

(4) 高锰酸钾($KMnO_4$)消毒

高锰酸钾是一种强氧化剂，只能用来对石砾、粗沙等没有吸附能力且较容易用清水清洗干净的惰性基质进行消毒，而不能用于泥炭、木屑、岩棉、蔗渣和陶粒等有较大吸附能力的活性基质或者难以用清水冲洗干净的基质，因难以用清水冲洗干净的基质有可能造成植物锰中毒，或高锰酸钾对植物的直接伤害。用高锰酸钾进行惰性或易冲洗基质的消毒时，先配制好浓度约为1/5000的溶液，将要消毒的基质浸泡在此溶液中10~30min后，将高锰酸钾溶液排掉，用大量清水反复冲洗干净即可。高锰酸钾溶液也可用于其他易清洗的无土栽培设施、设备的消毒中，如种植槽、管道、定植板和定植杯等。消毒时也是先浸泡，然后用清水冲洗干净即可。用高锰酸钾浸泡消毒时要注意其浓度不可过高或过低，否则消毒效果均不好，而且浸泡的时间不宜过久，否则会在消毒的物品上留下黑褐色的锰的沉淀物，这些沉淀物再经营养液浸泡之后会逐渐溶解出来，从而影响植物生长。一般浸泡的时间控制在40~60分钟为宜。

(5) 次氯酸钠（NaClO））或次氯酸钙（$Ca(ClO)_3$）消毒

这两种消毒剂是利用它们溶解在水中时产生的氯气来杀灭病菌的。

次氯酸钙是一种白色固体，俗称漂白粉。次氯酸钙在使用时用有效氯0.07%的溶液浸泡需消毒的物品（无吸附能力或易用清水冲洗的基质或其他水培设施和设备）4~5h，浸泡消毒后要用清水冲洗干净。次氯酸钙也可用于种子消毒，消毒浸泡时间不要超过20min。但不可用于具有较强吸附能力或难以用清水冲洗干净的基质上。

次氯酸钠的消毒效果与次氯酸钙相似，但它的性质不稳定，没有固体的商品出售，一般可利用大电流电解饱和氯化钠（食盐）的次氯酸钠发生器来制得次氯酸钠溶液，每次使用前现制现用。使用方法与次氯酸钙溶液消毒方法相似。

三、更换

对于物理性状已经变差，且多年种植积累了大量病虫微生物及有毒物质的基质，需要进行更换。例如前作作物为西红柿，后作如要继续种植西红柿或其他茄科作物如辣椒、茄子等，可能会产生大量的病害，这时可进行基质消毒或更换，或者后作种植其他作物，如黄瓜、甜瓜等，但较为保险的做法是把原有的基质更换掉。

更换掉的旧基质要妥善处理以防止对环境产生二次污染。难以分解的基质如岩棉、陶粒等根据国家《生活垃圾分类标志》（GB/T 19095—2019）分类的要求进行合规处理，而较易分解的基质如泥炭、蔗渣、木屑等，可经消毒处理后，配以一定量的新材料后反复使用，也可施到农田中作为改良土壤剂之用。

究竟何时需要更换基质，根据植物生长情况以及苗圃管理水平差异，很难有一个统一的标准。一般使用了一年或一年半至二年左右的基质多数需要更换。

第三节 基质使用的注意事项

栽培基质的来源通常有两种方式：自行配制或者选择商品基质，在基质使用过程中，应当注意以下几方面的问题。

一、自行配制基质注意事项

自行配制成本相对低，但有诸多问题需要解决。如果自行配制的基质质量不稳定，会给生产带来一些不安全因素。首先要做到单一基质的来源可靠、品质稳定、未受污染。目前种苗生产中大部分已经采用复合标准的进口泥炭。考虑到成本，草盆花小苗培大以及容器苗圃生产中还是会大量使用国产草本泥炭——东北草炭。由于批次差异，以及无法避免的杂草问题，多少需要增加苗圃人员的管理成本。其次，基质原料中最好不含无法确定的营养成分或浓度情况，避免增加水肥管理的难度。第三，在能满足栽培要求的情况下，自行混合的基质种类越少越好。目前最普遍的做法是将泥炭与蛭石、珍珠岩和树皮类基质中的两者或三者进行混合作为栽培基质。在配方稳定以及能够满足植物生长的前提下，每增加一种其他基质，就等于增加了一份风险，包括成本也相应增加。添加种类越多，不确定因素就相对增加，对养护管理的要求也更高。每个批次的基质混配完成后，对pH值、EC值等指标最好先进行测试再投入使用。

二、选择商品基质注意事项

目前市场上流行的商品基质大部分以进口原料为主。20世纪90年代前后，国外基质厂商迅速进入中国市场。早年间如加拿大的伯爵（Berger）、发发得（Fafard）、阳光（SunGro），这几个品牌经历过几轮的收购合并，包括泥炭田资源限制等影响力已经发生比较大的变化。现在市面上泥炭的品牌层出不穷，但主要还是以欧洲泥炭为代表。主要有：德国维特（Hawita）和克拉斯曼（Klasman），丹麦品氏托普（Pindstrup），芬兰的凯吉拉（kakkila）与碧奥兰（Bioland），加拿大的朗博（Lambert），挪威捷菲（Jiffy）等品牌为主的泥炭基质厂商及斯里兰卡、印度的椰糠等。除椰糠主要是以原料形式为主进入中国市场外，其他特别是泥炭厂商逐渐从以原料进口转化以专用配方基质形式进入我国，并主要用于种苗和花卉的生产。随着国内花卉市场不断成熟，进口基质虽然价格贵，但产品标准化程度高，在生产过程能够满足高速发展的行业需求。

近几年我国泥炭的年平均进口量稳步增长，从2015年开始，每年都在以同比上涨35%的速度递增，泥炭进口量已经从2015年的60万m^3增加到2023年的近200万m^3。有专家学者预测，未来10~20年，我国泥炭需求将上升到每年5000万m^3。对中国市场来说，针对欧洲泥炭近几年由于气候等诸多原因导致的供应市场的剧烈变化，供应风险进一步加剧，需要积极开拓新的供应源，其中就包括近几年活跃的来自俄罗斯的泥炭。此外，国内的园艺公司随着发展也陆续觉醒自有品牌意识，出现了沃松、中盛、虹越等品牌的泥炭，通过与泥炭原产地公司多种形式的合作，逐渐从原先的贸易为主的价格战竞争转化为具有中国品牌特色、适合中国本土用户的品牌竞争，各大公司也投入资源进行适合本土的基质配方的探索，提升商业基质的品牌价值。要选择商品基质，就要进行系统全面地了解，然后选择最恰当的型号和配比来满足生产的需要。下面以虹越泥炭为例来了解商品基质的基本性能、用途和进口注意事项（表7-5）。

各类商品基质

表7-5 泥炭主要种类特性、用途比较（虹越）					
比较项目		种类			
		育苗1号	育苗泥炭	通用型泥炭	种植泥炭
性质	粗细度特性	泥炭粗细度0-5，也可加入蛭石、珍珠岩后使用	0-10，也可加入蛭石、珍珠岩后使用	0-25，可以用于育苗和种植的通用型，可以添加入松鳞®	0-40、5-25 10-30、20-40
	pH值（氯化钙法）	5.5~6.0	5.5~6.0	5. 5~6.0	3.4~4.4
	pH值（水测法）	6-6.5	6-6.5	6-6.5	6-6.5
	EC值（ms/cm）	0.5	0.5	0.5	0.5~1
	压缩包装尺寸	250L	250L	250L/5.8m^3	250L/5.8m^3
	压缩比率	2:1	2:1	2:1	2:1
配方	黑泥炭	30%	无	无	无
	白泥炭	70%	100%	100%	100%
	湿润剂	有	有	有	无
	营养启动剂	有	有	无	无
用途	播种	好	好	可	不
	种苗	好	好	可	不
	扦插苗	好	好	可	可
	花卉植物	好	好	好	好
	温床植物	好	好	可	好
	吊篮植物	可	好	好	可
	观叶植物	可	好	可	好
	室内观赏植物	不	好	好	好
	草坪修整	好	好	可	可
	新建草坪	好	好	可	可
	园林树木	好	好	可	好
	改良土壤	好	好	好	好

1. 虹越泥炭的基本性能和用途

①出厂前已经全面消毒处理，使用时无须再消毒。

②添加了湿润剂，能使基质充分、快速湿润。

③育苗配方中一般都添加了营养启动剂，一种水溶性的营养剂，能保证在7~14天内供给种子和种苗早期生长所需之协调营养。

④湿度：35%~55%。重量：40~55kg/250L；800~1000kg/5.8m^3。

⑤吸收力：干重的12倍。

⑥有机质含量95%，灰分含量低于5%

⑦压缩比率：5.8m^{3}及以下压缩包为2∶1。

⑧包装：牢固不透光聚乙烯材料包装。

⑨不同基质特性、用途比较见表7-5。

2. 选择和使用泥炭时的注意事项

①检查泥炭的含量。观察与基质检测两种方法并用。此外不同型号泥炭颗粒的粗细度是有区别的，要根据育苗还是种植以及所种植的植物类型来进行选择。

②pH值的高低也是影响种子正常发芽、生长的一个重要因素。对于花坛花类植物来说，多数种子发芽初期基质的pH值应在5.5~6.5。使用时定期都要对基质的pH值以及EC值进行检测。对于部分pH值要求略高一些的植物来讲，检测后可以根据情况添加一些pH调节剂进行调整。

③灌溉所使用的水硬度一般要保持在60mg/L左右，最低不低于40mg/L（以碳酸钙浓度表示的硬度）。

④要经常对灌溉用水的水质进行检测，检测内容主要是EC值、pH值以及一些地区需要关注的水硬度。

莱顿植物园的基质应用

⑤湿润剂是基质的一种常用添加剂，主要用于消除泥炭的表面张力，提高透水性。但是离子态的湿润剂从渗透方面来讲，它们有争夺吸收现有的水分和营养的可能性。如果湿润剂施用量过大，使用类型不当，或等级选用不恰当就有可能会出现问题。较为典型的使用不当的情况是根不能顺利穿过基质表面扎下去，出苗比较困难，长势不佳以及根系减少等。目前标准化出厂的泥炭都是添加过湿润剂的，使用早期可以不用额外添加。

⑥进口基质由于考虑到运输成本的问题，一般都采用压缩包装。凡打开包装的泥炭最好一次性用完。对压缩泥炭进行正确的解压，待基质充分的膨松复原，用水润湿后再使用。

⑦基质在存放中也要注意防止污染。进口泥炭由于产地环境呈强酸性，大部分有害微生物不能存活，一般使用前无须消毒。但在存放及使用过程中要注意防止有害微生物的侵染，特别是pH已调节到正常使用范围的进口泥炭。

⑧不要有对基质的养分含量有不恰当的要求。作为基质最好是不含或极少含有养分。基质本身的成分虽含有有机养分性质的成分，但那都是种苗或植物不能完全利用的。维特育苗基质中的营养启动剂是为了使种苗生产者在使用基质开始的头2周内不用人工施肥。

⑨不要在配制复合基质中添加新的物化性质不是很确定的物质，特别是大规模生产前要先进行小规模试种，不要冒险。

第四节 基质配置的原则与方法

大多数情况下，种类单一的基质往往不能满足作物的生长需要。因此，需将几种基质按科学的比例加以搭配，形成一定的配方，才能达到较为理想的效果。因此掌握基质配制的原则与方法十分必要。

由两种或两种以上的单一基质按一定的比例混合而成的基质称复合基质，也称混合基质。在园艺上最早采用复合基质的是德国的Frushtofer，他在1949年用一半的泥炭和一半的底土黏粒，混合以氮、磷、钾肥，再经加入石灰调节到pH5~6即成。他将之称为Eindeit-serde，即“标准化土壤”之意。现在欧洲仍有几家公司出售这种基质，它可用在多种植物的育苗和全期生长上。

20世纪50年代美国广泛使用的UC系列复合基质，是在纯泥炭至纯细沙的区间范围内，根据作物生长需要的5种比例配制而成，其中用得最多的是一半泥炭与一半沙配成的基质。60年代康奈尔大学研制的复合基质A和B，也得到广泛的使用。其中，复合基质A是由一半泥炭和一半蛭石混合而成；复合基质B是由珍珠岩代替蛭石混合而成，这两种基质系列现在仍在美国和欧洲国家广泛使用，并以多种商品的形式出售.

我国现在商品化生产的无土栽培复合基质越来越丰富。多数基质工厂已经能够根据种植作物的要求以及不同的材料，定制客户所需的复合基质。

一、基质配制的原则

每种基质都有自身的特点，pH值、微量元素含量、分解速度（有的则不容易分解）各不相同，使用单一的基质就不可避免地存在一些问题。复合基质由于组分的互补性，可使各个性能指标达到种植的标准要求。理论上讲，混合的基质种类越多效果越好。

混合后的基质需达到下列要求：

①保水保肥能力强，透气性、排水性好，要有一定的固着力，容重在0.2~0.8g/cm^3，气水比1:2~3，有良好的缓冲性能。

②性质稳定，pH在5.5~6.5，EC值不能过高，特别是播种、扦插育苗基质EC值要小于1，具有一定的阳离子交换量。

③再湿性好，可添加适当的湿润剂。

④无污染，材料选择标准一致，不含有毒物质，无病菌、害虫，不带有杂草种子等。

⑤尽可能达到或接近理想基质的固、气、液相比例模型。

配比合理的复合基质具有优良的理化性质，有利于提高栽培效果(表7-6)。生产上一般以2~3种基质相混合为宜。不同作物，复合基质组成不同，如泥炭、蛭石、炉渣、珍珠岩按2:2:5:1混合，适于西红柿、辣椒育苗；按照4:3:1:2混合，适于西瓜育苗；草炭和炉渣按1:1混合适宜黄瓜育苗。表7-7是几种常见复合基质配方及其用途。

另外需要提出的是，苗木生产中用于育苗和大苗培育的基质配制要求是不同的，如育苗基质要求总孔隙度小，保水力强，移栽时植株根部基质不易散开。育苗基质中一般要加入颗粒较细的泥炭（粗细度型号0~5或者0~10），当植株从育苗盘中取出时，可保证根部基质不脱落。当复合基质中没有泥炭或泥炭含量小于50%时，植株根部的基质易脱落。在定植时要十分小心，避免损伤根系。复合基质中含有泥炭时，如果泥炭没有调过pH值，则需要加入适量石灰石来提高pH值。为了保证幼苗生长期间充足的养分供应，配制育苗基质时可加入适量的氮、磷、钾养分。

表7-6 几种常见复合基质的理化性状比较

复合基质	容重(g/cm^3)	比重(g/cm^3)	总孔隙度(%)	通气孔隙(%)	毛管孔隙(%)	pH值	电导率(mS/cm)	阳离子交换量(cmol/kg)
泥炭:蛭石:煤渣:珍珠岩 2:2:5:1	0.67	2.29	70.7	17.1	53.6	6.71	2.62	13.77
泥炭:蛭石 1:1	0.34	2.32	85.3	38.1	47.2	6.09	1.19	30.37
泥炭:蛭石:煤渣:珍珠岩 4:3:1:2	0.41	2.22	81.5	25.3	56.2	6.44	2.82	29.03
泥炭:煤渣 1:1	0.62	1.93	67.9	17.7	50.2	6.85	2.43	21.50

对于苗木栽培来讲，它基质的精细严格程度可比育苗要求低，颗粒不宜过细，应有相当含量的粗粒度。但对空隙度的要求更高，以能达35%为好。

关于基质混合时放入的各物料适宜的比例，可按下列不定方程进行推算：

$$PV_j = r_i M_{ij} \text{①}$$

$$\sum r_i = 1 \text{②}$$

$$C = \sum rC \to \min \text{③}$$

式中：i——物料种类；

j——物料属性；

PV_j——理想基质j属性的理想值；

C——成本；

M_{ij}——i 物料的j属性；

②③式用以限定①式，以③式取得最小值，可求得ri即为物料复合时的比例。

表7-7 几种常见复合基质配方及其用途

基质成分	比例	用途
陶粒:珍珠岩	2:1	种植粗壮或肉质根系植物
蛭石:珍珠岩	1:1	作扦插基质
炉渣:沙	1:1	作扦插基质
泥炭:蛭石:珍珠岩	2:1:1	栽培观叶植物
泥炭:珍珠岩:黄杉树皮	1:1:1	盆栽附生植物
刨花:炉渣	1:1	栽培盆花
泥炭:珍珠岩:沙	1:1:1	盆栽植物
泥炭:珍珠岩	1:1	作扦插基质
泥炭:沙	1:1	用于扦插和盆栽植物
泥炭:蛭石	1:1	作扦插基质
泥炭:珍珠岩	1:2	盆栽根系纤细的植物
泥炭:珍珠岩	3:1	高床用
泥炭:沙	3:1	盆栽植物
泥炭:炉渣	1:1	盆栽喜酸植物
泥炭:浮石:沙	2:2:1	盆栽植物

二. 基质混合的方法

用量较小时，可将复合基质的各个组分置于平坦不含杂物的地面上，用铲子人工进行搅拌。量大时，使用混凝土搅拌器或者委托目前非常专业的基质混拌生产线的基质工厂进行混合。干的泥炭一般不易吸湿，可加入非离子润湿剂进行预处理，例如，每40L水中加次氯酸钠配成溶液，能把1m^{3}的混合物润湿。不过目前进口的泥炭一般都会添加湿润剂，可以不进行预处理。

在配制复合基质时，可以预先混入一定量的速效肥料。肥料用量为：三元复合肥料(15-15-15,N-P_2O_5-K_2O)以0.25%的比例兑水混入，或用按照硫酸钾0.5g/L、硝酸铵0.25g/L、过磷酸钙1.5g/L、硫酸镁0.25g/L的用量兑水加入。根据育苗或者种植植物的品种差异也可以按其他营养配方加入。添加入肥料的基质，要尽快进行使用或者密封包装，防止养分流失。

目前在容器苗苗圃生产过程中，一般还会在基质混合过程中按比例加入长效的包膜控释肥颗粒，以减少换盆时苗木肥料的管理压力。

使用混合基质的现代苗圃

第五节 复合基质的检测

随着国家以及地方关于基质标准的陆续出台，基质的检测目前都是有法可依，有迹可循的。商品化的基质，工厂一般都对批次进行关键指标的检测，对于在育苗以及种植过程中出现疑似基质的问题，也可以委托第三方机构进行检测，明确责任归属，减少损失。

自行配制好的复合基质配方或者新批次，也可简单检测关键指标。盐分含量即EC值，确定该基质配方或者批次是否会产生肥害。基质盐分含量可通过用电导率仪测定基质中溶液的电导率来测得。具体方法为:取风干的复合基质10g，加入饱和硫酸钙溶液25ml，振荡浸提10min后，过滤，取其滤液来测电导率。将测定的电导率值与下列的安全临界值比较，以判断所配制的复合基质的安全性如何(表7-8)。目前市面上也有简易便携式的EC值以及pH值检测设备，能快速获得到EC和pH值。及时监控栽培的各个环节中基质、土壤、水质等的情况，减少因不确定性导致的损失。

表7-8 不同电导率作用（mS/cm）

电导率（mS/cm）	对植物的安全程度
<2.6	各种作物均无害
2.6~2.7	某些作物（菊花等）会受轻害
2. 7~2. 8	所有植物根受害，生长受阻
2.8~3.0以上	植物不能生长

如果需要进一步证明配制的复合基质配方的安全性，可用该配方基质小范围种植植物，从植物生长的外观上来判断基质是否对植物产生危害。如在种植过程中发现在正常供水管理情况下植物叶片凋萎等现象，则说明该基质中的盐分含量可能太高，试种不通过，不能进行大规模化使用。

第八章 基质与营养

植物正常生长需要多种营养元素的参与，无土栽培时，要靠人工供给养分，即人工配制营养液，或添加长效缓/控释肥料颗粒。

无土栽培生产的成功与否，在很大程度上取决于营养液配方和浓度是否合适，植物生长过程的营养管理是否能满足各个不同生长阶段的要求。本章主要介绍无土栽培中营养液与栽培基质的关系，基质理化性质对营养液有效性的影响，以及无土栽培中常用的营养液配方及相关营养补充形式。

第一节 栽培中营养缺乏症的判断

植物的无土栽培中，如果缺乏某种营养元素，就会产生生理障碍，影响生长、发育和开花，严重的甚至导致死亡。应及时诊断，并采取有效措施，适时对营养液进行养分调整，植物必需元素各自的生理作用见表8-1。

缺钙 叶片表现
- 植物暗绿色
- 嫩叶发白
- 从顶端开始干枯死亡

缺硼 叶片表现
- 叶芽没有颜色
- 花而不实
- 落花落果

缺铁 叶片表现
- 老叶绿色
- 嫩叶发黄
- 叶脉呈绿色

缺硫 叶片表现
- 呈淡绿或者淡黄色
- 一般没有斑点

缺锌 叶片表现
- 叶脉白色
- 叶片发黄、下垂、凋落

缺锰 叶片表现
- 脉间有褪绿黄化
- 有网状脉纹
- 新叶黄化

缺钼 叶片表现
- 叶片淡绿色、柠檬黄或黄色
- 叶脉白色
- 叶片上有斑点

缺锌 叶片表现
- 叶脉间失绿
- 叶片出现黑色斑点

缺钾 叶片表现
- 老叶边缘黄化、焦枯
- 部分叶片有皱缩现象

缺镁 叶片表现
- 叶片边缘开始失绿
- 中下部叶片板状黄化

缺磷 叶片表现
- 叶片紫红色
- 叶片瘦小
- 严重时枯落死亡

缺氮 叶片表现
- 老叶黄化
- 老叶淡绿色
- 植株瘦弱矮小

不同营养元素缺乏的叶片表现

表8-1 植物必需元素各自的生理作用

类别	元素	生理功能
大量元素	碳 C 氢 H 氧 O	植物体光合作用的主要原料， 并配合一些相关联的反应制造同化产物以构成植物体的主要结构及作为能源
	氮 N	氨基酸和蛋白质的主要成分，帮助植物体生长，以达到增产的目的
	磷 P	促进根部发育和开花结实，增强植物体的抗病力
	钾 K	调节水分吸收和植物蒸腾作用，以增进根、茎、叶的细胞活力
	钙 Ca	形成细胞壁的主要成分，中和植物体的酸性物质，并提高果实内糖度
	镁 Mg	构成叶绿素及醇素，促进糖类合成，以增强植物体机能与抗病性
	硫 S	形成蛋白质、氨基酸主要成分之一，并促进根部发育
微量元素	硼 B	强化细胞壁，并提高植物对水分与钙质的吸收，并配合植物的呼吸作用
	铁 Fe	与叶绿素的合成有密切关系，加强氮的代谢作用，促进蛋白质的合成
	锰 Mn	参与叶绿素的合成与氧化还原反应，并促进醇素的活性
	铜 Cu	促进植物体内醇素转化，并促使叶绿素增多而提高光合作用
	锌 Zn	协助醇素作用，并促进蛋白质与糖类的形成与氮的代谢作用
	钼 Mo	增强氮肥的吸收，并对维生素C的形成有帮助
	氯 Cl	植物光合作用水的光解需要氯离子参与，植物细胞渗透压的调节剂

栽培中营养缺乏时，不一定是由于单一某营养元素的缺乏所造成的，有可能是由于营养液、基质、灌溉用水的pH值不适当，也有可能是因同时缺乏几种元素引起的。情况复杂的，无法通过观察进行比对，根据经验无法排除具体原因时，可通过实验室对植物叶片、根系、基质、水等进行系统性的检测，根据检测数据更加精准综合进行判断，从而能够对症下药。

第二节 栽培基质和营养液的关系

基质与营养液是无土栽培的两大核心技术，二者之间存在着显著的交互作用，共同影响植物的生长发育。

一方面，栽培基质相同，但营养液不同，植物的生长发育不同。由于不同的营养液中营养元素的含量是不同的，因此能被植株所吸收的矿质营养也不相同。

另一方面，营养液相同，但栽培基质不同，也会影响植物的生长发育，即基质的理化性质影响营养液的有效性（详见本章第三节）。栽培基质是能为植物提供稳定协调的水、气、肥结构的基础物质。它除了支持、固定植株外，更重要的是充当“中转站”的作用，使来自营养液的养分、水分得以中转，植物根系从中按需选择吸收。虽然营养液的EC值、pH值、各养分浓度可以精确控制，但植物根系是与基质接触，从基质溶液中吸收水分、养分的，所以是基质对营养液的吸附特性直接决定了植物营养的供给情况，可以说基质决定营养液的灌溉管理技术。

基质与营养液是无土栽培的两个重要方面，国内外的研究报道很多。但在实际的研究中多是研究单一因子，二者共同对植物的影响研究相对复杂。鉴于二者关系的重要性，关于这方面的研究也越来越重要。下面两项试验研究即是这方面的典型。

林晶等（1990）对黄瓜无土栽培的基质与营养液之间是否存在交互作用的问题进行研究，在蛭石、蛭石+沙、蛭石+草炭3种基质中，分别浇以含有10%及50% NH_4^+-N的两种营养液，看其对黄瓜生长发育、产量形成及生理代谢活动等的影响。试验结果表明：

①黄瓜基质栽培时，基质与营养液之间存在着显著的交互作用，共同影响黄瓜的生长发育，不能只单纯注意某一个方面，适宜的基质必须与相应的营养液配方形成最佳组合，才能获得最理想的栽培效果。

②本试验所选用的2种营养液，以含50%NH_4^+-N的效果较好，在3种基质中生长的黄瓜，其营养生长、生殖生长、收获期及前期产量均优于含有10%NH_4^+-N的营养液配方。

③本试验所选用的3种基质中，以含有30%蛭石+70%沙的混合基质较为理想，它的成本大大低于蛭石或蛭石与草炭各占50%的混合基质，而且有利于黄瓜的生育。与含有50%NH_4^+-N的营养液相组合，可以获得较好的栽培效果。

查丁石（1998）就茄子无土育苗中基质和营养液二个重要因子对幼苗生长的影响进行了研究。在蛭石、蛭石+炭化稻壳、蛭石+炭化稻壳+稻壳、珍珠岩+炭化稻壳四种育苗

营养液

基质中，分别施以杭州龙山化工厂生产的龙山无土栽培营养液、荷兰茄子岩棉栽培配方营养液和日本山崎茄子无土栽培配方营养液，共形成12个育苗组合。试验结果表明，茄子无土育苗时基质和营养液共同影响幼苗的生长发育，适宜的基质必须与相应的营养液配合才能获得最佳的育苗效果。本试验以蛭石为基质配合浇施龙山无土栽培营养液达到了最佳育苗效果。

第三节 有机基质对营养液有效成分的影响

近年来，人们一直在寻找适合作为栽培基质的物料，其中有机废弃物的利用引起重视，有些已经在生产中应用并实现了商品化，如树皮、膨化鸡粪、芦苇末、秸秆等。这些天然农林废弃物的有机营养成分含量较高，价格低廉，可自然降解，又利于环保。选用有机物料作为栽培基质，是基于栽培技术上的成熟，以及对基质的理化性状的准确把握。有机物料在作为基质使用时，对离子的吸附和释放研究很必要，L.C.Sarmar和C.F.Forster等关于有机物料(包括农用废弃物)与离子的吸附和释放上的研究，主要是针对于生态治理。他们利用对泥炭苔藓、木屑、椰壳等有机物料在不同情况下对二价重金属Cu^{2+}、Ni^{2+}、Zn^{2+}、Cd^{2+}等离子的吸附作用进行研究，以期减少重金属对环境的污染，而对基质的离子如何溶出以及对营养液成分的影响并未进行定量化的研究。李书民、查丁石等在基质栽培中虽考虑了基质与营养液的作用，也只是按照一种粗放管理的理念，凭经验适当减少或增加营养液中某种离子的含量，同时结合栽培效果进行判断基质与营养液的搭配是否合理，而未能定量地提出一个可依据的尺度。陈季明（2005）等人在借鉴国内外有机基质无土栽培试验研究经验的基础上，采用棉秆作为有机基质栽培番茄，阶段性浇灌一定浓度的营养液，通过对番茄生理指标的测定，以寻求一个适于该有机基质栽培番茄生长最佳的营养液配方。

东北农业大学孙敏（2003）以泥炭、稻壳炭（砻糠灰）、鸡粪、木屑、草屑、风化煤为材料研究了固形有机基质对营养液中有效成分的影响。试验结果如下。

1. 不同有机基质对营养液浸液中氮素营养的影响

（1）有效氮（N）含量的变化

对不同有机基质上营养液浸液中有效N含量的测定结果见表8-2。营养液浸液中的有效氮含量基本在36~108h后即稳定。与物料浸水时的浸液相比，其稳定时间有所提前。各基质上营养液浸液中的有效氮含量经稳定后表现为：鸡粪>风化煤>泥炭>木屑>草屑>稻壳炭（砻糠灰）。而在本研究上一个试验中，该团队测得的各物料浸水时浸液中稳定后的有效氮含量的顺序为：鸡粪>泥炭>草屑>风化煤>木屑>稻壳炭（砻糠灰）。因此，风化煤在添加营养液后在有效氮含量上发生了相当大的变化。

基质	添加标准营养液后不同时间上浸液中有效氮含量（mg/L）				
	4h	12h	36h	108h	324h
木屑	410.97	465.19	432.84	403.33	398.04
泥炭	608.46	616.70	579.20	544.77	553.28
稻壳炭（砻糠灰）	226.26	198.87	181.74	162.60	165.01
风化煤	1504.24	1394.89	1307.68	1199.94	1236.48
鸡粪	1098.79	964.85	1619.68	1486.16	1422.64
草屑	595.65	745.24	373. 42	303.36	302.54

表8-2 有机基质在添加标准营养液后不同时间上浸液中有效氮含量

(2) 有效氮形态的变化

不同基质营养液浸液中有效氮形态及其含量变化如表8-3。硝态氮（NO_3^--N）与铵态氮（NH_4^+-N）的比值在时间上的变化风化煤、泥炭和砻糠的较为稳定；木屑的36h左右接近于1，此前大于1，此后小于1，4h和108h后的值基本接近；鸡粪和草屑则主要由硝态氮（NO_3^--N）向铵态氮（NH_4^+-N）转化，比值渐小。稳定后NO_3^--N与NH_4^+-N的比值大小顺序为风化煤>泥炭>砻糠灰〉木屑〉草屑〉鸡粪。

2. 不同有机基质营养液浸液中有效磷的变化

不同有机基质对营养液浸液中有效磷含量的影响在108h后基本稳定，其稳定时间比浸水时浸液中有效磷含量的稳定时间有所推迟（表8-4）。

3. 不同有机基质营养液浸液中金属离子含量变化

不同有机基质营养液中金属离子含量在不同时间变化不大，36~108h数值基本稳定。此时，浸液中各金属离子含量的稳定值如表8-5。鸡粪和稻壳炭（砻糠灰）营养液浸液中的K^+含量以及风化煤、泥炭中的Na^+极高；而在Ca^{2+}上，则以鸡粪、木屑、风化煤中较高；Mg^{2+}上以鸡粪、泥炭、风化煤和木屑中均较高；对于铁离子，则以鸡粪中含量极高。

可以看出，不同有机基质对营养液中矿质营养的影响有所不同，稻壳炭（砻糠灰）的营养液中总有效氮增量为负值，其余5种有机基质上的增量为正值。对于营养液中有效磷的增量，在鸡粪、风化煤上出现正值，而其他基质则相反。风化煤上的K^+增量为负值，其他5种均为正值。各基质上的Ca^{2+}增量均为负值，其中以草屑和稻壳炭（砻糠灰）变化较大，而鸡粪和风化煤对营养液中Ca^{2+}的影响甚小。鸡粪、木屑、稻壳炭（砻糠灰）、泥炭和草屑上出现了正的Mg^{2+}增量，而风化煤则相反。由于有机物料与营养液的相互作用使营养液的成分有所变化，因此，需要对试验使用的营养液配方按照下式进行调整和修正：

$$\lambda_j = \sum r_i \lambda_{ij} \quad ①$$

$$\lambda_{ij} = C_{ij} / (C_j + C_{ij},) \quad ②$$

$$C_{j修} = C - \sum r_i C_{ij} / \lambda_{jmax} \quad ③$$

$$C = \prod C \quad ④$$

式中：

λ_j——j元素的校正系数；

λ_{ij}——i基质j种元素的校正系数；

C_j——标准营养液中j元素浓度；

C_{ij}——i基质j种元素在营养液浸液中的浓度；

C_{ij}——i类基质j种元素浸水时的浓度；

r_i——i基质在复合基质中所占比例；

$C_{j修}$——需要进行修正的营养液浓度差值。

公式①②计算，在所有元素中取λ_{jmax}最大值。管理时应分段进行，首先对基质前处理时进行给水量的控制，对基质易于释放的成分进行淋溶至需要倍数，即120%饱和含水量的λ_{jmax}倍，获入最大值的j元素不用调整浓度，其他元素调整浓度使用③式进行计算，各化合物组合参照④式。

最后，有机基质栽培过程中营养液的管理应分段进行，首先进行基质浸水5天的预处理。在基质中各有效成分稳定后定植植物。定植1周内营养液添加使用修正后的营养液配方。之后栽培过程中使用标准营养液配方对基质中营养液进行补充。

表8-3 有机基质在添加标准营养液后不同时间上浸液中有效氮形态及其含量

基质	氮形态	添加标准营养液后不同时间上浸液中有效氮含量（mg/L）				
		4h	12h	36h	108h	324h
木屑	NH_4^+-N	141.02	269. 20	226. 56	166. 09	167.67
	NO_3^--N	269. 95	195.99	206 28	237. 24	230. 36
泥炭	NH_4^+-N	55. 37	49,74	62.21	43.53	47.29
	NO_3^--N	553. 09	566. 96	516. 99	501. 24	505. 99
稻壳炭（砻糠灰）	NH_4^+-N	66. 37	52. 26	45.45	30. 30	31.30
	NO_3^--N	159.88	146. 60	136. 29	132. 30	133.71
风化煤	NH_4^+-N	147. 32	107.61	52. 35	63.28	74. 19
	NO_3^--N	1356. 92	1287. 28	1255.33	1136. 65	1162.29
鸡粪	NH_4^+-N	507.91	405. 15	1231.99	1370.81	1305.52
	NO_3^--N	590. 88	559. 70	387. 69	115.35	117. 12
草屑	NH_4^+-N	279. 16	482.41	364. 99	279. 11	276.74
	NO_3^--N	316. 49	262. 82	8. 42	24. 25	25. 80

表8-4 有机基质在添加标准营养液后不同时间上浸液中有效磷含量

基质	添加标准营养液后不同时间上浸液中有效磷含量（mg/L）				
	4h	12h	36h	108h	324h
木屑	222.50	179.23	60.06	92.50	95.60
泥炭	58.24	57.05	35.81	21.85	24.55
稻壳炭（砻糠灰）	30.50	21.22	12.23	70.12	70.32
风化煤	447.51	339.64	809.91	611.78	642.01
鸡粪	150.44	154.06	204.01	587.47	612.44
草屑	96.07	250.14	101.61	102.47	104.06

表8-5 有机基质在添加标准营养液后不同时间上浸液中金属离子含量的稳定值（mg/L）

基质	K^+	Na^+	Ca^{2+}	Mg^{2+}	$Fe^{2+}+Fe^{3+}$
木屑	642.75	52.75	101.20	228.38	2.10
泥炭	799.65	368.69	114.40	287.35	5.04
稻壳炭（砻糠灰）	1752.26	85.65	53.24	124.36	1.01
风化煤	189.50	652.94	124.36	58.82	6.51
鸡粪	6054.97	65.92	136.86	339.11	10.97
草屑	964.62	98.82	20.06	137.05	2.07

第四节 无土栽培常用营养液配方

一、营养液的组成

营养液的组成包括各种营养元素的离子浓度、各离子间的比例、总盐度、pH等理化性质。植物所吸收的各种元素，应有一定的比例。为了保证植物快速健壮地生长，必须给植物以适当比例与适当浓度的营养液。植物体内的元素含量取决于营养液的盐类，还取决于植物的品种。而外界因素如施肥和气候也影响到植物体内的元素含量。

根据植物需要量的多少，把元素加以排列，其顺序是：氮、钾、磷、钙、镁、硫、铁、锰、硼、锌、铜和钼。这种顺序是近似的。

植物所需营养液的浓度不能超过4%，过浓会影响植物生长，甚至死亡。以0.1%~0.2%最有利于植物生长。种植前期，浓度小些，后期浓度可大些，但不同植物对营养液的要求浓度是不同的，见表8-6。

表8-6 不同植物适宜的营养液浓度

浓度(g/L)	1	1.5~2	2	2~3	3
植物种类	杜鹃	仙客来	花叶芋	文竹	天冬草
	秋海棠	堇菜	葱头	甜菜	菊花
	仙人掌	非洲菊	大丽花	香石竹	绣球花
	蕨类	风信子	香豌豆	甜瓜	结球甘蓝
	胡椒科植物	鸢尾	昙花	黄瓜	西红柿
		百合	胡萝卜	天竺葵	芹菜
		水仙	唐菖蒲	一品红	水芋
		蔷薇	草莓	烟草	
		郁金香			
		小苍兰			

二、常用的营养液配方

营养液是否适合植物生长,最重要的在于营养液中各种养分的量与比例是否适合。有研究表明,比例合适的营养液,总体浓度偏高些或偏低些对植物生命的危害性不是很大,如果养分离子之间比例不合适,即使其他条件再合适,植物也将受到营养生理失调症的危害。所以,营养液的配方科学与否极为关键。关于营养液的配方,自1865年克诺普开创研究先河后,世界各地的学者、研究员在各大期刊上发表了大量的营养液配方,典型的配方如霍格兰(Hoagland,1920)、怀特(White, 1934)、春日井(1939)、道格拉斯(Douglas, 1959)、图蔓诺夫(Tumanov, I960)等。其中以美国霍格兰研究的配方最驰名,被世界各地广泛采用,后人参照霍氏配方,在使用中进行了调整,从而演变出许多适用于不同植物和栽培条件的配方。现将一些重要的和常用的配方介绍如下。

(一)通用型营养液配方

1. 格里克(W.F.Gericke)基本营养液

以1kg盐类混合于1000L水中配制而成,见表8-7。

表8-7 格里克基本营养液配方

化合物	化学式	数量(g)
硝酸钾	KNO_3	542
硝酸钙	$Ca(NO_3)_2$	96
过磷酸钙	$CaSO_4+Ca(H_2PO_4)_2$	135
硫酸镁	$MgSO_4$	135
硫酸	H_2SO_4	73
硫酸铁	$Fe_2(SO_4)_3 \cdot n(H_2O)$	14
硫酸锰	$MnSO_4$	2
硼砂	$Na_2B_4O_7$	1.7
硫酸锌	$ZnSO_4$	0.8
硫酸铜	CuS_4	0.6
总计		1000. 1

格里克在他的第一次试验以及第一次大规模水培时采用的就是这个配方的营养液。用其他品种的盐类也可以配制出良好的营养液。根据格里克的材料，水培种植所需的大量元素(氮、钾、 磷、钙、镁、硫)，可用下列6种不同的配方，见表8-8。

表8-8 格里克营养液6种配方

1	2	3	4	5	6
KH_2PO_4	K_2SO_4	KNO_3	K_2SO_4	KNO_3	KH_2PO_4
$Ca(NO_3)_2$	$Ca(NO_3)_2$	$Ca(H_2PO_4)_2$	$Ca(H_2PO_4)_2$	$CaSO_4$	$CaSO_4$
$MgSO_4$	$MgHPO_4$	$MgSO_4$	$Mg(NO_3)_2$	$MgHPO_4$	$Mg(NO_3)_2$

格里克在每10L水中称取上述一种配方混合物10g，再加入适当剂量的微量元素。用上述6种配方中的任何一种配制营养液时，每种盐类的用量，可以按格里克基本溶液中各种盐类的分子量的比例计算。如果配成的溶液碱性较大，可以加硫酸来酸化。如果酸性较大，则用磷酸钙来碱化。格里克根据这6种配方，试验了120种不同的营养液，所得到的结果进一步促进了无土栽培的发展。

2. 特鲁法特—汉普的基本营养液

特鲁法特—汉普的基本营养液又称凡尔赛营养液，配比见表8-9。

表8-9 凡尔赛营养液配方（g/L）

大量元素			微量元素		
硝酸钾	KNO_3	0. 568	碘化钾	KI	0. 00284
硝酸钙	$Ca(NO_3)_2$	0.710	硼酸	H_3BO_3	0. 00056
磷酸铵	$NH_4H_2PO_4$	0. 142	硫酸锌	$ZnSO_4$	0. 00056
硫酸铵	$(NH4)_2SO_4$	0. 284	硫酸锰	$MnSO_4$	0. 00056
			氯化铁	$FeCl_3$	0. 112
总 计		1. 704	总 计		0.11652

这种营养液的浓度几乎等于格里克基本营养液的两倍。特鲁法特—汉普提出在使用前用水按1:1进行稀释。但这种营养液与格里克的基本营养液不同，不仅是浓度不同，组成也不同，因为其磷的来源为磷酸铵，而不是格里克营养液中的过磷酸钙。因此，这些营养液在硝酸钾和硝酸钙的含量上也有些区别。

3. 道格拉斯的孟加拉国营养液

道格拉斯在1959年提出了28种营养液配方，其中第五配方在印度和其他国家已使用成功，即所谓基本营养液(按1000L的水中含的盐类物质的量计算)。见表8-10~表8-14。

表8-10 孟加拉国营养液第一配方

肥料化合物	用量(g)	供应元素
硝酸钙	375	N、Ca
过磷酸钙	210	P、Ca
硫酸钾	120	K、S
硫酸镁	120	Mg、S
微量元素（硫酸锌、硫酸锰、硫酸铜、硫酸铁、硼酸粉）	1	Zn、Mn、Cu、Fe、B

表8-11 孟加拉国营养液第二配方

肥料化合物	用量(g)	供应元素
硫酸铵	320	N、S
磷酸铵	225	N、P
氯化钾	120	K
硫酸钙	80	Ca、S
硫酸镁	160	Mg、S
微量元素（同第一配方）	1	Zn、Mn、Cu、Fe、B

表8-12 孟加拉国营养液第三配方

肥料化合物	用量(g)	供应元素
硝酸钾	380	N、K
过磷酸钙	130	P. Ca
硫酸铵	100	N、S
硫酸镁	110	Mg、S
微量元素（同第一配方）	1	Zn、Mn、Cu、Fe、B

表8-13 孟加拉国营养液第四配方

肥料化合物	用量(g)	供应元素
硫酸铵	400	N. S
硫酸钾	100	K、S
过磷酸钙	240	P、Ca
硫酸镁	120	Mg、S
微量元素（同第一配方）	1	Zn、Mn、Cu . Fe、B

表8-14 孟加拉国营养液第五配方

肥料化合物	用量(g)	供应元素
磷酸铵	100	N、P
硝酸钠或硝酸铵	320 或 16	N
硝酸钙	40	N、Ca
硫酸钾	160	K、S
硫酸镁	160	Mg、S
微量元素（同第一配方）	1	Zn、Mn、Cu , Fe、B

3. 其他通用型营养液

见表8-15、表8-16。

表8-15 古明斯卡营养液配方（g/L）

大量元素			微量元素		
硝酸钾	KNO_3	0.7	硼酸	H_3BO_3	0. 0006
硝酸钙	$Ca(NO_3)_2$	0.7	硫酸锰	$MnS0_4$	0. 0006
过磷酸钙	20% P_2O_s	0. 8	硫酸锌	$ZnSO_4$	0. 0006
硫酸镁	$MgSO_4$	0. 28	硫酸铜	$CuSO_4$	0. 0006
			钼酸铵	$(NH_4)_6Mo_7O_{24}$	0. 0006
			硫酸铁	$Fe2(SO_4)_3 \cdot n(H_2O)$	0. 12
	总 计	2.16		总 计	0.11652

表8-16 斯泰耐营养液配方

肥料化合物	化学式	每1000L水加入的数量	
		荷兰井水	蒸馏水
磷酸二氢钾	KH_2PO_4	135g	134g
硫酸钾	K_2SO_4	251g	154g
硫酸镁	$MgSO_4$	497g	473g
硝酸钙	$Ca(N0_3)_2 \cdot 4H_2O$	1059g	882g
硝酸钾	KNO_3	292g	444g
氢氧化钾	KOH	22.9g	~
硫酸	H_2SO_4	~	125 mL
EDTA铁钠钾	FeNaKEDTA (5mg Fe/mL)	400mL	400mL
硫酸锰	$MnSO_4 \cdot H_2O$	2g	2g
硼酸	H_3BO_3	2.7g	2.7g
硫酸锌	$ZnSO_4 \cdot 7H_2O$	0.5g	0.5g
硫酸铜	$CuSO_4 \cdot 5H_2O$	0.08g	0. 08 g
钼酸钠	$NaMoO_4 \cdot 2H_2O$	0.13g	0. 13g

（二）蔬菜栽培常用营养液配方

表8-17 列举了蔬菜无土栽培中常用的营养液配方，供生产中参考。

表8-17 各种蔬菜营养液配方（g/L）

蔬菜种类	西红柿	黄瓜	南瓜	甘蓝	莴苣	菠菜	芹菜	小萝卜	菜豆	甜豌豆	马铃薯
硝酸钙	2.52			1.26	0.658	1.86		0.675	0.675	2.11	
硝酸钾		0.915	0. 763		0.55			0.61			0.763
硝酸钠			0. 386				0.644				
硫酸铵		0.19		0.237	0.237	0.379		0.284			
硫酸镁	0.537	0.537	0.537	0.537	0.537	0.537	0.752	0.537	0.538	0.78	0.537
硫酸钾				0.25		0.15	0.50		0.75		
硫酸钙					0.078		0.337				
磷酸钙		0.589			0.589		0.294	0.589	0.35		
磷酸二氢钾	0.525			0.35		0.306	0.175			0.52	0.156
过磷酸钙		0.337	1.17						0.50		1.01
氯化钠							0.156				

（三）花卉栽培常用营养液配方

美国的波斯特在他的《关于花卉植物的生产与销售》一书中，讨论了花卉的无土栽培，提出以下营养液的配方。见表8-18，此配方晴天每日灌水1次，阴天3天1次。

表8-18 波斯特营养液（g/L）

成分	化学式	加利福尼亚州	俄亥俄州	新泽西州
硝酸钙	$Ca(NO_3)_2$	0.74		0.9
硝酸钾	KNO_3	0.48	0.58	
磷酸铵	$(NH_4)_2HPO_4$			0.007
硫酸铵	$(NH_4)_2SO_4$		0.09	
磷酸二氢钾	Kh_2PO_4	0. 12		0.25
磷酸氢钙	$CaHPO_4$		0.25	
硫酸钙	$CaSO_4$		0.06	
硫酸镁	$MgSO_4$	0. 37	0.44	0.43
总 计		1.71	2.42	1.587

表8-19是一些花卉专用的大、中量元素营养液配方。花卉生长尚需多种微量元素，因此，每种大、中量元素配方都辅配有相应的微量元素配方。通用型的微量元素营养液配方为EDTA铁51.3~102.5μmol/L、四水硫酸锰9.5μmol/L、五水硫酸铜0.3μmol/L、七水硫酸锌0.8μmol/L、硼酸46.3μmol/L、四水钼酸铵0.02μmol/L。国外应用无土栽培生产花卉已较为广泛，并已提出各种营养液配方及主要元素的浓度，见表8-20。

表8-19 斯泰耐的营养液（g/L）

肥料种类(及化学式)	用于夏季一般作物	用于冬季一般作物	菊花	唐菖蒲	蔷薇类	香豌豆	紫罗兰	金鱼草	草菇	香石竹
硝酸钙$Ca(NO_3)_2$	134.7	84.2	168.4			210.5		122.8	126.3	
硝酸钾KNO_3					114.1		76.1	41.2		
硝酸钠$NaNO_3$				62.4						200.0
硫酸铵$(NH_4)_2SO_4$	19.0		23.7	15.6	23.4		15.6			20.0
硫酸镁 $MgSO_4 \cdot 7H_2O$	53.6	53.6	75.8	53.6	64.4	75.1	53.6	53.6	53.6	85.0
硫酸钾K_2SO_4	74.8	87.3	62.4						87.3	
硫酸钙$CaSO_4$	9.6			25.8	33.7		21.4			
磷酸二氢钾KH_2PO_4			52.4			52.4				
过磷酸钙$CaSO_4 \cdot 2H_2O + Ca(H_2PO_4)_2$							108.5			150
重过磷酸钙$Ca(H_2PO_4)_2 \cdot CaHPO_4$	47.7	47.7		46.8	47.7			88.2	51.4	
氯化钾KCl				63.4						50
合计	339.4	272.8	382.7	266.1	283.3	388.0	275.3	305.8	318.6	505.0
主要元素浓度(mg/kg) N	200	100	250	130	200	250	100	100	150	352.6
P	65	65	120	65	65	120	65	65	70	183.5
K	300	350	400	300	420	150	280	280	350	242.7
Ca	320	180	280	200	240	350	300	300	260	356.1
Mg	50	50	70	50	60	70	50	50	50	79

表8-20 一些花卉专用的营养液配方(大、中量元素)

花卉种类	无土栽培方式	化合物编号与组成浓度(mmol/L)	肥料盐类总计(mg/L)
月季	温棚切花	(1)2.07,(2) 1.88,(3)2. 12,(6)1.33,(11)2.01,(12)0.49	1253
菊花	温棚切花	(1)7.10,(4)1.80,(8)3.30,(10)3. 60,(12)3.00	3730
香石竹	温棚切花	(1)3.75,(2)4.00,(4)4.08,(5)10. 37,(7)1.87,(10)0.13,(11)1.06,(12)1.09	1765
唐菖蒲	温棚切花	(4)1.20,(5)7.30,(7)1.90,(11)8.50,(12)2.20,(13)1.50	3540
非洲菊	温棚切花	(1)2.25,(2)4.75,(8)1.50,(10)0. 25,(12)0.75	1444
郁金香	温棚切花	(1)3.33,(2)3.37,(3)0.25,(8)1.50,(12)0.75	1716
玫瑰	温棚切花	(2)11. 10,(4)1.70,(7)1.80,(12)2.60,(13)1.90	2769
紫罗兰	温棚切花	(1)2. 10,(2)6.90,(4)1.20,(7)4.30,(12)1.80,(13)1.20	3086
马蹄莲	温棚切花	(1)4.00,(2)6.00,(12)2.00,(14)1.00	2159
观叶花卉	温棚切花	(1)2.10,(2)2.00,(3)0. 50,(8)1.00,(12)1.00,(13)0.50	1206
梅花	盆栽	(2)1.28, (8)1. 10,(12)1.00,(13)4.00	1387
中国兰花	盆栽	(2)5.44,(3)2.50,(7)2. 30,(12)2.15,(13)0. 40	1930
山茶、杜鹃	盆栽	(4)1.00,(8)0.50,(10)1.00,(12)1.00,(13)1.00	793
荷花	盆栽	(1)1.00,(2)0.70,(3)0.44,(8)0.32,(12)0.42	489
桂花	盆栽	(1)2.60, (2)2.80, (3)3.00, (8)1.00, (9)0.10,(10)0.12,(12)0.63,(15)0.20	1479
百合	盆栽	(4)1. 18,(5)7.29,(7)1.86,(11)8. 32,(12)2.23,(13)1.45	2666
花叶芋	盆栽	(1)5.00,(2)5.00,(8)1.30,(12)1.50	2231
酒瓶兰	盆栽	(1)7.63,(2)5.00,(3)1.00,(8) 1.00,(12)2.82	3215
绿巨人	盆栽	(1)2.00,(2)2.64,(8)1.00,(10)1.00,(12)1.00	1375
君子兰	盆栽	(1)1.00,(4)1.00,(8)0.50,(10)1.00,(12)1.00	857

注:表中各序号所代表的无机盐成分分别为:

(1) $Ca(NO_3)_2 \cdot 4H_2O$;
(2) KNO_3;
(3) NH_4NO_3;
(4) $(NH_4)_2SO_4$;
(5) $NaNO_3$;
(6) H_3PO_4;
(7) $Ca(H_2PO_4)_2 \cdot H_2O$;
(8) KH_2PO_4;
(9) K_2HPO_4;
(10) K_2SO_4;
(11) KCl;
(12) $MgSO_4 \cdot 7H_2O$;
(13) $CaSO_4 \cdot 2H_2O$;
(14) $NH_4H_2PO_4$;
(15) $NaCl$.

第五节 无土栽培营养液配制技术

无土栽培作物时，要在选定营养液配方的基础上，正确地配制营养液。一种均衡的营养液配方，可能产生沉淀盐类，只有采用正确的方法配制，才可保证营养液中的各种营养元素有效地供给作物生长所需，取得高产优质的栽培结果。而不正确的配制方法，一方面可能会使某些营养元素失效；另一方面可能会影响到营养液中的元素平衡，严重时会伤害到植物根系，甚至造成植物死亡。因此，在水溶性肥料商品化成熟之前，正确掌握的营养液配制方法，是对无土栽培从业者最起码的要求。

目前随着园艺行业分工越来越细，且我国的水溶肥行业蓬勃发展。就算是特殊的植物品种或者在特定的栽培情况下，只要通过系统性了解栽培植物品种对养分的需求，基质，灌溉用水等情况后就能快速定制适配的水溶性肥，大大降低了因营养液不适配导致的损失。

一、营养液配制的原则

营养液配制的原则是确保在配制和使用营养液时不会产生难溶性化合物的沉淀。因为每一种营养液配方中各元素之间都可能产生相互作用会形成难溶性的盐类。例如，任何的均衡营养液平衡中都含有可能存在Ca^{2+}、Fe^{2+}、Mn^{2+}、Mg^{2+}等阳离子和SO_4^{2-}、$H_2PO_4^-$等阴离子，当这些离子在浓度较高时会互相作用而形成难溶性物质。营养液中是否会形成这些难溶性化合物可根据溶度积法则来确定的。即溶液中的两种能够互相作用形成难溶性化合物的阴、阳离子，当其浓度（以mol为单位）的乘积大于这种难溶性化合物的溶度积常数（K_{sp}）时，就会产生沉淀。

要做到没有沉淀物，就必须充分了解营养液配方中各种化合物的性质及相互之间产生的化学反应过程，并在配制过程中运用难溶性物质溶度积法则。

营养液与基质

二、营养液的配制技术

（一）原料及水中的纯度计算

由于配制营养液的原料大多使用工业级原料或农用肥料，常含有吸湿水和其他杂质，纯度较低。因此，在配制时要按实际含量来计算。例如，营养液配方中硝酸钾用量为0.5g/L，而原料硝酸钾的含量为95%，通过计算得到实际原料硝酸钾的用量应调整为0.53g/L。

微量元素化合物常用纯度更高一级的试剂，且实际用量较少，可不经过计算直接称量。

在软水地区，水中的化合物含量较低，只要是符合无土栽培的水质要求，均可直接使用。而在硬水地区，由于水中所含的Ca^{2+}，Mg^{2+}等离子较多，因此在使用前要分析水中元素的含量，以便按照配方中的用量配制营养液。计算用量时扣除水中所含的元素含量。在实际操作过程中，根据硬水中所含Ca^{2+}，Mg^{2+}数量的多少，将它们从配方中进行相应扣减。例如，配方中的Ca、Mg分别由$Ca(NO_3)_2 \cdot 4H_2O$和$MgSO_4 \cdot 7H_2O$两种盐类物质来提供，这时计算实际$MgSO_4 \cdot 7H_2O$和$Ca(NO_3)_2 \cdot 4H_2O$的用量时要把水中所含的Ca、Mg的含量进行相应扣减，扣减硬水中Mg的$MgSO_4 \cdot 7H_2O$实际用量，也相应地减少了硫酸根(SO_4^{2-})的用量，但由于硬水中本身就含有较大量的硫酸根，所以一般不需要另外补充。如果有必要，可加入少量硫酸(H_2SO_4)来进行补充。而扣减Ca后，溶液中氮用量同时减少了。那么，这部分减少了的氮可用硝酸(HNO_3)来进行补充。加入的硝酸不仅起到补充氮源的作用，而且可以中和硬水的碱性。

在中和硬水的碱性时，如果加入补充氮源的硝酸后仍未能够使水中的pH值降低至理想的水平时，可适当减少磷酸盐的用量，而直接通过加入磷酸来中和硬水的碱性。

通过测定硬水中各种微量元素的含量，与营养液配方中的各种微量元素用量比较，如果水中的某种微量元素含量较高，在配制营养液时可不加入，如不足的则要补充。

由于在不同地区的水的硬度不同，含有的各种元素的数量不一样，因此要根据实际检测数据来进行营养液配方的调整。

营养液配置

（二）营养液的配制方法

在实际生产应用上，营养液的配制方法可采用先配制浓缩营养液（或称母液），然后用浓缩营养液配制工作营养液，也可以称取各种营养元素化合物直接配制工作营养液。但不论选择哪种配制方法，都要在配制过程中以不产生难溶性物质沉淀为总的指导原则来进行。

1. 浓缩营养液（母液）稀释法

首先把相互之间不会产生沉淀的化合物分别配制成浓缩营养液，然后根据浓缩营养液的浓缩倍数稀释成工作营养液。

（1）浓缩营养液的配制

在配制浓缩营养液时，要根据配方中各种化合物的用量及其溶解度来确定其浓缩倍数。浓缩倍数不能太高，否则可能会使化合物过饱和而析出，而且在浓缩倍数太高时，溶解较慢，操作不方便。一般以方便操作的整数倍数为浓缩倍数，大量元素一般可配制成浓缩100、200、250或500倍液，而微量元素由于其用量少，可配制成500或1000倍液。

为了防止在配制营养液时产生沉淀，不能将配方中的所有化合物放置在一起溶解，而应将配方中的各种化合物进行分类，把相互之间不会产生沉淀的化合物放在一起溶解。一般将一个配方的各种化合物分为不会产生沉淀的3类。这3类化合物配制的浓缩液分别称为浓缩A液、浓缩B液和浓缩C液（或称为A母液、B母液或C母液）。其中：

浓缩A液——以钙盐为中心，凡不与钙盐产生沉淀的化合物均可放置在一起溶解。

浓缩B液——以磷酸盐为中心，凡不与磷酸盐产生沉淀的化合物均可放置在一起溶解。

浓缩C液——将微量元素以及稳定微量元素有效性（特别是铁）的络合物放在一起溶解。由于微量元素的用量少，因此其溶解倍数较高。

表8-21为华南农业大学叶菜类配方的浓缩营养液的各种化合物分类及用量。其他配方可以此为例进行分类。

配制浓缩营养液的步骤：按照要配制的浓缩营养液的体积和浓缩倍数计算出配方中各种化合物的用量后，将浓缩A液和浓缩B液中的各种化合物称量后分别放在一个塑料容器中。溶解后加水至所需配制的体积，搅拌均匀即可。在配制C液时，先取所需配制体积80%左右的清水，分为两份，分别放入两个塑料容器中。称取$FeSO_4 \cdot 7H_2O$和乙二胺四乙酸二钠EDTA-2Na分别加入这两个容器中。溶解后，将溶有$FeSO_4 \cdot 7H_2O$的溶液缓慢倒入EDTA-2Na溶液中，边加边搅拌。然后称取C液所需称量的其他各种化合物，分别放在小的塑料容器中溶解。然后分别缓慢地倒入已溶解了$FeSO_4 \cdot 7H_2O$和EDTA-2Na的溶液中，边加边搅拌。最后加清水至所需配制的体积，搅拌均匀即可。

为了防止长时间贮存浓缩营养液产生沉淀，可加入1mol/L H_2SO_4或HNO_3酸化至溶液的pH值为3~4。同时应将配制好的浓缩母液置于阴凉避光处保存。浓缩C液最好用深色容器贮存。

表8-21 华南农业大学叶菜类配方用量

分类	化合物	用量（mg/L）	浓缩250倍用量（g/L）	浓缩500倍用量（g/L）
A液	$Ca(NO_3)_2 \cdot 4H_2O$	472	118	2236
	KNO_3	202	50.5	101
	NH_4NO_3	80	20	40
B液	KH_2PO_4	100	25	50
	K_2SO_4	174	43.5	87
	$MgSO_4 \cdot 7H_2O$	246	61.5	123
			浓缩1000倍用量（g/L）	
C液	$FeSO_4 \cdot 7H_2O$	27.8	27.8	
	EDTA-2Na	37.2	37.2	
	H_3BO_3	2.86	2.86	
	$MnSO_4 \cdot 4H_2O$	2.13	2.13	
	$ZnSO_4 \cdot 7H_2O$	0.22	0.22	
	$CuSO_4 \cdot 5H_2O$	0.08	0.08	
	$(NH_4)_6Mo_7O_{24} \cdot 4H_2O$	0.02	0.02	

（2）稀释为工作营养液

利用浓缩营养液稀释为工作营养液时，应在盛装工作营养液的容器或种植系统中放入需要配制体积大约60%~70%的清水，量取所需浓缩A液的用量倒入，开启水泵循环流动或搅拌使其均匀，然后再量取浓缩B液所需用量，用较大量的清水将浓缩B液稀释后，缓慢地将其倒入容器或种植系统中的清水入口处，让水泵将其循环或搅拌均匀，最后量取浓缩C液，按照浓缩B液的加入方法加入容器或种植系统中，经水泵循环流动或搅拌均匀即完成。

2.直接称量配制法

在大规模生产中，因为工作营养液的总量很多，如果配制浓缩营养液后再经稀释来配制工作营养液势必需要配制大量的浓缩营养液，这将给实际操作带来很大的不便，因此，常常称取各种营养物质来直接配制工作营养液。

具体的配制方法为：在种植系统中放入所需配制营养液总体积约60%~70%的清水，然后称取钙盐及不与钙盐产生沉淀的各种化合物（相当于浓缩A液的各种化合物）放在一个容器中溶解后倒入种植系统中，开启水泵循环流动，然后再称取磷酸盐及不与磷酸盐产生沉淀的其他化合物(相当于浓缩B液的各种化合物)放入另一个容器中,溶解后用较大量清水稀释后缓慢地加入种植系统的水源入口处,开动水泵循环流动。再取两个容器分别称取铁盐和络合剂(如EDTA-2Na)置于其中,倒入清水溶解(此时铁盐和络合剂的浓度不能太高,大约为工作营养液浓度的1000~2000倍),然后将溶解了的铁盐溶液倒入装有络合剂的容器中,边加边搅拌。最后另取一些小容器,分别称取除了铁盐和络合剂之外的其他微量元素化合物置于其中,分别加入清水溶解后,缓慢倒入已混合了铁盐和络合剂的容器中,边加边搅拌。然后将已溶解了所有微量元素化合物的溶液用较大量清水稀释后从种植系统的水源入口处缓慢倒入种植系统的贮液池中,开启水泵循环流动,至整个种植系统的营养液均匀为止。一般在单棚面积为1/30hm^{2}的大棚或温室,需开启水泵循环2~3h才可保证营养液混合均匀。

在直接称量营养元素化合物配制工作营养液时要注意,在贮液池中加入钙盐及不与钙盐产生沉淀的盐类之后,不要立即加入磷酸盐及不与磷酸盐产生沉淀的其他化合物,而应在水泵循环大约30min或更长时间之后才加入。加入微量元素化合物时也要注意,不应在加入大量营养元素之后立即加入。

以上两种配制工作营养液的方法可视生产上的操作方便与否来进行,有时可将这两种方法配合使用。例如,配制工作营养液的大量营养元素时采用直接称量配制法;而微量营养元素的加入可采用先配制浓缩营养液(母液)再稀释为工作营养液的方法。

在配制工作营养液时,如果发现有少量的沉淀产生,就应延长水泵循环流动的时间以使产生的沉淀再溶解。如果发现由于配制过程加入营养化合物的速度过快,产生局部浓度过高而出现大量沉淀,并且通过较长时间开启水泵循环之后仍不能使这些沉淀再溶解时,应重新配制营养液,否则在种植作物的过程中可能会由于某些营养元素经沉淀而失效,最终引起营养液中营养元素的缺乏或不平衡而表现出生理失调症状。例如微量元素铁被沉淀之后出现的作物缺铁失绿症状等。

三、营养液配制的注意事项

为了避免在配制营养液的过程中产生失误,必须注意以下事项:

①营养液原料的计算过程和最后结果要反复核对,确保准确无误。

②称取各种原料时要反复核对称取数量的准确,并保证所称取的原料名副其实,切勿张冠李戴,特别是在称取外观上相似的化合物时更应注意。

③已经称量的各种原料在分别称好之后要进行最后一次复核,以确定配制营养液的各种原料没有错漏。

④建立严格的记录档案,将配制的各种原料用量、配制日期和配制人员详细记录下来,以备查验。

第六节 容器苗木栽培与肥料

随着我国园艺产业的发展，多年生的苗木栽培，特别是容器苗木栽培的发展适应了国家生态保护与建设的基础需求，是现代园艺栽培技术的重要创新领域。多年生容器苗木日常所需的营养管理中，更多使用的是混入栽培基质中的颗粒型肥料作为基肥以及追加水溶性肥料的营养补充形式为主。因此本节简单拓展一下营养液以外的现代园艺栽培中的肥料使用情况。

一、肥料分类

传统苗圃行业使用的肥料种类很多，根据不同分类标准主要有无机肥、有机肥、单质肥和复合肥、速效肥和缓/控释肥等几大类。其中前几种是传统肥料，而最后一种缓/控释肥属于新型肥料。

容器苗与地栽苗圃不同，容器栽培灌溉频率高，传统肥料易随灌溉水流失，且速效肥养分释放过快，不能满足苗木需肥，同时也造成很大浪费和环境的污染。因此，在容器苗圃的实际生产中，主要以专用的控释肥和水溶肥相结合的原则，控释肥做基肥施用，不同阶段追施不同型号的水溶肥。控释肥如果微量元素含量不足，建议施用专门的微量元素肥料为补充。

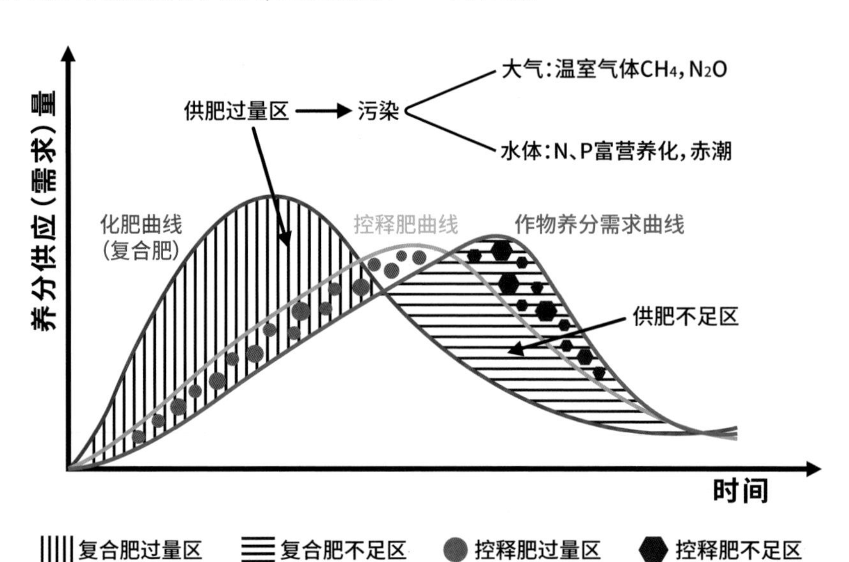

肥料的养分释放与作物养分需求的动态变化示意，控释肥的养分释放和苗木需求同步

二、肥料种类

1. 缓/控释肥

广义上的缓/控释肥是指肥料养分释放速率缓慢，释放期较长，在植物的整个生长期都可以满足植物生长所需的肥料。但狭义上对缓释肥和控释肥来说又有其各自不同的定义。缓释肥（Slow release fertilizers, SRFs）又称长效肥料，主要指施入基质后转变为植物有效养分的速度比普通肥料缓慢的肥料类型。但其释放速率、方式和持续时间不能很好地控制，受施肥方式和环境条件的影响较大。缓释肥的高级形式就是控释肥（Controlled release fertilizers, CAFs），是指通过各种机制措施预先设定肥料在植物生长季节的释放模式，使其养分释放规律与植物养分吸收基本同步，从而达到提高肥效目的一类肥料。

容器苗是在容器的有限空间中生长，水分和养分需要外界不断补充。传统肥料肥效释放快，容易随灌溉用水流失。容器苗的灌溉频率也使得这种肥料的利用率大打折扣。为了保障养分的充足供应，需不断地追肥，人工投入也相应增加。

缓/控释肥的优点是肥效缓慢释放，受土壤环境影响小。从控制养分释放速率和效果来看，两者之间还存在一定的区别。缓释肥的肥料释放受基质环境的pH值、微生物活动、水分状态、基质类型以及灌溉水量等外界因素的影响相对较大，肥料释放不均匀，且释放速度和植物的营养需求也不一定同步，大多以单体氮肥为主。而控释肥多以N-P-K复合，或是加部分微量元素的全营养肥，其释放速度只受温度影响。基质温度对植物生长速度的影响很大。在一定的温度范围内，基质温度升高、植物的生长速度加快，对肥料的需求也增加，而控释肥的释放速度也随着温度的升高而加快，正好与植物的需求相符合。所以控释肥的释放期，养分释放速率能与植物需肥规律相一致或基本一致，最大限度地提高肥料的利用效率，防止多余养分流失对环境的污染。

控释肥的控制释放原理是：水分通过包膜渗透进入肥料颗粒内部并使之部分溶解，在颗粒内部形成了一个内部压力，当肥料颗粒内部形成一定的饱和溶液时肥料养分开始释放，温度越高，肥料的溶解速度与穿越膜的速度越快，膜越薄渗透越快。又因为其只受包膜厚度和基质温度影响，所以不易随灌溉和其他因素而流失。后期，释放养分而排空的空间被不断进入颗粒内部的水分所占据，内部溶液浓度就会逐渐降低，养分释放的动力随而减少，这个释放过程会持续很长时间。控释肥的包膜技术使养分的释放和苗木的需求同步，非常适合现代容器苗圃的营养管理节奏。通常控释肥的肥效长达3~14个月，在国外的苗木和花卉行业已被广泛应用。

国内现在常见的进口控释肥包膜技术有Osmocote、GAL-Xeone、Nutricote、polyon和Multicotet等，国内容器苗木生产中，用得最广泛的是奥绿（Osmocote）以及艾柯特（Ekote）控释肥。另外，微量元素肥专门为提供植株3种中量元素（钙、镁、硫）以及5种微量元素所配置，极易被苗木快速吸收，高品质的容器苗产品可以加入微量元素肥来提高品质。

实际生产上，生产者普遍认为控释肥的成本太高，而下不了决心进行投入，但根据生产实践经验：普通的速效复合肥肥效期只能维持7~10天，而控释肥可维持半年，最长的可达一年，如普通复合肥4元/kg，肥效维持7~10天，每天是0.2元左右，而植物吸收是有限的，大部会流失。而进口控释肥20~30元/kg可维持180~270天，每天只需0.07~0.1元，且肥力大部分为植物利用。目前国产的控释肥大概8~10元/kg，肥效期也可维持120~180天。但相对进口产品品质不稳定，使用效果还有一定差距，国产包膜控释肥还有很大的科技研发以及商业发展的空间。总的来说，传统速效复合肥与包膜控释肥就直接肥料成本而言相差很大。差异在肥料效果，以及人工员管理的投入。

控释肥与水溶肥产品

2. 水溶性肥料

水溶性肥一般是多元复合肥料，由于可以迅速完全地溶解于水、肥效快、利用率高等特点在园艺栽培上使用非常普遍，在容器苗圃的生产中也会用到，可以通过叶面喷施、随灌溉水浇灌的方式施用。常用的水溶性肥料多为均匀固体粉末或液体密封包装。在容器苗苗期通过肥料配比机随苗木的灌溉水一起施用，实现水肥一体化管理，可以在一定程度上节约时间和劳动力。

(1) 水溶性肥料的主要特点

①全水溶性。水溶性肥的溶解度大，最大溶解度范围内，在水中能溶解迅速，沉淀和悬浮物质极少，不会堵塞灌溉设备。

②全营养性。可以根据不同的植物、生长阶段以及环境条件有针对性地选用各种不同配方。新的离子保持技术可以使之前无法混合在一起的营养元素在一个配方中同时存在。

③速效性。施用水溶性肥料后，可以通过叶面和根系双重吸收，见效很快。

(2) 使用水溶性肥时还要注意事项

①如果采用叶面喷施，要避免在阴雨天施用，减少肥料的流失。

②夏天高温避免在10:00~16:00施用叶面水溶性肥，以避免高温因水分蒸发引起的肥害和灼伤。

③水溶性肥的肥效较短，一般施用一次的有效期仅为7~10天，只能作为一种补充的施肥措施在苗圃中应用。

表8-22 水溶性肥料常用型号（虹越）

肥料中文名	用量(g)	供应元素
12-2-14-6Ca-3Mg	钙镁补充或幼苗肥	基质栽培中使用，尤其是木本容器栽培和花卉蔬菜育苗。与20-10-20肥料交替使用
20-10-20	育苗肥	育苗期及整个生长期，硝态氮比例较高，可以让苗长得更壮；适合低温时使用，不易冻坏
20-20-20	通用均衡肥	地栽植物、观叶植物，在兰花、红掌、杜鹃、果树蔬菜上广泛使用。可与12-2-14肥配合施用，补充钙镁元素
30-10-10	观叶植物促生长	适用于幼苗移栽、百合、观叶植物、容器苗木
21-7-7	酸性肥	如在杜鹃、茶花、绣球花等植物上广泛应用

（3）水溶性肥料浓度计算

生产中确定所需肥料浓度（通常以氮为例）后，可根据肥料用量计算出加水量，或根据所加的水量来计算出所需肥料用量。

肥料用量（kg）=所需肥料浓度（mg/kg）×加水量（kg）/（氮含量×10^6）

加水量（kg）=肥料用量（kg）×氮含量×10^6/所需肥料浓度（mg/kg）

如以20-10-20为例，所需要的浓度为200mg/kg的氮，在2000kg水中需加入多少肥料？计算可得：200×2000÷（20%×10^6）=2kg。

以12-2-14为例，所需要的浓度为200mg/kg的氮，在2kg肥料中需加多少水？计算可得：2×14%×10^6/200=1400kg。

3. 有机肥

一般情况下，现代容器栽培中不提倡采用有机肥。虽然多数有机肥营养元素比较齐全，肥效较长，既能改良土壤理化性状（为微碱性和缓冲性能），又能促进微生物活动，有利于苗木生长期间有机养分的补充，发挥土壤潜在肥力，但传统有机肥也有明显的缺点，即有效养分含量在批次间存在不确定性及可能带有有害病菌和有害成分。随着我国有机废弃物资源化项目的开展，市面上有很多符合国家标准的商品化有机肥。秋冬季适量补充一些商品有机肥也是一个不错的选择。

三、施肥规律

植物的生长周期由不同的生长发育阶段组成，各不同阶段对营养有不同的需求。不同植物吸收养分的具体数量不同，种类和比例也不同。我们要根据植物的特性和各生长阶段的需求来进行合理施肥。

1. 因苗施肥

不同种类的苗木对肥料的要求不同。如杜鹃、茶花、栀子等南方苗木喜酸性，忌碱性肥料；以观叶为主的苗木，可多施氮肥；观花型的苗木，如杜鹃等在开花期需要适量的水溶性肥料补充营养；观果类苗木，在开花期应适当控制肥水，壮果期施以充足的肥料。

2. 因时施肥，因势施肥

春、秋季正值苗木生长旺季，应适当多施追肥；夏季气温高，水分蒸发快，又是苗木生长旺期，要薄肥勤施；冬季气温低，生长缓慢，大多数苗木处于生长停滞状态，一般不施肥。掌握“四多、四少、四不”原则。即：黄瘦多施、发芽前多施、孕蕾多施、花后多施；肥壮少施、发芽少施、开花少施、雨季少施；徒长不施、新栽不施、盛夏不施、休眠不施。

四、施肥技术与方法

在植物生长发育过程中，往往需要多次施肥才能满足植物对于养分的需要。容器苗生产中一般采用基肥和合理地追肥，来满足不同植物不同阶段的营养需要。

1. 基肥

基肥又称底肥，是在苗木播种或定植前，将肥料按一定比例混配基质一起拌入。容器苗栽培时，一般会以控释肥与基质混合的方式使用。

2. 追肥

追肥是在植物生长期间施用的肥料。追肥多在养分临界期和最大效率期进行。如果植物的生长期过长或需肥量过大，应分次追施。在容器苗生产中，一般在植物生长旺期使用水溶性肥进行追肥，在临近上一轮控释肥肥效结束时再次使用控释肥进行追肥。

3. 叶面施肥及其施用技术

叶面施肥是追肥的另一种形式，也称根外施肥，具有用肥少、见效快、肥效高、利用率高等优点。在植物生长后期，根系吸收力减弱时，使用此技术施肥效果最明显，氮、磷、钾和微肥都可以喷施。喷洒时要注意叶片的两面都要喷到，特别是叶背面的吸收能力更强，喷洒量要多，以雾滴布满叶片为宜。

叶面喷施一般水溶性肥。时间选择在阴天或晴天的早晚进行。植物生长旺季需多次喷施，一般每隔1周进行1次。

4. 施肥方法

①拌入基质：种植或上盆时，将肥料按量与基质混合均匀，在能够充分搅拌均匀的前提下，建议采用这种用肥方法。

②面施、穴施或环施：根据肥料用量说明，按比例将肥料均匀撒施在容器苗周围的基质表面，或者将肥料平铺或者撒成环状后再覆盖上基质。肥料施用后，会随着灌溉水的施用而逐渐释放。

③微量元素肥和水溶性肥可以在灌溉的同时施用。

荷兰小镇的容器小花园

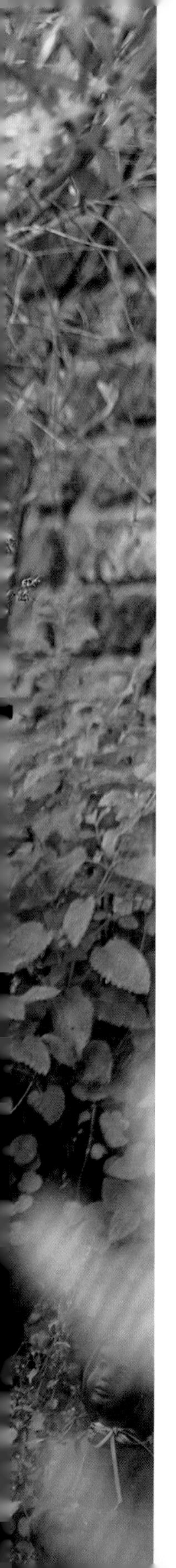

第九章 现代家庭园艺中的基质特点

家庭园艺在美国、英国、荷兰及日韩等地起步较早。英国的家庭园艺产业中，不论是种子、种球、植物花卉、工具还是植物营养产品都有百年及以上的传承与品牌基础。花卉消费在人们的日常生活中占有非常重要的地位，购买园艺产品已经成为一种习惯性的理性消费。在国内，家庭园艺这个概念以及这种园艺形式是20余年前才引进并兴起的。2000—2009年，是中国家庭园艺理念初步引入的阶段。2010—2019年，初步形成家庭园艺的相关产品以及服务的销售体系。2020年至今，伴随家庭园艺蓬勃发展，花卉及相关消费也正逐渐成为中国居民的日常消费。盆花、绿植、球根植物等已成为部分居民生活不可或缺的一部分，家庭园艺产业也进入了快速发展阶段。本章简单梳理家庭园艺资材产品的特点以及国内外基质的发展与现状。

一、家庭园艺资材产品特点

家庭园艺板块中为植物服务的产品统称为资材，包括基质、肥料、药剂、花盆、修剪和浇水工具等。有别于专业园艺栽培领域，家庭园艺资材产品有如下特点，同时也是产品开发的要点。

家庭园艺资材

1. 场景与需求

本书开头就强调了家庭园艺方向的植物种植是以观赏和趣味性为主，更注重植物应用中的艺术性，表现园艺观赏和实用功能的双重价值。因此在家庭园艺板块中，植物的生长状态以及相关配套资材的投入中，成本反而是相对较少考虑的因素，一切都是为了美与服务便利。

不同于欧美国家随处可见的大花园、大庭院，我国家庭园艺的空间相对小，是以阳台、露台、窗台、室内绿植和小规模的花园为主，因此家庭园艺的产品规格一般都会比欧美国家小。单个家庭的园艺消费量虽不高，但胜在基数、规模以及巨大的市场潜力。

家庭园艺和传统的园艺栽培特别是土壤栽培也有很大的不同，需要考虑空间负荷与承重，在基质选择上首选疏松透气、营养均衡、无病虫害的进口泥炭、松鳞、珍珠岩、蛭石、水苔等混合的商品化无土栽培基质为主，为植物生长提供足够营养的同时，也更便捷省力。

2. 品类齐全，富有个性

我国的家庭园艺在空间利用方面非常多元化，产品品类与风格的丰富度，媲美时尚业。年度流行植物，类似时尚业的年度流行色。那么与之匹配的资材以盆器产品，也需要根据年度流行的元素不断推陈出新，市场上可以选择的种植容器从设计、工艺、材质除了实用美观，如各种柳编、草编、陶土、陶瓷和各色塑料创意盆器等，还更强调智能与便捷。比如电脑微程序控制，实现施肥、浇水、补光和补温的系统自动化；如可定时补光的桌面水培机，可定时定量补水的滴灌式智能花架，可定时补光、补水和营养液的室内智能立体种植机、种植箱等。还有智能鱼菜共生装置，可以实现观赏鱼和植物处于相对独立的生长环境，又能长期处于平衡状态，在充分利用空间的基础上，兼具美观和实用性。盆器的外形除了传统的落地式花盆，壁挂式、倒立式、封闭形式的水培花盆，雨林缸等产品也层出不穷。消费者可以依据家居装修风格、个人喜好选择各种种植装备，充分享受家庭园艺带来的个性化体验。

3. 安全第一

普通园艺爱好者由于知识储备、园艺经验及能力等的限制，日常生活中无法通过严谨的实验检测来甄别产品的优劣，因此真正为家庭园艺设计产品的企业需要有社会责任感。首要考虑安全性，包括产品成分、使用过程、废弃物处理等。

举例说明，中国人骨子里都是热爱种菜的，从植物的销售品类数据来看我国的家庭园艺发展目前是处在实用与观赏性并重的阶段。大部分家庭也是从种植蔬果类植物开始体会园艺的乐趣。在家庭场景中种植蔬果使用的基质、肥料与盆器等在有害物质的含量上就需要有严格的控制，特别是基质与肥料，还需要警惕病虫害、农药以及抗生素残留等。

4. 操作方便

有别于专业领域，家庭园艺的主体是个人消费者。现代人的工作与生活节奏非常快，方便性是家庭园艺产品需要重点考虑的设计要素。以肥料为例，目前各种多效合一肥、缓/控释肥、水溶肥、营养液、有机肥、专用肥等适合花卉栽培的肥料应有尽有，这些肥料都是依据植物的生长习性和不同的生长环境开发而来，消费者可以依据不同的植物生长阶段、不同植物类型来选择适合的产品。其中有趣的现象是，为考虑生产成本，专业园艺公司会考虑直接采购原料进行营养液的配置。而对于家庭消费者，养分浓度非常低的即用型免稀释型营养液反而能获得喜爱。“日常生活已经足够操心了，当然不想再去思考稀释倍数的问题。”在有机肥的设计方面，相对而言粉末状态的有机肥起效更快，但是由于使用时有粉尘，颗粒状更能够满足居家园艺对清洁的需求。

5. 更适合中国国情

我国幅员辽阔，南北经济发展以及气候差异大，家庭园艺的发展也存在一定的差异性。国际上通用的基质配方基本以泥炭、椰糠、珍珠岩、蛭石为主，较少使用松鳞、轻石等透气颗粒物。国内园艺爱好者刚开始接触园艺时，都本着多浇水就能让植物生长更好的“经验”，这种“小白”爱心泛滥式的养护频率，国际通用的配方容易造成积水，以致空气不流通导致植物闷根。以花彩师品牌为主流代表的国产品牌，借鉴精品容器苗圃的基质配方，增加更多透气、透水的颗粒物。适应我国南方的梅雨季多雨的气候以及让“小白”也能获得成功的园艺体验，迅速获得消费者的青睐。随着家庭园艺产业发展，虽然商品化基质在现今已经很普遍。但是要花钱买“土”（商品基质或者俗称营养土），以及根据实际情况给家中花坛、花园进行土壤改良，这部分的花费对于消费者来说还是需要经过一番思想建设。

家庭园艺种植

6. 满足需求没有一招鲜

我国家庭园艺的消费群体虽然基数很大，但现阶段由于“闻道有先后”，个体之间的园艺经验差异很大。有刚刚入“坑”的：热忠于各种资材产品的试用/体验装的小规格；有已经入门并开启“博爱”模式的：什么种类的植物都要试一遍，对应的资材产品与品牌也都要“货比三家”，是目前家庭园艺消费市场的主力；有历尽千帆，达到“弱水三千只取一瓢”，能扛250L的原装泥炭，喜欢自行配置基质与堆肥，专注“合适的才是对”的资深花友，各品种型号的单质基质才能满足他们可DIY的乐趣。家庭园艺的玩家到最高层次，俗称“达人”或称“大神”，往往能够在打理花园的同时，活跃于各大自媒体平台，倾囊相授，分享园艺生活。对于他们而言，时间宝贵，会再转而使用商品混合基质。由于需要难以统一，现阶段的家庭园艺市场很难凭一款产品、配方或者一个规格就“一招鲜，走遍天”。这也使得家庭园艺领域的产品丰富度远远高于专业领域，每一个需求都能诞生机会。

7. 销售形式多样，互动性更强

家庭园艺是属于零售业，产品的销售形式更加多样。“线下”以实体经营方式为主，主要是大型花卉市场、小型花店、绿植店、商超以及目前流行的大大小小的潮玩杂货店。大型花卉市场大多处于城市郊区，由于占地面积大，植物及资材产品的品种多样，能够一站式配齐。然而随着各地城市化进程，原本充满烟火气的花卉市场也面临迁移与升级的挑战。花店、绿植店中园艺产品品类丰富度虽不足，但由于在城市中店铺数量较多，且物流发达，购买非常方便。我国零售超市的园艺板块与国外的情况差异较大，在国内发展欠佳。此外，目前园艺产品潮玩化的趋势正盛，在文具店、潮玩杂货铺也能见到极具设计感和新潮体验感的园艺产品。

家庭园艺的“线上”模式以各大电商平台（阿里巴巴、京东、拼多多）、内容平台（抖音、快手、小红书）、社区电商（淘菜菜、美团优选等）、各大鲜花直销APP及微信群接龙等为主，渠道与购买形式多样。随着以贩卖生鲜为主的社区电商平台上园艺品类的增加，让消费者开

家庭园艺超市

植物主题园艺周边

始建立买菜顺便买花的消费习惯。园艺产品的价格会随着消费规模的上行而更加亲民，由于还能定时送上门，也更加促进了花卉的日常消费，不少植物的新优品种与园艺行业的商业创新模式借着互联网平台得以推广。

不论是“线上”还是“线下”模式，不同于其他消费品，家庭园艺产品的互动性更强。消费者收到植物后才是园艺体验的开始。他们在种养过程中会出现各种情况，譬如开花时候发现品种不对版，基质的品种配方不适合。在如何正确种植植物，如何正确使用资材产品，出现病虫害要如何防控，如何施肥，如何修剪，如何度夏，如何越冬等都需要商家有专业的内容储备与内容产出，完备的售后资料与客服服务体系。正是如此，园艺产品也有超过其他消费品的用户黏性。

8. 疗愈功能需求突出

对于家庭园艺而言，艺术、疗愈的属性往往大于种植属性，体验过程尤为重要。在我国的教育体系里，园艺作为生命教育的一种形式，已经出现在课堂、兴趣小组以及学校特色社团活动里。每一种生物的生存都需要一定的条件，种子发芽需要适宜的温度、水和空气等，感受从播种、发芽、生长、开花、结果到植株的枯萎，短暂又持续的过程中，见证生命的成长与变化，不是一蹴而就，不是即刻满足，是一点一点累积的过程。由于气候、环境和养护精力投入的不同，得到了不同的结果，从中也能提早窥见人生路上许多客观的真相。不同于花艺这种能快速表达情感与主题的花卉艺术形式，园艺需要投入更多的时间、精力与情绪，得见花开，也得见花谢，疗愈也由此展开。

9. 淡、旺季明显

受气候条件所限，我国家庭园艺市场有明显的淡、旺季。不同于鲜切花类产品旺季集中在春节、元旦、“情人节”等各种节日期间的消费，家庭园艺的旺季一般在春、秋适宜植物种植的季节。鲜切花由于目前商业模式以及产品本身的创新已经能逐渐实现常态化、日常化的消费。然而家庭园艺受居家环境条件、季节限制明显，在中国大部分地区夏季种植植物成活率会明显下降，冬季由于低温北方区域也会提早进入园艺消费的休眠期。如何在淡季维系用户黏性？各种植物主题的帆布包、骨瓷杯、钥匙扣、冰袖、团扇、饰品等园艺相关的文创类产品的开发与孵化及和大IP联动，也成为各大家庭园艺企业的课题。

10. 互联网+的破圈现象与习惯的养成

近几年通过“互联网+”能够带动家庭园艺细分与规模化“破圈”现象有：从2015年开始的多肉植物爆火现象一直持续到现在，据统计，全国多肉植物市场的规模已经超过了100亿元；2019年开始在各大花店以及礼品市场上出现蜡封朱顶红。这些“破圈”植物都有如下的特性：

一是美丽的外观。多肉植物因其肥厚的叶片和多样化的品种，成为了现代家庭的新宠。朱顶红也有许多品种，各品种都有着独特的形态和色彩，吸引不同消费者。

二是养护容易。相比其他植物，多肉植物不需要频繁浇水和施肥，只需要定期晒太阳，就可以保持健康的状态，适合忙碌的都市人。而蜡封朱顶红连浇水、施肥都可以省略。

三是价格适中。普通的多肉植物及朱顶红价格在十几、几十元到几百元不等，当然稀有品种的价格相对高。这种价格区间也让更多的人可以消费得起。

由“破圈”植物获得的美好体验，能够带动更多普通人参与，也能带动相关园艺资材的消费。在美国，苗圃里80%的植物的消费都是家庭园艺领域带动的，而我国的家庭园艺需求的培养还有很长的一段路要走。除了上述的“破圈”现象，家庭园艺爱好者的“入坑”节奏一般是从室内桌面绿植到草盆花，再到多年生花园植物。个体的种养规模也是从小盆栽到有体量的容器花园，到花园梦的实现。已经有很多家庭能够接受草本花卉开完一季就换成下一季的时令植物，不同季节种植不同的植物。园艺消费也逐渐成为中国人日常理性消费的一部分。

二、家庭园艺基质发展及现状

我国推广无土栽培技术是在改革开放后，家庭园艺也是近20年快速发展的。因此，有很多技术、产品都是从模仿国外开始，再结合中国特色创立自己的品牌。目前在中国家喻户晓的美乐棵是创立于1868年美国Scotts Miracle-Gro公司下属的园艺品牌，已有150多年历史，是目前世界最大的园艺品牌公司。从2011年开始进入中国市场的10余年间，给中国家庭园艺植物营养产品领域带来了诸多创新。日本很多的植物营养产品品牌都创立于20世纪七八十年代，相对我国也是要早约40年。包括日本住友化学的园艺板块，专注家庭用肥料、除草剂、药剂等植保和相关植物营养产品。日本花心成立于1981年，也是典型的家庭植物营养品牌，以研发销售肥料、基质为主，此外还有刀川平和、东商园艺等，产品丰富度比欧美国家的品牌更上一个层级。

我国的家庭园艺基质品牌有虹越旗下的花彩师，从大农业领域开辟家庭板块的品牌史丹利，以及诸多由自媒体内容平台崛起的园艺"达人"主理的个人园艺品牌。以花彩师的品牌发展历史为例，带大家了解中国家庭园艺基质的发展与现状。

花彩师品牌注册于虹越成立的第二个十年，即2010年。彼时国际高品质花园植物开始进入中国的普通家庭，然而在植物收到后花友由于买不到适配的资材产品，采用园土或者沙土进行种植，导致植物状态很差，售后情况百出。于是推出了以进口泥炭、椰糠为主要材料，根据不同植物对基质的喜好，配套的花彩师成品混合基质系列，包括了月季、铁线莲、杜鹃、蓝绣球、球根专用基质等。

随着现代花园设计理念的推广，2016年前后涌现了大量的私家花园设计营造公司及工作室。传统造园很少考虑关于土壤改良的问题。然而现代居住楼花园里多是结构糟糕、缺少有机成分的土壤，且有大量的建筑废弃物。由此花彩师首创了庭院土壤改良基质，改良土壤的同时，让植物根系能从基质过渡生长到改良后土壤中，减少了花园营造完成后因植物状态导致的售后问题，让造园需要先改土的观念深入人心。

同时每年根据年度流行的热度植物，市场上还有类似蓝莓（2019）、草莓（2020）、天南星科（2022）、喜酸植物专用基质（2023）等配方基质。其中蓝莓和喜酸植物专用基质是采用没有调过pH值的酸性泥炭为基础，添加多种酸性颗粒物，疏松、透气、保水、保肥、无污染、无病虫害，让刚开始体验园艺的花友能够迅速建立自信。

由于园艺水平与能力的提升，园艺爱好者购买多年生植物、盆器、工具等的频率相比基质、肥料等消耗品的频率会低很多。因此，植物营养类产品成为近几年家庭园艺板块增长热度最快的品类。

三、存在的问题

我国的家庭园艺起步较晚，作为一种新兴的园艺形态，具有广阔的发展前景。当然也存在一些问题，包括从业人员素质有待提升、植物产品与国际市场同频不够、相关产品的丰富度以及产品物流包装的优化等。在基质板块主要有以下两方面问题。

1. 规范产品标准的执行

由于原材料与基质生产设备的供应链逐渐完备，商品化基质生产的准入门槛低，我国虽然已经有《绿化用有机基质》GB/T 33891—2017的国家标准，但是家庭园艺基质产品是否按照标准进行原材料的筛选以及对成品进行相关的检测等，缺乏有效的监督。由于无害化处理技术的要求及费用投入较高，个别商家会将公共环境整改项目中的污泥、有机废弃物经过简单处理就直接包装销售。这类产品的成本比采用符合基质生产标准的原材料，特别是进口的泥炭、椰糠等为主的产品低很多，尤其在重金属含量、农药与抗生素残留等方面无法判断。这类基质产品以低价为主要手段，一时风靡，不仅增加了居民的健康风险，也导致行业无序的恶性竞争。

2. 如何提高产品附加值，提升品牌溢价

家庭园艺基质，由于产品特性，物流运输费用的占比过高，利润比较低。因此很多植物营养品牌往往会通过开辟肥料线来提升品牌溢价。其次基质原材料的成本相对透明，配方也相对公开，合适并多样的配方能够提供消费者更多的选择，此外，合适的包装形式与规格，能够优化物流成本。

中国的家庭园艺市场有很大的潜力，在未来的一段时间，市场会逐步成熟，消费结构趋于均衡，而人们对于家庭园艺的热情也会催生更多且更专业的家庭园艺企业。期待中国家庭园艺时代的到来。

参考文献

参考文献

柴晓芹, 1999. 无土栽培及其发展趋势[J]. 甘肃农业科技(1):4-5.

陈发棣, 房伟民, 余真霞, 等, 1999. 中国石竹无土栽培初步研究[J]. 上海农业学报(2):87-89.

陈俊愉, 程绪珂, 2000. 中国花经[M]. 上海:上海文化出版社.

陈有民, 1990. 园林树木学[M]. 北京:中国林业出版社.

陈元镇, 2002. 花卉无土栽培的基质与营养液[J]. 福建农业学报, 17(2):128-131.

陈振德, 黄俊杰, 蔡葵, 等, 1997. 几种常见的育苗基质主要特性的研究[J]. 土壤(2):107-108.

褚衍立, 2002. 清除城市"绿色垃圾"开发绿色基质产业[J]. 农业新技术(1):32-33.

崔秀敏, 王秀峰, 2001. 蔬菜育苗基质及其研究进展[J]. 天津农业科学, 7(1):37-42.

邓煜, 刘志峰, 1999. 温室容器育苗基质及苗木生长规律的研究[J]. 甘肃林业科技, 24(3):18-23.

丁朝华, 康宁, 1994. 无土地毯式草皮的研究[J]. 武汉植物学研究, 12(3):263-269.

傅松玲, 傅玉兰, 高正辉, 2001. 非洲菊有机生态型无土栽培基质的筛选[J]. 园艺学报, 28(6):538-543.

高继银, 邵蓓蓓, 1991. 山茶花人工盆栽基质及施肥配方的选择[J]. 林业科学研究, 4(3):308-313.

葛红英, 江胜德, 2003. 穴盘种苗生产[M]. 北京:中国林业出版社.

郭世荣, 孙锦, 2021. 无土栽培学[M]. 第三版. 北京:中国农业出版社.

侯红波, 陈明皋, 郭天峰, 2003. 无土栽培之不同基质的比较研究[J]. 湖南林业科技, 30(4):73-75.

胡奇, 魏猷刚, 1997. 不同基质和肥量配比对番茄幼苗及前期产量的影响[J]. 长江蔬菜(9):28-30.

胡杨, 2002. 观赏植物无土栽培基质研究进展[J]. 草原与草坪(2):8-9.

黄昌勇, 2000. 土壤学[M]. 北京:中国农业出版社.

黄建安, 傅显华, 云永利, 1995. 蔗渣在花卉无土栽培基质中的应用[J]. 甘蔗糖业(1):14-17.

贾文薇, 1990. 草炭在无土栽培中的应用[J]. 腐植酸(4):27-40.

江胜德, 包志毅, 2004. 园林苗木生产[M]. 北京:中国林业出版社.

蒋卫杰, 刘伟, 余宏军, 等, 2001. Development of soilless culture in mainland China[J]. 农业工程学报, 17(1):10-15.

荆延德, 元建中, 张志国, 2001. 花卉栽培基质研究进展[J]. 浙江林业科技, 21(6):68-71.

荆延德, 张志国, 2002. 栽培基质常用理化性质"一条龙"测定法[J]. 北方园艺(3):18-19.

李富恒, 1999. 无土栽培技术研究的历史、现状与进展[J]. 农业系统科学与综合研究, 15(4):313-314.

李海云, 孟凡珍, 张复君, 等, 2004. 有机生态型无土栽培研究[J]. 北方园艺(1):7-8.

李谦盛, 郭世荣, 李式军, 2002. 利用工农业有机废弃物生产优质无土栽培基质[J]. 自然资源学报, 17(4):515-519.

李睿明, 2001. 泥炭的性质及使用方法[J]. 中国花卉园艺(4):24-26.

李式军, 高祖明, 1988. 现代无土栽培技术[M]. 北京:北京农业大学出版社.

李天林, 沈兵, 李红霞, 1993. 无土栽培中基质培选料的参考因素与发展趋势(综述)[J]. 石河子大学学报 (自然科学版), 3(3):250-258.

李卫民, 2000. 实用无土栽培技术问答[M]. 北京:中国盲文出版社.

李晓趁, 吕志强, 2003. 植物生长基质pH值的调节与测试[J]. 河北林业科技.

梁应林, 张定红, 1998. 贵州适宜地毯式草坪生产的培养基质研究[J]. 贵州农业科学, 26(5):33-34.

林晶, 张福墁, 刘步洲, 1990. 黄瓜无土栽培基质与营养液的交互作用[J]. 北京农业大学学报, 16(1):71-76.

林夕, 2003. 无土栽培基质中的新宠岩棉[J]. 农村实用工程技术(9):24-25.

刘辉, 1997. 番茄无土栽培与有土栽培对比试验[J]. 长江蔬菜(2):24-26.

刘丽霞, 2002. 无土栽培基质和营养液的配制[J]. 农业科技通讯(4):29.

刘玲, 2002. 日本的无土栽培[J].国外农业科技(4):45.

刘士哲, 2001. 现代实用无土栽培技术[M]. 北京:中国农业出版社.

罗庆熙, 林德清, 1994. 茄果类蔬菜育苗基质施肥量的研究[J]. 中国蔬菜(6):13-15.

马太和, 1985. 无土栽培[M]. 北京:北京出版社.

孟宪民, 王忠强, 刘永和, 等, 2003. 国外国艺泥炭利用现状与未来发展方向[J]. 腐植酸(1):3-6.

欧长劲, 郭伟, 蒋建东, 等, 2009.设施农业介质消毒技术与设备的现状和发展[J]. 农机化研究(3):210-212.

潘德照, 1990. 农用岩棉的特性、应用和发展前景[J]. 保温材料与节能技术(5):4-6.

沈效东, 陈萍, 1996.橡皮树微型无土盆栽工厂化生产工艺流程的研究[J]. 宁夏农林科技(6):18-19.

孙锦, 李谦盛, 岳冬, 等, 2022. 国内外无土栽培技术研究现状与应用前景[J]. 南京农业大学学报,45(5):898-915.

孙立勇, 朱玉东, 2001. 美国蔬菜无土栽培技术[J]. 世界农业(3):46-48.

孙敏, 奥岩松, 2004. 几种固形物料的物理、化学性状及其栽培基质化评价[J]. 华北农学报, 19(1):102-106.

孙敏, 2003. 固形有机基质理化特性及其与营养液相互作用[D]. 哈尔滨:东北农业大学.

孙玉文, 郭高, 2000.无土栽培的发展及其在现代化农业中的应用前景[J]. 安徽科技(6):30-32.

孙竹波, 汪东, 柳新明, 刘桂玲, 2000. 我国蔬菜无土栽培研究应用进展及发展前景[J]. 北方园艺(2):11-12.

田吉林, 汪寅虎, 2000. 设施无土栽培基质的研究现状、存在问题与展望(综述)[J]. 上海农业学报, 16(4):87-92.

田吉林, 2003. 优质高产蔬菜生产的关键技术—科学施肥:第八讲无土栽培营养液的配制[J]. 上海蔬菜(4):51-52.

王鹄生, 1997. 花卉蔬菜无土栽培技术[M]. 长沙:湖南科学技术出版社.

王华芳, 1997. 花卉无土栽培[M]. 北京:金盾出版社.

王久兴, 王子华, 贺桂欣, 2000. 蔬菜无土栽培实用技术[M]. 北京:中国农业大学出版社.

王立志, 王艳, 1991. 番茄无土育苗基质研究[J]. 北方园艺(3):16-17.

王明启, 2001. 花卉无土栽培技术[M]. 沈阳:辽宁科学技术出版社.

王清奎, 黄玉明, 张志国, 2003.PT法基质理化性质的快速测定方法[J]. 北方园艺(1):40-41.

王泳, 刘亚群, 楼培娟, 张稼敏, 2000.观赏植物陶粒基质无土栽培系列化技术[J]. 浙江林业科技, 20(5):5-53.

王月英, 郭秀, 陈义增,2002.多年生花卉无土栽培模式及其关键性技术[J]. 温州农业科技(4):39-41.

韦三立, 2000. 花卉无土栽培[M]. 北京:中国林业出版社.

邢禹贤, 2001. 新编无土栽培原理与技术[M]. 北京:中国农业出版社.

徐建明, 2019. 土壤学(第四版)[M]. 北京:中国农业出版社.

徐永艳, 2002. 我国无土栽培发展的动态研究[J]. 云南林业科技(3):90-94.

薛义霞, 2003. 我国蔬菜无土育苗技术研究进展[J]. 陕西农业科学(3):33-35.

杨家书, 1995. 无土栽培实用技术[M]. 沈阳:辽宁科学技术出版社.

杨先芬, 2002. 工厂化花卉生产[M]. 北京:中国农业出版社.

杨先芬, 2000. 花卉施肥技术手册[M]. 北京:中国农业出版社.

尉吉乾, 李 丹, 王京文, 等, 2023. 农林废弃物的资源化利用研究进展[J]. 中国农学通报, 39(6):77-81.

郁明谏, 李淑珍, 郁明发, 等, 1999. 人工土绿化栽培栽培技术[M]. 上海:上海科学技术文献出版社.

查丁石, 1998. 不同基质和营养液对茄子的育苗效果[J]. 上海农业学报, 14(1):63-66.

张广楠, 2004. 无土栽培技术研究的现状与发展前景[J]. 甘肃农业科技(2):6-8.

张桂馥, 1989.脲醛泡沫塑料生产地毯式草皮的初步研究[J]. 江苏农业科学(3):31-32.

张同化, 1998. 活体香椿芽无土栽培技术研究[J]. 长江蔬菜(7):18-19.

张伟强, 王霞, 2002. 无土栽培及其发展前景[J]. 福建果树(2):20-22.

张则有, 王荣力, 王质安, 等, 2001. 泥炭在农业上的开发技术与应用[J]. 腐植酸(3):50-55.

赵九洲, 姜秋刚, 1999. 代用基质对仙客来幼苗素质的影响[J]. 莱阳农学院学报, 16(1):13-15.

赵亮, 董玉霞, 1997. 黄瓜无土栽培基质筛选[J]. 北方园艺(6):49-50.

郑光华, 汪浩, 李文田, 1990. 蔬菜花卉无土栽培技术[J]. 上海:上海科学技术出版社.

CARL E.WHITCOMB,2003.Plant Production in ContainersII[M].Lacebark publications Inc.Still- wa-ter,Oklahoma,USA.

HUGH A POOLE , 2003. 椰糠与加拿大藓类泥炭作为园艺栽培基质的比较[J]. 王中强, 译. 腐植酸(1):35-38.

附录

附录

附录一 土壤理化性质测定

实验一 土壤水分的测定

测定土壤水分是为了了解土壤水分状况，以进行土壤水分管理，如确定灌溉定额。在分析工作中，由于分析结果一般是以烘干土为基础表示的，也需要测定湿土或风干土的水分含量，以便进行分析结果的换算。

土壤水分的测定方法很多，实验室一般采用酒精烘烤法、酒精烧失法和烘干法。野外则可采用简易的排水称重法(定容称量法)。

一、酒精烘烤法

1. 原理

土壤加入酒精，在105~110℃下烘烤时可以加速水分蒸发，大大缩短烘烤时间，又不致于因有机质的烧失而造成误差。

2.操作步骤

①取已烘干的铝盒称重为W_1 (g)。

②加土壤约5g平铺于盒底，称重为 W_2(g)。

③用皮头吸管滴加酒精，使土样充分湿润，放入烘箱中，在105~110℃条件下烘烤30min，取出冷却称重为 W_3(g)。

3.结果计算

$$土壤水分含量(\%) = \frac{W_2-W_3}{W_3-W_1} \times 100$$

土壤分析一般以烘干土计重，但分析时又以湿土或风干土称重，故需进行换算，计算公式为：应称取的湿土或风干土样重=所需烘干土样重×(1+水分%)

二、酒精烧失速测法

1. 原理

酒精可与水分互溶，并在燃烧时使水分蒸发。土壤烧后损失的重量即为土壤含水量。

2.操作步骤

①取铝盒称重为W_1(g)。

②取湿土约10g (尽量避免混入根系和石砾等杂物)与铝盒一起称重为 W_2(g)。

③加酒精于铝盒中，至土面全部浸没即可。稍加振摇，使土样与酒精混合。点燃酒精，待燃烧将尽，用小玻棒来回拨动土样，助其燃烧(但过早拨动土样，会造成土样毛孔闭塞，降低水分蒸发速度)，熄火后再加酒精3mL燃烧，如此进行2~3次，直至土样烧干为止。

④ 冷却后称重为 W_3(g)。

3. 结果计算(同前)。

三、烘干法

1. 原理

将土样置于105℃±2℃的烘箱中烘至恒重，即可使其所含水分(包括吸湿水)全部蒸发殆尽，以此求算土壤水分含量。在此温度下，有机质一般不致大量分解损失而影响测定结果。

2.操作步骤

①取干燥铝盒称重为W_1 (g) 。

②加土样约5g于铝盒中称重为W_2 (g)。

③将铝盒放入烘箱，在105~110℃下烘烤6h，一般可达恒重，取出放入干燥器内，冷却20min可称重。必要时，如前法再烘1h，取出冷却后称重，两次称重之差不得超过0.05g, 取最低一次计算。

注：质地较轻的土壤，烘烤时间可以缩短，即5~6h。

3.结果计算(同前)。

实验二 土壤颗粒分析及手测质地

土壤是由粒径不同的各粒级颗粒组成的，各粒级颗粒的相对含量即颗粒组成，对土壤的水、热、肥、气状况都有深刻的影响。土壤颗粒分析即是测定土壤的颗粒组成，并以此确定土壤的质地类型。

一、土壤颗粒分析 (比重计速测法)

(一)方法原理

土样经化学和物理方法处理后充分分散为单粒，并制成5%悬浮液，让土粒自由沉降。经不同时间，用土壤比重计(又称甲种比重计或鲍氏比重计)测定悬浮液比重，比重计读数直接指示比重计悬浮处的土粒重量 (g/L)。根据不同沉降时间的比重计读数，便可计算不同粒径的土壤颗粒含量。

(二)操作步骤

1.称样

称取通过1mm(卡氏制)或2mm(国际制)筛孔相当于50g(精确到0.01g)干土重的风干土样，置于400mL烧杯中。

2. 样品分散

根据土壤酸碱性质，分别选用下列分散剂：石灰性土壤(50g样品，下同),加0.5mol/L六偏磷酸钠60mL; 中性土壤加0.25mol/L草酸钠 20mL; 酸性土壤加 0.5mol/L氢氧化钠40mL。

称取土样加入适当分散剂20mL后，用带橡皮头的玻棒搅拌成糊状。静置过夜(或30min)。以带有橡皮头的玻棒研磨土样(黏质土不少于20min；壤质土及砂质土不少于15min)。其后再加入剩余的分散剂研磨均匀。

3. 制备悬液

将分散后的土样用软水洗入1000mL的沉降筒中，加软水至刻度，即为5%的悬浮液。放置于平稳桌面上。

4.测定悬液比重

(1)搅拌

先测定悬液温度。然后用特制搅拌棒上下均匀搅拌悬液1min(30次),使悬液中颗粒均匀分布。搅拌时，如悬液发生气泡，迅速加入1~2滴异戊醇消泡。

(2)读数

搅拌停止立即取出搅拌棒，并记录时间(土粒开始沉降的时间)。按表1所列温度、时间和粒径的关系，选定测比重计读数的时间，分别测出<0.05mm、<0.01mm、<0.001mm等各粒级的比重计读数。每次读数前30s，将比重计轻轻放人悬液中，使其不要上下浮动，时间一到迅即读数。读数后取出比重计，以免影响土粒继续下沉。

注意：只搅拌1次，读3次数。

5. 空白校正

另取一沉降筒，加入与处理土样等量的分散剂，用软水稀释至1000mL，比重计读数即为空白校正。

(三)结果计算

1. 比重计校正读数

比重计校正读数=比重计原读数－空白校正值

(注：空白校正值包括分散剂校正值和比重计校正值)

附表1-1 在不同温度时各粒级颗粒的比重计测定时间表 (卡氏制)

时间 粒径(mm) 温度(℃)	<0.05		<0.01	<0.001
	分	秒	分	时
4	1	32	43	48
5	1	30	42	48
6	1	25	40	48
7	1	23	38	48
8	1	20	37	48
9	1	18	36	48
10	1	18	35	48
11	1	15	34	48
12	1	12	33	48
13	1	10	32	48
14	11	10	31	48
15	1	8	30	48
16	1	6	29	48
17	1	5	28	48
18	1	3	27.30	48
19	1	0	27	48
20	0	56	26	48
21	0	56	26	48
22	0	55	25	48
23	0	54	24 30	48
24	0	54	24	48
25	0	53	23 30	48
26	0	51	23	48
27	0	50	22	48
28	0	48	21 30	48
29	0	46	21	48
30	0	45	20	48
31	0	45	19 30	48
32	0	45	19	48
33	0	44	19	48
34	0	44	18 30	48
35	0	42	18 48	48
36	0	42	18	48
37	0	40	17 30	48
38	0	38	17 30	48
39	0	37	17	48
40	0	37	17	48

2. 各级土粒含量计算

(1)卡氏制

$$砂粒(1\sim0.05mm)\%=\frac{50\sim0.05mm颗粒的校正读数}{50}\times100$$

$$物理性黏粒(<0.01mm)\%=\frac{<0.01mm颗粒的校正读数}{50}\times100$$

$$黏粒(<0.001mm)\%=\frac{48h的校正读数}{50}\times100$$

粗粉粒(0.05mm~0.01mm)%=100—砂粒(%)—物理性黏粒(%)中、细粉粒(0.01~0.001mm)%=物理性黏粒(%)—黏粒(%)

附表1-2 在不同温度时各粒级的比重计测定时间表(国际制)

温度(℃) \ 时间 \ 粒径(mm)	<0.02		<0.002		温度(℃) \ 时间 \ 粒径(mm)	<0.02		<0.002	
	分	秒	时	分		分	秒	时	分
5	9	30	17	36	18	6	37	12	14
6	9	14	17	5	19	6	28	11	56
7	8	58	16	35	20	6	17	11	3
8	8	42	16	5	21	6	8	11	2
9	8	26	15	36	22	5	59	11	5
10	8	10	15	9	23	5	51	10	50
11	7	56	14	43	24	5	43	10	35
12	7	43	14	19	25	5	35	10	20
13	7	31	13	55	26	5	28	10	7
14	7	19	13	33	27	5	20	9	53
15	7	8	13	12	28	5	13	9	40
16	6	57	12	52	29	5	7	9	28
17	6	47	12	33	30	4	59	9	16

(2)国际制

$$\text{砂粒}(1\sim0.05\text{mm})\%=\frac{50\sim0.05\text{mm颗粒的校正读数}}{50}\times100$$

$$\text{黏粒}(<0.002\text{mm})\%=\frac{0.002\text{mm颗粒的校正读数}}{50}\times100$$

$$\text{粉粒}(0.02\sim0.002\text{mm})\%=100-\text{砂粒}(\%)-\text{黏粒}(\%)$$

(四)质地分类及定名

1. 卡氏制

根据各级颗粒的百分含量,划分质地类型。

第一步,根据物理性黏粒含量,划分大的质地类型,标准见附表1-4。

附表1-4 不同土壤物理质黏粒含量

物理性黏粒(%)	0~5	5~10	10~20	20~30	30~45	45~60	60~75	75~85	>85
质地类型	松沙土	紧沙土	沙壤土	轻壤土	中壤土	重壤土	轻壤土	中壤土	重壤土

第二步，按优势粒级细分和定名。粗粉粒为粗粉质，中细粉粒为粉质，砂粒为砂质，黏粒为黏质。具体命名时取第二优势粒级，见附表1-5、附表1-6。

附表1-5 土壤优势粒级划分依据

第一优势粒级	第二优势粒级	详细命名
中细粉粒	黏 粒	黏粉质
黏 粒	中细粉粒	粉黏质
砂 粒	中细粉粒	粉砂质
中细粉粒	砂 粒	砂粉质
砂 粒	黏 粒	黏砂质
黏 粒	粗粉粒	粗粉黏质
粗粉粒	黏 粒	黏粗粉质
粗粉粒	砂粒或中细粉粒	粗粉质
砂 粒	粗粉粒	砂 质
中细粉粒	粗粉粒	粉 质

附表1-6 国际制土壤质地分类标准

质地名称		颗粒组成(mm,%)		
		黏粒(<0.02)	粉粒(0.02~0.002)	砂粒(2~0.02)
砂 土	1.沙土及壤质沙土	0~15	0~15	85~100
壤 土	2.砂质壤土	0~15	0~45	55~85
	3.壤土	0~15	30~45	40~55
	4.粉砂质壤土	0~15	45~100	0~55
黏壤土	5.砂质黏壤土	15~25	0~30	55~85
	6.黏壤土	15~25	20~45	30~55
	7.粉砂质黏壤土	15~25	45~85	0~40
黏 土	8.砂质黏土	25~45	0~20	55~75
	9.壤质黏土	25~45	0~45	10~55
	10.粉砂质黏土	25~45	45~75	0~30
	11.黏土	45~65	0~35	0~55
	12.重黏土	65~100	0~35	0~35

卡氏制命名举例：根据测定计算结果，物理性黏粒含量73%，定为轻黏土。而黏粒含量33%，中细粉粒含量40%，粗粉粒含量12%，砂粒含量15%，其详细质地等级为：黏粉质轻黏土。

2. 国际制

按附表1-3标准划分质地类型。

国际制土壤质地分类标准要点如下:

①沙土及壤土类以黏粒含量在15%以下为其主要标准;黏壤土类以黏粒含量在15%~25%为其主要标准;黏土类以含黏粒25%以上为其主要指标。

②当土壤粉砂粒含量达45%以上时,在各类质地的名称前,冠以"粉砂(质)"字样。

③当砂粒含量为55%~85%时,则冠以"砂(质)"字样;85%~90%,称为壤质沙土,90%以上者称沙土。

(五)药品配制

①软水。取2%碳酸钠220mL加入15000mL自来水中,静置过夜,上部清液即为软水。

②2%碳酸钠溶液。称取20.0g碳酸钠加水溶解稀释至1L。

③ 0.25mol/L草酸钠溶液。称取33.5g 草酸钠,加水溶解稀释至1L。

④0.5mol/L氢氧化钠溶液。称取20.0g 氢氧化钠,加水溶解后,定容至1L、摇匀。

⑤0.5mol/L六偏磷酸钠溶液。称取51.0g六偏磷酸钠[$(NaPO_3)_6$] 加水溶解后, 定容至1L, 摇匀。

二、土壤质地手测法 (适用于野外)

(一)方法原理

根据各粒级颗粒具有不同的可塑性和黏结性估测土壤质地类型。砂粒粗糙,无黏结性和可塑性;粉粒光滑如粉,黏结性与可塑性微弱;黏粒细腻,表现较强的黏结性和可塑性;不同质地的土壤,各粒级颗粒的含量不同,表现出粗细程度与黏结性和可塑性的差异。

(二)操作步骤

置少量(约2g)土样于手中,加水湿润,同时充分搓揉,使土壤吸水均匀(即加水于土样刚好不粘手为止)。然后按附表1-7规格确定质地类型。

附表1-7 田间土壤质地鉴定规格

质地名称	土壤干燥状态	湿润土用手指搓捏时的成形性	放大镜或肉眼观察
沙土	散碎	不成细条，亦不成球，搓时土粒自散于手中	主要为砂粒
沙壤土	疏松	能成土球，不能成条(破碎为大小不同的碎段)	砂粒为主，杂有粉粒
轻壤土	稍紧易压碎	略有可塑性，可搓成粗3mm的小土条，但水平拿起易碎断	主要为粉粒
中壤土	紧密、用力方可压碎	有可塑性，可成3mm的小土条，但弯曲成2~3cm小圈时出现裂纹	主要为粉粒
重壤土	更紧密，用手 不能压碎	可塑性明显，可搓成1~2mm的小 土条，能弯曲成直径2cm的小圈而 无裂纹，压扁时有裂纹	主要为粉粒，杂有黏粒
黏 土	很紧密，不易 敲碎	可塑性、黏结性均强，搓成1~2mm 的土条，弯成的小圆圈压扁时无裂纹	主要为黏粒

实验三 土壤有机质及腐殖质组成测定

一、土壤有机质测定

土壤的有机质含量通常作为土壤肥力水平高低的一个重要指标。它不仅是土壤各种养分特别是氮、磷的重要来源，而且对土壤理化性质如结构性、保肥性和缓冲性等有着积极的影响。测定土壤有机质的方法很多，这里介绍重铬酸钾容量法。

(一)重铬酸钾容量法

1. 方法原理

在170~180°C条件下，用过量的标准重铬酸钾的硫酸溶液氧化土壤有机质(碳)，剩余的重铬酸钾以硫酸亚铁溶液滴定，从所消耗的重铬酸钾量计算有机质含量。测定过程的化学反应式如下：

$2K_2Cr_2O_7+3C+8H_2SO_4=2K_2SO_4+2Cr_2(SO_4)_3+3CO_2+8H_2O$

$K_2Cr_2O_7+6FeSO_4+7H_2SO_4=K_2SO_4+Cr_2(SO_4)_3+3Fe_2(SO_4)_3+7H_2O$

2.操作步骤

方法一：

①准确称取通过0.25mm筛孔的风干土样0.100~0.500g,倒入干燥硬质玻璃试管中，加入0.8000mol/L ($1/6K_2Cr_2O_7$)5.00mL,再用注射器注入5mL98%浓硫酸，小心摇匀，管口放一小漏斗，以冷凝蒸出的水汽。试管插入铁丝笼中。

②预先将热浴锅(石蜡或磷酸)加热到180~185°C,将插有试管的铁丝笼放入热浴锅中加热，待试管内溶液沸腾时计时，煮沸5min，取出试管，稍冷，擦去试管外部油液。消煮过程中，热浴锅内温度应保持在170~180°C。

③冷却后，将试管内溶液小心倾入250mL三角瓶中，并用蒸馏水冲洗试管内壁和小漏斗，洗入液的总体积应控制在50mL左右，然后加入邻菲啰啉指示剂3滴，用0.1mol/L硫酸亚铁滴定溶液，先由黄变绿，再突变到棕红色时即为滴定终点(要求滴定终点时溶液中硫酸的浓度为1~1.5mol/L)。

④测定每批(即上述铁丝笼中)样品时，以灼烧过的土壤代替土样作2个空白试验。

方法二：

①准确称取通过0.25mm筛孔的风干土样0.100~0.500g,倒入150mL三角瓶中，加入0.8000mol/L ($1/6\ K_2Cr_2O_7$)5.00mL,再用注射器注入5mL 浓硫酸，小心摇匀，管口放一小漏斗，以冷凝蒸出的水汽。

②先将恒温箱的温度升至185°C,然后将待测样品放入温箱中加热，让溶液在170~180°C条件下沸腾5min。

③取出三角瓶，待其冷却后用蒸馏水冲洗小漏斗和三角瓶内壁，洗入液的总体积应控制在50mL左右，然后加入邻菲啰啉指示剂3滴，用0.1mol/L$FeSO_4$滴定，溶液先由黄变绿，再突变到棕红色时即为滴定终点(要求滴定终点时溶液中H_2SO_4 的浓度 为1~1.5mol/L)。

④测定每批样品时，以灼烧过的土壤代替土样作2个空白试验。

注：若样品测定时消耗的硫酸亚铁量低于空白的1/3,则应减少土壤称量。

3. 结果计算

$$砂粒(1\sim0.05mm)\%=\frac{\frac{0.8000\times5.00}{V_3}(V_0-V)\times0.003\times1.724\times1.1}{烘干土重}\times100$$

式中：V_0——滴定空白时所用硫酸亚铁毫升数；

V——滴定土样时所用硫酸亚铁毫升数；

5.00——所用$K_2Cr_2O_7$毫升数；

0.8000——1/6 $K_2Cr_2O_7$标准溶液的浓度；

0.003——碳毫摩尔质量0.012被反应中电子得失数4除得0.003；

1.724——有机质含碳量平均为58%，故测出的碳转化为有机质时的系数为 100/58≈1.724；
1.1——校正系数。

4. 药品配制

(1)0.8000mol/L(1/6$K_2Cr_2O_7$)标准溶液。将$K_2Cr_2O_2$(分析纯)先在130°C烘干3~4h，称取39.2250g，在烧杯中加蒸馏水400mL溶解(必要时加热促进溶解)，冷却后，稀释定容到1L。

(2)0.1mol/L硫酸亚铁溶液。称取化学纯 $FeSO_4\cdot7H_2O$ 56g 或 $(NH_4)_2SO_4\cdot FeSO_4\cdot6H_2O$ 78.4g，加3mol/L硫酸 30mL 溶解，加水稀释定容到1L，摇匀备用。

(3)邻菲啰啉指示剂。称取硫酸亚铁0.695g和邻菲罗啉1.485g溶于100mL水中，此时试剂与硫酸亚铁形成棕红色络合物 $[Fe(C_{12}H_8N_3)_3]^{2+}$。

5. 注意事项

(1)含有机质5%者，称土样0.1g，含有机质2%~3%者，称土样0.3g，少于2%者，称土样0.5g以上。若待测土壤有机质含量大于15%，氧化不完全，不能得到准确结果。因此，应用固体稀释法进行弥补。方法是：将0.1g土样与0.9g高温灼烧已除去有机质的土壤混合均匀，再进行有机质测定，按取样的十分之一计算结果。

(2)测定石灰质土壤样品时，必须慢慢加入浓硫酸，以防止由于碳酸钙分解而引起的激烈发泡。

(3)消煮时间对测定结果影响极大，应严格控制试管内或烘箱中三角瓶内溶液沸腾时间为5min。

(4)消煮的溶液颜色，一般应是黄色或黄中稍带绿色。如以绿色为主，说明重铬酸钾用量不足。若滴定时消耗的硫酸亚铁量小于空白用量的1/3，可能氧化不完全，应减少土样重作。

(二)土壤有机质含量参考指标

土壤有机质含量(%)	丰缺程度
≤1.5	极低
1.5~2.5	低
2.5~3.5	中
3.5~5.0	高
>5	极高

二、土壤腐殖质组成测定

土壤腐殖质是土壤有机质的主要组成分。一般来讲，它主要是由胡敏酸(HA)和富里酸(FA)所组成。不同的土壤类型，其HA/FA比值有所不同。同时这个比值与土壤肥力存在一定关系。因此，测定土壤腐殖质组成对于鉴别土壤类型和了解土壤肥力均有重要意义。

1.方法原理

用0.1mol/L焦磷酸钠和0.1mol/L氢氧化钠混合液处理土壤，能将土壤中难溶于水和易溶于水的结合态腐殖质络合成易溶于水的腐殖质钠盐，从而比较完全地将腐殖质提取出来。焦磷酸钠还起脱钙作用，反应图示如下：

$$2R\left[\begin{array}{l} COO \\ \quad\quad\rangle Ca \\ COO \\ \\ COO \\ \quad\quad\rangle Ca \\ COO \end{array}\right. + 2Na_4P_2O_7 \longrightarrow 2R-\left[\begin{array}{l} COONa \\ COONa \\ COONa \\ COONa \end{array}\right. + Ca_2P_2O_7 + Mg_2P_2O_7$$

提取的腐殖质用重铬酸钾容量法测定之。

2.操作步骤

(1)称取通过0.25mm筛孔的相当于2.50g烘干重的风干土样，置于250mL三角瓶中，用移液管准确加入0.1mol/L焦磷酸钠和0.1mol/L氢氧化钠混合液50.00mL，振荡5min，塞上橡皮套，然后静置13~14h(控制温度在20°C左右)，随即摇匀进行干过滤，收集滤液(一定要清亮)。

(2)胡敏酸和富里酸总碳量的测定。吸取滤液5.00mL，移入150mL三角瓶中，加3mol/L H_2SO_2约5滴(调节pH值为7)至溶液出现浑浊为止，置于水浴锅上蒸干。加0.80mol/L($1/6K_2Cr_2O_7$)标准溶液5.00mL，用注射筒迅速注入浓硫酸5mL，盖上小漏斗，在沸水浴上加热15min，冷却后加蒸馏水50mL稀释，加邻菲啰啉指示剂3滴，用0.1mol/L硫酸亚铁滴定，同时作空白试验。

(3)胡敏酸(碳)量测定。吸取上述滤液20.00mL于小烧杯中，置于沸水浴上加热，在玻棒搅拌下滴加3mol/L硫酸酸化(约30滴)，至有絮状沉淀析出为止，继续加热10min使胡敏酸完全沉淀。过滤，以0.01mol/L硫酸洗涤滤纸和沉淀，洗至滤液无色为止(即富里酸完全洗去)。以热的0.02mol/L氢氧化钠溶解沉淀，溶解液收集于150mL三角瓶中(切忌溶解液损失)，如前法酸化，蒸干，测碳。(此时的土样重量*W*相当于1g)。

3. 结果计算

(1)

$$\text{腐殖质(胡敏酸和富里酸)总碳量(\%)}=\frac{0.8000/V_0\times5.00\times(V_0-V_1)\times0.003}{W}\times100$$

式中：V_0——5.00mL 标准重铬酸钾溶液空白试验滴定的硫酸亚铁毫升数；

V_1——待测液滴定用去的硫酸亚铁毫升数；

W——吸取滤液相当的土样重 (g)；

5.00——空白所用$K_2Cr_2O_7$毫升数；

0.8000 —1/6 $K_2Cr_2O_7$标准溶液的浓度；

0.003——碳毫摩尔质量0.012被反应中电子得失数4除得0.003。

(2)胡敏酸碳(%)按上式计算。

(3)富里酸碳(%)=腐殖质总碳(%)－胡敏酸碳(%)

(4)HA/FA=胡敏酸碳(%)/富里酸碳(%)

4.溶液配制

(1)0.1mol/L焦磷酸钠和0.1mol/L氢氧化钠混合液。称取分析纯焦磷酸钠44.6g和氢氧化钠4g，加水溶解，稀释至1L，溶液 pH13，使用时新配。

(2)3mol/L H_2SO_4。在300mL水中，加浓硫酸167.5mL，再稀释至1L。

(3)0.01mol/L H_2SO_4。取3mol/L H_2SO_4液 5mL，再稀释至1.5L。

(4)0.02mol/L NaOH。称取0.8gNaOH，加水溶解并稀释至1L。

5. 注意事项

(1)在中和调节溶液pH值时，只能用稀酸，并不断用玻棒搅拌溶液，然后用玻棒蘸少许溶液放在pH值试纸上，看其颜色，从而达到严格控制pH值。

(2)蒸干前必须将pH值调至7，否则会引起碳损失。

实验四 土壤酸碱度的测定

一、土壤pH值的测定

pH值的化学定义是溶液中H^+离子活度的负对数。土壤pH值是土壤酸碱度的强度指标，是土壤的基本性质和肥力的重要影响因素之一。它直接影响土壤养分的存在状态、转化和有效性，从而影响植物的生长发育。土壤pH值易于测定，常用作土壤分类、利用、管理和改良的重要参考。同时在土壤理化分析中，土壤pH值与很多项目的分析方法和分析结果有密切关系，因而是审查其他项目结果的一个依据。

土壤pH值分水浸pH值和盐浸pH值，前者是用蒸馏水浸提土壤测定的pH值，代表土壤的活性酸度(碱度)，后者是用某种盐溶液浸提测定的pH值，大体上反映土壤的潜在酸。盐浸提液常用1mol/L KCl溶液或用0.5mol/L $CaCl_2$溶液，在浸提土壤时，其中的K^+或Ca^{2+}即与胶体表面吸附的Al^{3+}和H^+发生交换，使其相当部分被交换进入溶液，故盐浸pH值较水浸pH值低。

土壤pH值的测定方法包括比色法和电位法。电位法的精确度较高。pH值误差约为0.02单位，现已成为室内测定的常规方法。野外速测常用混合指示剂比色法，其精确度较差，pH值误差在0.5左右。

(一)混合指示剂比色法

1. 方法原理

指示剂在不同pH值的溶液中显示不同的颜色，故根据其颜色变化即可确定溶液的pH值。混合指示剂是几种指示剂的混合液，能在一个较广的pH值范围内，显示出与一系列不同pH值相对应的颜色，据此测定该范围内的各种土壤pH 值。

2.操作步骤

在比色瓷盘孔内(孔内要保持清洁干燥，野外可用待测土壤擦拭),滴入混合指示剂8滴，放入黄豆大小的待测土壤，轻轻摇动使土粒与指示剂充分接触，约1min后将比色盘稍加倾斜用盘孔边缘显示的颜色与pH值比色卡比较，以估读土壤的pH值。

3. 混合指示剂的配制

取麝草兰(T.B)0.025g, 千里香兰(B.T.B)0.4g, 甲基红(M.R)0.066g, 酚酞0.25g, 溶于500mL95%的酒精中，加同体积蒸馏水，再以0.1mol/L NaOH调至草绿色即可。pH值比色卡用此混合指示剂制作。

(二)电位测定法

1.方法原理

以电位法测定土壤悬液pH值，通用pH值玻璃电极为指示电极，甘汞电极为参比电极。此二电极插入待测液时构成一电池反应，其间产生一电位差，因参比电极的电位是固定的，故此电位差之大小取决于待测液的H^+离子活度或其负对数pH值。因此可用电位计测定电动势。再换算成pH值，一般用酸度计可直接测读 pH值。

2.操作步骤

称取通过1mm筛孔的风干土10g各2份，各放在50mL的烧杯中，一份加无CO_2蒸馏水，另一份加1mol/L KCl溶液，各25mL(此时土水比为1∶2.5,含有机质的土壤改为1∶5),间歇搅拌或摇动30min，放置30min后用酸度计测定。

3. 注意事项

①土水比的影响。一般土壤悬液愈稀，测得的pH值愈高，尤以碱性土的稀释效应较大。为了便于比较，测定pH值的土水比应当固定。经试验，采用1:1的土水比，碱性土和酸性土均能得到较好的结果，酸性土采用1:5和1:1的土水比所测得的结果基本相似，故建议碱性土采用1:1或1:2.5土水比进行测定。

②蒸馏水中CO_2会使测得的土壤 pH值偏低，故应尽量除去，以避免其干扰。

③待测土样不宜磨得过细，宜用通过1mm筛孔的土样测定。

④玻璃电极不测油液，在使用前应在0.1mol/L NaCl溶液或蒸馏水中浸泡24h 以上。

⑤甘汞电极一般为KCl饱和溶液灌注，如果发现电极内已无KCl结晶，应从侧面投入一些KCl结晶体，以保持溶液的饱和状态。不使用时，电极可放在KCl饱和溶液或纸盒中保存。

4. 试剂配制

(1)1mol/LKCl 溶液

称取74.6gKCl 溶于400mL蒸馏水中，用10%KOH或KCl溶液调节pH值至5.5~6.0,而后稀释至1L。

(2)标准缓冲溶液

①pH4.03缓冲溶液。苯二甲酸氢钾在105°C烘2~3h后，称取10.21g, 用蒸馏水溶解稀释至L。

②pH6.86缓冲溶液。称取在105°C烘2~3h的KH_2PO_4 4.539g或$Na_2HPO_4 \cdot 2H_2O$ 5.938g, 溶解于蒸馏水中定容至1L。

二、土壤交换性酸的测定(氯化钾交换—中和滴定法)

土壤交换性酸指土壤胶体表面吸附的交换性氢、铝离子总量，属于潜在酸而与溶液中氢离子(活性酸)处于动态平衡，是土壤酸度的容量指标之一。土壤交换性酸控制着活性酸，因而决定着土壤的pH值；同时过量的交换性铝对大多数植物和有益微生物均有一定的抑制或毒害作用。

1.方法原理

在非石灰性土和酸性土中，土壤胶体吸附有一部分氢、铝离子，当以KCl溶液淋洗土壤时，这些氢、铝离子便被钾离子交换而进入溶液。此时不仅氢离子使溶液呈酸性，而且由于铝离子的水解，也增加了溶液的酸性。当用NaOH标准溶液直接滴定淋洗液时，所得结果(滴定度)为交换性酸(交换性氢、铝离子)总量。另外在淋洗液中加入足量 NaF,使铝离子形成络合离子，从而防止其水解，反应如下：

$$AlCl_3+6NaF=Na_3AlF_6+3NaCl$$

然后再用NaOH标准溶液滴定，即得交换性氢离子量。由两次滴定之差计算出交换性铝离子量。

2.操作步骤

①称取通过0.25mm筛孔的风干土样，重量相当于4g烘干土，置于100mL三角瓶中。加1mol/L KCl 溶液约20mL，振荡后滤入100mL容量瓶中。

②同上多次地用1mol/L KCl溶液浸提土样，浸提液过滤于容量瓶中。每次加入KCl浸提液必须待漏斗中的滤液滤干后再进行。当滤液接近容量瓶刻度时，停止过滤，取下用 KCl定容摇匀。

③吸取25mL滤液于100mL三角瓶中，煮沸5min以除去CO_2，加酚酞指示剂2滴，趁热用0.02mol/L的NaOH标准溶液滴定，至溶液显粉红色即为终点。记下 NaOH 溶液的用量 (V_1)，据此计算交换性酸总量。

④另取一份25mL滤液，煮沸5min，加1mL3.5%NaF溶液，冷却后，加酚酞指示剂2滴，用0.02mol/L NaOH溶液滴定至终点，记下NaOH溶液的用量 (V_2),计算交换性氢离子量。

3.结果计算

$$①土壤交换性酸总量(cmol/kg)=\frac{V_1\times C\times 分取倍数}{土样重(g)}\times 100$$

$$②土壤交换性氢(cmol/kg)=\frac{V_2\times C\times 分取倍数}{烘干土样重(g)}\times 100$$

③土壤交换性铝(cmol/kg)= 交换性酸总量—交换性氢

4. 试剂配制

(1)0.02mol/L NaOH标准溶液

取100mol/L NaOH溶液，加蒸馏水稀释至5L，准确浓度以苯二甲酸氢钾标定。

(2)1mol/L KCl 溶液

配制同前。

(3)3.5% NaF溶液

称NaF(化学纯)3.5g，溶于100mL 蒸馏水中，贮存于涂蜡的试剂瓶中。

(4)1% 酚酞指示剂

称 1g 酚酞溶于100mL 95%的酒精。

三、土壤水解性酸的测定(醋酸钠水解—中和滴定法)

水解性酸也是土壤酸度的容量因素，它代表盐基不饱和土壤的总酸度，包括活性酸、交换性酸和水解性酸3部分的总和。土壤水解性酸加交换性盐基，接近于阳离子交换量，因而可用来估算土壤的阳离子交换量和盐基饱和度。上壤水解性酸也是计算石灰施用量的重要参数之一。

1.方法原理

用1mol/L CH_3COONa(pH8.3)浸提土壤，不仅能交换出土壤的交换性氢、铝离子，而且由于CH_3COONa水解产生NaOH的钠离子，能取代出有机质较难解离的某些官能团上的氢离子，即可水解成酸。

2. 操作步骤

①称取通过1mm筛孔风干土样，重量相当于5.00g烘干土，放在100mL三角瓶中，加1mol/L CH_3COONa约20mL，振荡后滤入100mL容量瓶中。

②同上多次地加1mol/L CH_3COONa溶液浸提土样，浸提液滤入100mL容量瓶中，每次加入CH_3COONa浸提液必须待漏斗中的滤液滤干后再进行，直至滤液接近刻度，用1mol/LCH_3COONa溶液定容摇匀。

③吸取滤液50.00mL于250mL三角瓶中，加酚酞指示剂2滴，用0.021mol/L NaOH标准溶液滴定至明显的粉红色，记下NaOH 标准溶液的用量 *(V)*。

注：滴定时滤液不能加热，否则CH_3COONa强烈分解，醋酸蒸发呈较强碱性，造成很大的误差。

3.结果计算

$$水解性酸度(cmol/kg)=\frac{V\times C\times 分取倍数}{烘干土样重\ (g)}\times 100$$

式中：*V*——NaOH 标准溶液消耗的毫升数；

C——NaOH 标准溶液的浓度。

如果已有土壤阳离子交换量和交换性盐基总量的数据，水解性酸度也可以用计算求得。

水解性酸度=阳离子交换量－交换性盐基总量

式中：3者的单位均为cmol/kg 土。这样计算的水解性酸度比单独测定的水解性酸度更准确。

4. 试剂配制

(1)1mol/L 醋酸钠溶液

称取化学纯醋酸钠 ($CH_3COONa\cdot 3H_2O$)136.06g, 加水溶解后定容至1L。用1mol/L NaOH或10%醋酸溶液调节pH至8.3。

(2)0.02mol/L NaOH 标准溶液

同前。

(3)1%酚酞指示剂

同前。

实验五 土粒密度、土壤容重(土壤密度)和孔隙度的测定

土壤基质是土壤的固体部分。它是保持和传导物质(水、溶质、空气)和能量(热量)的基质。它的作用主要取决于土壤固体颗粒的性质和土壤孔隙状况。土粒密度指单位体积土粒的质量;土壤容重(土壤密度)系指单位容积的原状土壤干土的质量。

孔隙度是单位容积土壤中孔隙所占的百分率。土粒密度、容重和孔隙度是反映土壤固体颗粒和孔隙状况最基本的参数。土粒密度反映了土壤颗粒的性质。土粒密度的大小与土壤中矿物质的组成和有机质的数量有关。利用土粒密度和容重,可以计算土壤孔隙度。在测定土壤粒径分布时也须知道土粒密度值。土壤容重综合反映了土壤颗粒和土壤孔隙的状况。一般讲,土壤容重小,表明土壤比较疏松,孔隙多;反之,土壤容重大,表明土体比较紧实,结构性差,孔隙少。土壤孔隙状况与土壤团聚体直径、土壤质地及土壤中有机质含量有关。它们对土壤中的水、肥、气、热状况和农业生产有显著影响。

习惯上,常用基质中三相物质比表达土壤三相之间的关系,并用来定义土壤的一些物理参数。常用质量或容积为基础表示。附图5-1为土壤三相系统示意,图右侧表示固、液、气三相物质的质量,用*m*表示,图左侧表示各相位置的容积,用*V*表示。*m,V* 的下标分别用: s 、w 、a,表示土壤的固相、液相和气相,V_ρ表示孔隙容积,M_t和V_t分别表示土壤基质的总质量和总容积。

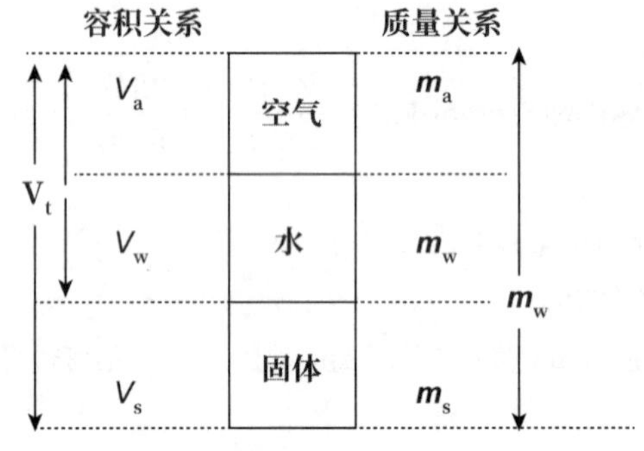

附图5-1 土壤三相系统示意

严格而言,土粒密度应称为土壤固相密度,用符号ρ表示。其含义是:

$$\rho_s = \frac{m_s}{V_s} \times 100$$

绝大多数矿土壤的ρ_s,在2.6~2.7g/cm³,常规工作中多取其平均值2.65g/cm³。这一数据很接近砂质土壤中存在量丰富的石英的密度,各种铝硅酸盐黏粒矿物的密度也与此相近。土壤中氧化铁和各总重矿物含量多时则ρ_s增高;有机质含量高时则ρ_s降低(华孟,王坚,1993)。

文献中传统常用比重一词表示d_s,其准确含意是指土粒的密度与标准大气压下4°C时水的密度之比又叫相对密度 ($d_s=\rho_s\ /\rho_w{}^1$)。一般情况下,水的密度取1.0g/cm³,故比重在数值上与土粒密度ρ_s相等,但量纲不同,现比重一词已废止。

1.方法选择

测定土粒密度通常采用比重瓶法。

2. 测定原理

将已知质量的土样放入水中(或其他液体),排尽空气,求出由土壤置换出的液体的体积。用已烘干土(105°C)的质量,除以求得的土壤固相体积,即得土粒密度。

3. 仪器和设备

天平(感量0.001g), 比重瓶(容积50mL), 电热板,真空干燥器,真空汞,烘箱。

4.操作步骤

(1)称取通过2mm筛孔的风干土样约10g(精确至0.001g),倾入50mL的比重瓶内。另称10.0g土样测定吸湿水含量,由此可求出倾入比重瓶内的烘干土样重*m*。

(2)向装有土样的比重瓶中加入蒸馏水,至瓶内容积的一半处,然后徐徐摇动,使土样充分湿润,与水均匀混合。

(3)将比重瓶放入砂盘,在电热板上加热,保持沸腾1h。煮沸过程中要经常摇动比重瓶,驱逐土壤中的空气,使土样和水充分接触混合。注意,煮沸时温度不可 过高,否则易造成土液溢出。

(4)从砂盘上取下比重瓶,稍冷却,再把预先煮沸并排除空气的蒸馏水加入比重瓶,至比重瓶水面略低于瓶颈为止。待比重瓶内悬液澄清且温度稳定后,加满已经煮沸排除空气并冷却的蒸馏水。然后塞好瓶塞,使多余的水自瓶塞毛细管中溢出,用滤纸擦干后称重(精确至0.0001g)。同时用温度计测定瓶内的水温t_1 (准确至0.1°C), 求得m_{bws1}。

(5)将比重瓶中的土液倾出,洗净比重瓶,注满冷却的无气水,测量瓶内水温t_2。加水至瓶口,塞上毛细管塞,擦干瓶外壁,称取t_2时的瓶、水合重m_{bw2}。若每个比重瓶事先都经过校正,在测定时可省去此步骤,直接由t_1在比重瓶的校正曲线上求得。t_1时这个比重瓶、水合重m_{bws1},否则要根据m_{bw2}计算m_{bws1} (见5. 结果计算)。

(6)含可溶性盐及活性胶体较多的土样,须用惰性液体(如煤油、石油)代替蒸馏水,用真空抽气法排除土样中的空气。抽气时间不得少于0.5h,并经常摇晃比重瓶,直至无气泡逸出为止。停止抽气后仍需在干燥器中静置15min以上。

(7)真空抽气也可以代替煮沸法排除土壤中的空气,并且可以避免在煮沸过程中由于土液溅出而引起的误差,同时较煮沸法快。

(8)风干土样都含有不同数量的水分,需测定土样的风干含水量;用惰性液体测定比重土样,须用烘干而不是风干土进行测定,且所用液体须经真空除气。

(9)如无比重瓶也可用50mL 容量瓶代替,这时应加水至标线。

5. 结果计算

(1)用蒸馏水测定时按下式计算:

$$\rho_s = \frac{m_s}{m_s + m_{bw1} - m_{bws1}} \rho_{w1}$$

式中:ρ_s——土粒密度, g/cm³;

ρ_{w1}——t_1°C 时蒸馏水密度, g/cm³ ;

m_s —— 烘干土样质量, g;

m_{bw1}——t_1°C时比重瓶+水质量, g;

m_{bws1}——t_1°C比重瓶+水+样品质量, g。

当$t_1 \neq t_2$时, 必须将t_1时的瓶、水合重 (m_{bw2})校正至 t_1°C时的瓶、水合重 (m_{bw1})

由附表5-1查得t_1和t_2时水的密度。忽略温度变化所引起的比重瓶的胀缩，t_1和t_2时水的密度差乘以比重瓶容积（V)即得由t_2换算带t_1时比重瓶中水重的校正数。比重瓶的容积由下式求得：

$$V=\frac{m_{bw2}-m_b}{\rho_{w2}}$$

式中：m_b —— 比重瓶质量，g；

ρ_{w2}——t_2时水的密度，g/cm^3。

附表5-1 不同温度下水的密度（g/cm^3）

温度(℃)	密度	温度(℃)	密度	温度(℃)	密度
0.0~1.5	0.9999	20.5	0.9981	30.5	0.9955
2.0~6.5	1.0000	21.0	0.9980	31.0	0.9954
7.0~8.0	0.9999	21.5	0.9979	31.5	0.9952
8.5~9.5	0.9998	22.0	0.9978	32.0	0.9951
10.0~10.5	0.9997	22.5	0.9977	32.5	0.9949
11.0~11.5	0.9996	23.0	0.9976	33.0	0.9947
12.0~12.5	0.9995	23.5	0.9974	33.5	0.9946
13.0	0.9994	24.0	0.9973	34.0	0.9944
13.5~14.0	0.9993	24.5	0.9972	34.5	0.9942
14.5	0.9992	25.0	0.9971	35.0	0.9941
15.0	0.9991	25.5	0.9969	35.5	0.9939
15.5~16.0	0.9990	26.0	0.9968	36.0	0.9937
16.5	0.9989	26.5	0.9967	36.5	0.9936
17.0	0.9988	27.0	0.9965	37.0	0.9934
17.5	0.9987	27.5	0.9964	37.5	0.9932
18.0	0.9986	28.0	0.9963	38.0	0.9930
18.5	0.9985	28.5	0.9961	38.5	0.9928
19.0	0.9984	29.0	0.9960	39.0	0.9926
19.5	0.9983	29.5	0.9958	39.5	0.9924
20.0	0.9982	30.0	0.9957	40.0	0.9922

（李酉开，1983）

(2)用惰性液体测定时，按下式计算：

$$\rho_s=\frac{m_s}{m_s+m_{bk}-m_{bk1}\rho_k}$$

式中：ρ_s ——土粒密度，g/cm³；

ρ_k —— t_1 ℃时蒸馏水密度，g/cm³；

m_s—— 烘干土样质量，g；

m_{bk}——t_1 ℃时比重瓶+煤油质量，g;

m_{bk1}——t_1 ℃比重瓶+煤油+土样质量，g。

用煤油或其他惰性液体，不知其密度时，可将此液体注满比重瓶称重，并测定液体温度，以液体重量除以比重瓶容积，便可求得此液体在该温度下的密度。

6.测定允许差

样品需进行两次平行测定，取其算术平均值，小数点后取两位。两次平行测定结果允许差为0.02。(中国科学院南京土壤研究所土壤物理研究室，1978)

7. 比重瓶的校正

(1)仪器

比重瓶(容量50mL),天平(感量0.001g),温度计,(±0.1℃),电热板，恒温槽。

(2)操作步骤

①洗净比重瓶，置于烘箱中(105℃)烘干。取出放入干燥器中，冷却后称其质量(精确至0.001g)。

②向比重瓶内加入煮沸过并已冷却的蒸馏水(或煤油),使水面接近刻度。

③将盛水的比重瓶全部放入恒温水槽中，控制温度，使槽中水的温度自5℃逐步升高到35℃。在各不同温度下，调整各比重瓶液面到标准刻度(或达到瓶塞口),然后塞紧瓶塞，擦干比重瓶外部，称其质量(精确至0.001g)。

④用上述称得的各不同温度下相应瓶+水(或煤油)质量的数值作纵坐标，以温度为横坐标，绘制出比重瓶校正曲线(附图5-2)。每一比重瓶都必须做相应的校正曲线。

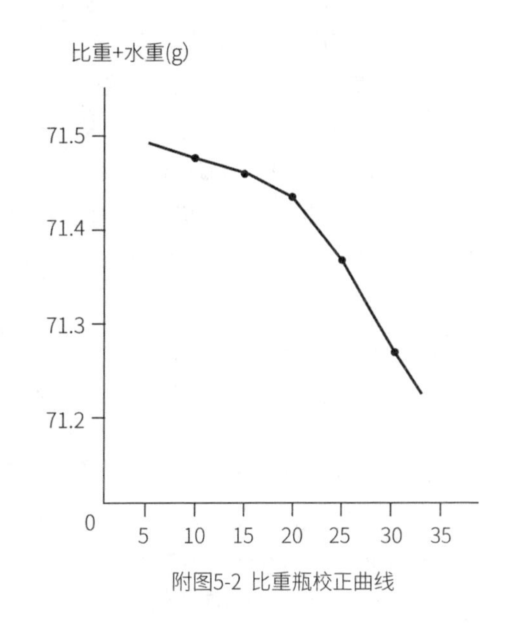

附图5-2 比重瓶校正曲线

二. 土壤容重的测定(环刀法)

严格地讲，土壤容重应称干容重，又称土壤密度，其含意是干物质的质量与总容积之比：

$$土壤容重(g/cm^3)=\frac{100\times 环刀内湿土重(g)}{(100+土壤含水量(\%))\times 环刀容积(100cm^3)}\times 100$$

1.方法选择

测定的土壤容重通常用环刀法。此外，还有蜡封法、水银排出法、填砂法和射线法(双放射源)等。蜡封法和水银排出法主要测定一些呈不规则形状的坚硬和易碎土壤的容重。填砂法比较复杂费时，除非是石质土壤，一般大量测定都不采用此法。射线法需要特殊仪器和防护设施，不易广泛使用。

2. 测定原理

用一定容积的环刀切割未搅动的自然状态土样，使土样充满其中，烘干后称量计算单位容积的烘干土重量。本法适用一般土壤，对坚硬和易碎的土壤不 适用。

3. 仪器

(1)容积为100cm^{3}的钢制环刀。

(2)削土刀及小铁铲各1 把。

(3)感量为0.1g及0.01g的粗天平各1架。

(4)烘箱、干燥器及小铝盒等。

4.操作步骤

在田间选择挖掘土壤剖面的位置，按使用要求挖掘土壤剖面。一般如只测定耕层土壤容重，则不必挖土壤剖面。

用修土刀修平土壤剖面，并记录剖面的形态特征，按剖面层次，分层取样，耕层4个，下面层次每层重复3个。

将环刀托放在已知重量的环刀上。环刀内壁稍擦上凡士林，将环刀刃口向下垂直压入土中，直至环刀筒中充满土样为止。

用修土刀切开环周围的土样，取出已充满土的环刀，细心削平环刀两端多余的土，并擦净环刀外面的土。同时在同层取样处，用铝盒采样，测定土壤含水量。

把装有土样的环刀两端立即加盖，以免水分蒸发。随即称重(精确到0.01g), 并记录。

将装有土样的铝盒烘干称重(精确至0.01g)，测定土壤含水量。或者直接从环刀筒中取出土样测定土壤含水量。

5. 计算结果

$$\rho_b = \frac{100m}{(100+\theta_m)\cdot V}$$

式中：ρ_b——土壤容重；

m——环刀内湿样质量；

V——环刀容积(一般为100m^3)；

θ_m——样品含水量(质量含水量),%。

6. 测定误差

允许平行绝对误差<0.03g，取算术平均值(中国科学南京土壤研究所，1978)。

三. 土壤孔隙度的测定(计算法)

土壤孔隙度也称孔度，指单价单位容积土壤中孔隙容积所占的分数或百分数，土壤孔隙度一般都不直接测定，而是由土粒密度和容重计算求得。可用下式计算：

$$土壤总孔隙度(\%)=(1-\frac{容重}{土粒密度})\times100$$

大体上，粗质地土壤孔隙度较低，但粗孔隙较多，细质地土壤正好相反。团聚较好的土壤和松散的土壤(容重较低)孔隙度较高，前者粗细孔的比例适合作物的生长。土粒分散和紧实的土壤，孔隙度较低，且细孔隙较多。

判断土壤孔隙状况优劣，最重要的是看土壤孔径分布，即大小孔隙的搭配情况，土壤孔径分布对土壤水分保持和运动，以及土壤对植物的供水研究中有非常重要的意义。

实验六 土壤最大吸湿量、田间持水量和毛管持水量的测定

这里测定的3种土壤水分含量均是重要的土壤水分性质，是反映土壤水分状况的重要指标，与土壤保水供水有密切的关系。

一、土壤最大吸湿量的测定

风干土样所吸附的水气，称为吸湿水。土壤吸湿水的多少与空气相对湿度有关，当空气湿度接近饱和时，土壤吸湿水达到最大量，称为最大吸湿量或吸湿系数。最大吸湿量的1.25~2.00倍，大约相当于凋萎系数。凋萎系数的测定较难，故可由最大吸湿量间接计算而得。土壤最大吸湿量也可以用来估计土壤比表面的大小。

1. 方法原理

饱和K_2SO_2在密闭条件下可使空气相对湿度达98%~99%，风干土样在此相对湿度下达最大吸湿量。

2. 药品配制

饱和K_2SO_4溶液：称取100g K_2SO_4溶于1L蒸馏水中，溶液应见白色未溶的K_2SO_4晶体，否则要适当增加K_2SO_4量。

3. 操作步骤

①称取通过1mm筛孔的风干土样5~20g(黏土和有机质多的土壤5~10g，壤土10~15g，沙土15~20g)，平铺于已称重的称量皿底部。

②将称量皿放入干燥器中的有孔磁板上，另用小烧杯盛饱和K_2SO_4溶液，按每克土大约2mL计算，同样放入干燥器内。

③将干燥器放在温度保持在20°C的地方，让土壤吸湿。

④土样吸湿1周左右，取出称重，再将其放入干燥器内使之继续吸水，以后每隔2~3天称1次，直至土样达恒重(前后二次重量之差不超过0.005g)，计算时取其大者。

⑤达恒重的土样置于105~110°C烘箱内烘至恒重，按一般计算土壤含水量方法计算出土壤最大吸湿量。

二、田间持水量测定

土壤田间持水量是指地下水位较深时，土壤所能保持的最大含水量。因此是表征田间土壤保持水分能力的指标，也是计算土壤灌溉量的指标。

(一)土壤田间持水量的野外测定方法

1. 方法原理

通过灌水、渗漏,使土壤在一定时间内达到毛管悬着水的最大量时,取土测定水分含量,此时的土壤水分含量即为土壤田间持水量。

2.操作步骤

(1)选地

在田间地块选一具有代表性的测试地段;先将地面平整,使灌水时水不致积聚于低洼处而影响水分均匀下渗。

(2)筑埂

测试地段面积一般为4m²,四周筑起一道土埂(从埂外取土筑埂),埂高30cm,底宽30cm。然后在其中央放上方木框,入土深度25cm。框内面积1m²为测试区。若无木框,可再筑一内埂代之,埂内面积仍为1m²。木框或内埂外的部分为保护区,以防止测试区内的水外流。

(3)计算灌水量

从测试点附近取土测定1m深内土层的含水量,计算其蓄水量。按土壤的孔隙度(总孔隙度)计算使1m土层内全部孔隙充水时的总灌水量,减去土壤现有蓄水量,差值的1.5倍即为需要补充的灌水量。

如果缺少土壤孔隙度的实测数据,可以下列数据计算:

黏土及重壤土	**孔隙度50%~45%**
中壤土及轻壤土	**45%~40%**
沙壤土	**40%~35%**
砂 土	**35%~30%**

例如:设1m土层的平均孔隙度为45%,为使其全部孔隙充满水分,需要的水量是:

$$1000\text{mm}(1\text{m})\times45\%=450\text{mm}$$

设土层现有蓄水量为150mm, 则应增加的水量即灌水量为:

$$(450\text{mm}-150\text{mm})\times1.5=450\text{mm}$$

计算测试区1m² 的灌水量为:

$$1\text{m}^2\times0.45\text{m}(450\text{mm})=0.45\text{m}^3$$

$$\because 1\text{m}^3\ (\text{水})=1000\text{L} \qquad \therefore 0.45\text{m}^3=450\text{L}$$

保护区面积=(4−1) m²=3m², 所需灌水量为:450L×3=1350L

这样,测试区和保护区共需灌水量1800L。

(4)灌水

灌水前在地面铺放一薄层干草,避免灌水时冲击,破坏表土结构。然后灌水:先灌保护区,迅速建立5cm 厚的水层,同时向测试区灌水,同样建立5cm 厚的水层,直至用完计算的全部灌水量。

(5)覆盖

灌完水后,在测试区和保护区再覆盖50cm厚的草层,避免土壤水分蒸发损失。为了防止雨水渗入的影响,在草层上覆盖塑料薄膜。

(6)取土测定水分

灌水后，沙壤土和轻壤土经1~2昼夜，重壤土和黏土经3~4昼夜取土测定含水量，取土后仍将地面覆盖好。取回的土样称取20.0g，用酒精烧失法测定其水分含量，即为土壤的田间持水量。

(二)田间持水量室内测定方法

①按容重采土的方法用环刀在野外采取原状土，放于盛水的搪瓷盘内，有孔盖(底盖)一端朝下，盘内水面较环刀上缘低1~2mm，勿使环刀上面淹水。让水分饱和土壤。

②同时在相同土层采土，风干后磨细过1mm筛孔，装入环刀中(或用石英砂代替干土)，装时要轻拍击实，并稍微装满一些。

③将水分饱和一昼夜的装有原状土的环刀取出，打开底盖(有孔盖)，将其连滤纸一起放在装有干土(或石英砂)的环刀上。为紧密接触，可压上砖头(一对环刀用两块砖压)。

④经过8h吸水后，从环刀内取出15~20g原状土测定含水量，此值接近于该土壤的田间持水量。

⑤结果计算

$$\text{土壤田间持水量(重量\%)}=\frac{\text{湿土重-干土重}}{\text{干土重}}\times 100$$

$$\text{土壤相对含水量(\%)}=\frac{\text{土壤自然含水量 (\%)}}{\text{土壤田间持水量(\%)}}\times 100$$

根据土壤比重、容重、总孔隙度和田间持水量。可计算土壤在田间持水量时的固、液、气3相体积：

$$\text{土壤固相体积(\%)}=\frac{\text{土壤容重}}{\text{土壤比重}}\times 100$$

$$\text{土壤液相体积(\%)}=\text{田间持水量(重量\%)}\times\text{容重}$$

$$\text{土壤气相体积(\%)}=\text{总孔隙度(\%)}-\text{土壤液相体积(\%)}$$

三、土壤毛管持水量测定

土壤毛管持水量是土壤的一项重要水分常数，可根据其数值换算土壤的毛管孔隙度和通气孔隙度(或非毛管孔隙度)。

1.操作步骤

①按测定土壤容重的采土方法，在田间用环刀采取原状土，带回室内于盛有2~3mm水层的瓷盘中，让土壤毛细管吸水。

②吸水时间，沙土4~6h，黏土8~12h或更长，然后取出环刀，除去多余的自由水。

③从环刀中取出4~5g湿土测定含水量，即为毛管持水量。亦可根据测定容重时环刀内的干土重换算求得，即：

$$\text{土壤毛管持水量(\%)}=\frac{\text{环刀内湿土重}-\text{环刀内干土重}}{\text{环刀内干土重}}\times 100$$

2. 土壤毛管孔隙度和通气孔隙度的计算

$$\text{土壤毛管孔隙度(\%)}=\text{土壤毛管持水量(\%)}\times\text{土壤容重}$$

$$\text{土壤通气孔隙度(\%)}=\text{土壤总孔隙度(\%)}-\text{土壤毛管孔隙度(\%)}$$

实验七 土壤速效养分的测定

土壤中能被植物直接吸收，或在短期内能转化为植物吸收的养分，叫速效养分。养分总量中速效养分虽然只占很少部分，但它是反映土壤养分供应能力的重要指标。因此测定土壤中速效养分，可作为科学种植、经济合理施肥的重要参考依据。

一、土壤水解性氮的测定

1. 方法原理

土壤水解性氮或称碱解氮包括无机态氮(铵态氮、硝态氮)及易水解的有机态氮 (氨基酸、酰铵和易水解蛋白质)。用碱液处理土壤时，易水解的有机氮及铵态氮转化为氨，硝态氮则先与硫酸亚铁反应转化为铵。以硼酸吸收氨，再用标准酸滴定，计算水解性氮含量。

2. 操作步骤

称取通过1mm筛的风干土样2g (精确至0.01g)和硫酸亚铁粉剂0.2g 均匀铺在扩散皿外室，水平地轻轻旋转扩散皿，使土样铺平。在扩散皿的内室中，加入2mol/L 2%含指示剂的硼酸溶液，然后在皿的外室边缘涂上碱性甘油，盖上毛玻璃，并旋转之，使毛玻璃与扩散皿边缘完全黏合，再慢慢转开毛玻璃的一边，使扩散皿露出一条狭缝，迅速加入10mL 1.07mol/L氢氧化钠溶液于扩散皿的外室中，立即将毛玻璃旋转盖严，在实验台上水平地轻轻旋转扩散皿，使溶液和土壤充分混匀，并用橡皮筋固定；随后小心放入40°C的恒温箱中。24h后取出，用微量滴定管以0.005mol/L的H_2SO_4标准液滴定扩散皿内室硼酸液吸收的氨量，其终点为紫红色。

另取一扩散皿，做空白试验，不加土壤，其他步骤与有土壤的相同。

3.结果计算

$$土壤中水解氮(mg/kg)=\frac{C\times(V-V_0)\times 14}{W}\times 1000$$

式中：C——H_2SO_4标准液的浓度；

V—— 样品测定时用去硫酸标准液的体积；

V_0——空白测定时用去硫酸标准液的体积；

14 —— 氮的摩尔质量；

1000—— 换算系数；

W——土壤重量 (g).

4. 注意事项

在测定过程中碱的种类和浓度、土液比例、水解的温度和时间等因素对测得值的高低，都有一定的影响。为了要得到可靠的、能相互比较的结果，必须严格按照所规定的条件进行测定。

5.主要仪器及试剂配制

(1)仪器

扩散皿、半微量滴定管(5mL)和恒温箱。

(2)试剂

①1.07mol/L氢氧化钠。称取42.8g NaOH 溶于水中，冷却后稀释至1L。

②2%硼酸指示剂溶液。称取 $H_3BO_3$20g 加水900mL，稍稍加热溶解，冷却后，加入混合指示剂20mL(0.099g溴甲酚绿和0.066g甲基红溶于100mL乙醇中)。然后以0.1mol/L氢氧化钠调节溶液至红紫色(pH约为5)最后加水稀释至1000mL,混合均匀贮于瓶中。

③0.005mol/L硫酸标准液。取浓硫酸1.42mL，加蒸馏水5000mL，然后用标准碱或硼砂($Na_2B_4O_7 \cdot 10H_2O$) 标定之。

④碱性甘油。加40g阿拉伯胶和50mL水于烧杯中，温热至70~80℃搅拌促溶，冷却约1h，加入20mol/L甘油和30mol/L饱和K_2CO_3水溶液，搅匀放冷，离心除去泡沫及不溶物，将清液贮于玻璃瓶中备用。

⑤硫酸亚铁粉。$FeSO_4 \cdot 7H_2O$ (三级)磨细，装入玻璃瓶中，存于阴凉处。

6.参考指标

土壤水解性氮 (mg/kg)	等级
<25	极低
25~30	低
50~100	中等
100~150	高

二、土壤中速效磷的测定

了解土壤中速效磷的供应状况，对于施肥有着直接的指导意义。土壤中速效磷的测定方法很多，由于提取剂的不同所得结果也不一样。一般情况下，石灰性土壤和中性土壤采用碳酸氢钠提取，酸性土壤采用酸性氟化铵提取。

(一)碳酸氢钠法

1.方法原理

中性、石灰性土壤中的速效磷，多以磷酸一钙和磷酸二钙状态存在，用0.5mol/L碳酸氢钠液可将其提取到溶液中，然后将待测液用钼锑抗混合显色剂在常温下进行还原使黄色的锑磷钼杂多酸还原成为磷钼兰进行比色。

2. 操作步骤

称取通过1mm筛孔的风干土2.5g(精确至0.01g)于250mL三角瓶中，加50mL 0.5mol/L $NaHCO_3$液，再加一角匙无磷活性炭，塞紧瓶塞，在20~25℃下振荡30min，取出用干燥漏斗和无磷滤纸过滤于三角瓶中，同时做试剂的空白试验。吸取滤液10mL于50mL量瓶中，用钼锑抗试剂5mL显色，并用蒸馏水定容，摇匀，在室温高于15℃的条件下放置30min，用红色滤光片或660nm波长的光进行比色，以空白溶液的透光率为100(即光密度为0),读出测定液的光密度，在标准曲线上查出显色液的磷浓度 (mg/kg)。

3. 标准曲线制备

吸取含磷(P)5mg/kg的标准溶液0mL、1mL、2mL、3mL、4mL、5mL、6mL，分别加入50mL容量瓶中，加0.5mol/L $NaHCO_3$液10mL，加水至约30mL，再加入钼锑抗显色剂5mL，摇匀，定容即得0mg/kg、0.1mg/kg、0.2mg/kg、0.3mg/kg、0.4mg/kg、0.5mg/kg、0.6mgkg磷标准系列溶液，与待测溶液同时比色，读取吸收值，在方格座标纸上以吸收值为纵座标，磷mg/kg数为横座标，绘制成标准曲线。

4.结果计算

$$\text{土壤中速效磷(mg/kg)}=\frac{\text{显色液磷(mg/kg)数}\times\text{显色液体积}\times\text{分取倍数}}{\text{烘干土重 (g)}}$$

式中：显色液磷（mg/kg）数——从工作曲线查得显色液的磷（mg/kg）数；

显色液体积——50mL。

$$\text{分取倍数}=\frac{\text{浸提液总体积(50mL)}}{\text{吸取浸出液毫升数}}$$

5. 主要仪器及试剂配制

(1)仪器

往复式振荡机，分光光度计或光电比色计。

(2)试剂

① 0.5mol/L $NaHCO_3$浸提剂(pH=8.5)。称取42.0g $NaHCO_3$溶于800mL水中，稀释至990mL,用4mol/L NaOH 液调节pH值至8.5,然后稀释至1L，保存于瓶中，如超过1个月，使用前应重新校正pH值。

②无磷活性炭粉。将活性炭粉用1:1 HCl浸泡过夜，然后用平板漏斗抽气过滤，用水洗净，直至无HCl为止，再加0.5mol/L $NaHCO_3$液浸泡过夜，在平板漏斗上抽气过滤，用水洗净$NaHCO_3$，最后检查至无磷为止，烘干备用。

③ 钼锑抗试剂。称取酒石酸锑钾 ($KSbOC_4H_4O_6$)0.5g, 溶于100mL水中，制成5%的溶液。

另称取钼酸铵20g溶于450mL水中，徐徐加入208.3mol/L浓硫酸，边加边搅动，再将0.5%的酒石酸锑钾溶液100mol/L加入到钼酸铵液中，最后加至1L,充分摇匀，贮于棕色瓶中，此为钼锑混合液。

临用前(当天)称取1.5g左旋抗坏血酸溶液于100mL钼锑混合液中，混匀。此即钼锑抗试剂(有效期24h，如贮于冰箱中，则有效期较长)。

④磷标准溶液。称取0.439gKH_2PO_4(105°C,烘2h)溶于200mL水中，加入5mL浓硫酸，转人1L量瓶中，用水定容，此为100mg/kg磷标准液，可较长时间保存。取此溶液稀释20倍即为5mg/kg磷标准液，此液不宜久存。

(二) 0.03mol/L NH_4F-0.025mol/L HCl 浸提——钼锑抗比色法

1. 方法原理

酸性土壤中的磷主要是以Fe-P, Al-P的形态存在，利用氟离子在酸性溶液中络合Fe^{3+}和Al^{3+}的能力，可使这类土壤中比较活性的磷酸铁铝盐被陆续活化释放，同时由于H^+的作用，也能溶解出部分活性较大的 Ca-P, 然后用钼锑抗比色法进行测定。

2.操作步骤

称取通过1mm筛孔的风干土样品5g(精确至0.01g)于150mL塑料杯中，加入0.03mol/L NH_4F-0.025mol/L HCl浸提剂50mL,在20~30°C条件下振荡30min，取出后立即用干燥漏斗和无磷滤纸过滤于塑料杯中，同时作试剂空白试验。

吸取滤液10~20mL于50mL容量瓶中，加入10mL 0.8mol/L H_3BO_3，再加入二硝基酚指示剂2滴，用稀HCl和NaOH液调节pH值至待测液呈微黄，用钼锑抗比色法测定磷，下述步骤与前法相同。

(三)参考指标

1. 0.5mol/L $NaHCO_3$法

土速效磷 mg/kg	等级
<5	低
5~10	中
＞10	高

2. 0.033mol/L NH_4F-0.025mol/L HCl

土壤速效磷 mg/kg	等级
<3	很低
3~7	低
7~20	中等
>20	高

三. 土壤中速效性钾的测定(火焰光度法)

1. 方法原理

以醋酸铵为提取剂,铵离子将土壤胶体吸附的钾离子交换出来。提取液用火焰光度计直接测定。

2.操作步骤

称取通过1mm筛孔的风干土5g(精确至0.01g)于100mL三角瓶中,加入50mL 1mol/L中性醋酸铵液,塞紧橡皮塞,振荡15min立即过滤,将滤液同钾标准系列液在火焰光度计上测其钾的光电流强度。

钾标准曲线的绘制:以500mg/kg或100mg/kg钾标准液稀释成0、1mg/kg、3mg/kg、5mg/kg、10mg/kg、15mg/kg、20mg/kg、30mg/kg、50mg/kg钾系列液(用1mol/L中性醋酸铵液稀释定容,以抵销醋酸铵的干扰),以浓度为横座标绘制曲线。

3. 结果计算

$$速效钾(mg/kg)=查得的mg/kg数\times V/W$$

式中:查得的mg/kg数——从标准曲线上查出相对应的mg/kg数;

V——加入浸提剂的毫升数,mL;

W——土样烘干重,g。

4. 注意事项

加入醋酸铵溶液于土样后,不宜放置过久,否则可能有部分矿物钾转入溶液中使速效钾量偏高。

5. 主要仪器及试剂配制

(1)仪器

火焰光度计。

(2)试剂

①1mol/L中性醋酸铵溶液。称取化学纯醋酸铵77.09g,加水溶解定容至1L,最后调节pH值至7.0。

②钾标准溶液。准确称取并烘干(105°C烘4~6h)分析纯KCl 1.9068g溶于水中。定容至1L即含钾为1000mg/kg,由此溶液稀释成500mg/kg或100mg/kg。

6.参考指标

土壤速效钾(mg/kg)	等级
<30	极低
30~60	低
60~100	中
100~160	高
>160	极高

附录二 绿化用有机基质

中华人民共和国国家标准GB/T 33891—2017
《绿化用有机基质》
Organic media for greening
2017-07-12发布

前 言

本标准按照GB/T 1.1—2009给出的规则起草。

本标准由国家林业局提出并归口。

本标准起草单位：上海市园林科学规划研究院、上海辰山植物园、上海临港漕河泾生态环境建设有限公司、重庆市风景园林科学研究院。

本标准主要起草人:方海兰、郝冠军、周建强、伍海兵、陈国霞、梁晶、彭红玲、王宝华、徐福银、王若男、朱丽、王贤超、赵晓艺、刘明星、胡佳麒。

1. 范围

本标准规定了绿化用有机基质的术语和定义、分类、产品质量要求、应用要求、检测方法、检验规则、标识以及包装、运输和贮存。

本标准适用于以农林、餐厨、食品和药品加工等有机废弃物为主要原料,可添加少量畜禽粪便等辅料,经堆置发酵等无害化处理后,粉碎、混配形成的绿化用有机基质。

2. 规范性引用文件

下列文件对于本文件的应用是必不可少的。凡是注日期的引用文件,仅注日期的版本适用于本文件。凡是不注日期的引用文件,其最新版本(包括所有的修改单)适用于本文件。

GB 5085.1 危险废物鉴别标准 腐蚀性鉴别

GB 5085.2 危险废物鉴别标准 急性毒性鉴别

GB 5085.3 危险废物鉴别标准 浸出毒性鉴别

GB 5085.4 危险废物鉴别标准 易燃性鉴别

GB 5085.5 危险废物鉴别标准 反应性鉴别

GB 5085.6 危险废物鉴别标准 毒性物质含量鉴别

GB/T 6682 分析实验室用水规格和试验方法

GB 7959-2012 粪便无害化卫生要求

GB/T 8170 数值修约规则与极限数值的表示和判定

GB/T 8569 固体化学肥料包装

GB/T 8576 复混肥料中游离水含量的测定 真空烘箱法

GB/T 17136 土壤质量 总汞的测定 冷原子吸收分光光度法

GB/T 17138 土壤质量 铜、锌的测定 火焰原子吸收分光光度法

GB/T 17139 土壤质量 镍的测定 火焰原子吸收分光光度法

GB/T 17141 土壤质量 铅、镉的测定 石墨炉原子吸收分光光度法

GB 18382 肥料标识 内容和要求

GB/T 22105.2 土壤质量 总汞、总砷、总铅的测定 原子荧光法 第2部分:土壤中总砷的测定

GB/T 23486 城镇污水处理厂污泥处置 园林绿化用泥质

HJ 491 土壤 总铬的测定 火焰原子吸收分光光度法

LY/T 1228 森林土壤氮的测定

LY/T 1234 森林土壤钾的测定

LY/T 1239 森林土壤pH值的测定

LY/T 1246 森林土壤交换性钾和钠的测定

LY/T 1251 森林土壤水溶性盐分分析

NY 525—2012有机肥料

NY/T 496 肥料合理使用准则 通则

3. 术语和定义

下列术语和定义适用于本文件。

3.1 有机改良基质 organic amelioration media

以有机成分为主的用于改善土壤物理和(或)化学性质,及(或)生物活性且无副作用的有机物料。

3.2绿化用有机基质 organic media for greening

以农林、餐厨、食品和药品加工等有机废弃物为主要原料,可少量添加自然生成或人工固体物质,能固定植物、保水保肥、透气良好、性质稳定、无毒性、质地轻、离子交换量高、有适宜的碳氮比、ph值易于调节,适合绿化植物生长的固体物质。

3.3农林有机废弃物 organic waste from agricultural and forestry

农业和林业生产、加工中产生的废弃植物、核桃壳、木屑、椰糠、蔬菜果皮、糠皮、麦麸、稻壳、玉米芯、花生壳、作物秸秆、芦苇末等植物性物质。

3.4食品和药品加工有机废弃物 organic wastes from food and pharmaceutical processing

食品和药品加工厂在生产过程中产生的蔗渣、糟渣、醋渣、糖渣、中药渣等有机的固体下脚料。

3.5干密度 dry bulk density

单位体积绿化基质的烘干重,单位为兆克每立方米(Mg/m^3)。

3.6湿密度 wet bulk density

绿化基质在饱和持水状态下,单位体积基质重量,单位为兆克每立方米(Mg/m^3)。

3.7非毛管孔隙度 non-capillary porosity

通气孔隙度 aeration porosity

绿化基质中直径大于0.1mm的孔隙占基质总体积的比例,用百分率(%)表示。

3.8杂物 sundries

绿化基质中残留的玻璃、塑料、金属、橡胶、石块、织物、建筑垃圾等不易分解的物质。

4. 绿化用有机基质分类

绿化用有机基质主要用途是作为栽培基质或改良绿化土壤,部分或全部替代泥炭或自然土壤用于绿化植物种植。根据不同的绿化用途,绿化用有机基质可分为三种类型:

a)作为土壤改良用的有机改良基质;

b)作为扦插或育苗用基质;

c)作为盆栽、花坛、屋顶、绿地或林地用的栽培基质。

5. 产品质量要求

5.1 一般要求

绿化用有机基质一般应经过堆肥发酵等无害化处理,性质应稳定。

5.2 外观和嗅觉

绿化用有机基质应质地疏松、无结块、无明显异臭味和可视杂物,颜色一般应为棕色或褐色。

5.3 技术指标

不同绿化用途的有机基质应符合附表2-1的规定。

附表2-1 不同绿化用途有机基质的技术指标

项目			不同用途			
			有机改良基质	扦插或育苗基质	栽培基质	
					盆栽、花坛、屋顶用	绿地、林地用
粒径(质量分数)/(%)			$Wd_{\leqslant 15mm} \geqslant 80$	$Wd_{\leqslant 5mm} \geqslant 95$	$W_{d \leqslant 15mm} \geqslant 90$	$Wd_{\leqslant 15mm} \geqslant 80$
粒径(质量分数)(%)	石块		$W_{z>2mm} \leqslant 5$ $W_{z>5mm}=0$	$W_{z>2mm} \leqslant 2$ $W_{z>5mm}=0$	$W_{z>2mm} \leqslant 3$ $W_{z>5mm}=0$	$W_{z>2mm} \leqslant 5$ $W_{z>5mm}=0$
	塑料		$W_{z>2mm} \leqslant 0.5$	$Wz_{>2mm} \leqslant 0.1$	$W_{z>2mm} \leqslant 0.1$	$W_{z>2mm} \leqslant 0.5$
	玻璃、金属等		$W_{z>2mm} \leqslant 2$	$W_{z>2mm} \leqslant 0.5$	$W_{z>2mm} \leqslant 1$	2
pH	水饱和浸提		可在4.0~9.5内调整	4.5~7.8	4.5~8.0	可在4.0~9.5内调整
	10:1水土比法		可在4.0~9.5内调整	5.0~7.6	4.5~7.8	可在4.0~9.5内调整
EC值[a] (mS/cm)	水饱和浸提法		≤12.0	≤2.5	≤10.0	≤12.0
	10:1水土比法		0.5~3.5	≤0.65	0.30~1.5	0.30~3.0
含水量(质量分数)/%			≤40	≤40	≤40	≤40
有机质(质量分数)/%			≥35	/	≥30	≥25
养分(以干基计)	总养分b(总氮+总磷+总钾)(质量分数)(%)		≥2.5	/	≥1.8	≥1.5
	速效养分[c] (mg/kg)	水解性氮	≤3000	≤500	≤1500	≤2000
		有效磷	≤1200	≤400	≤800	≤1000
		速效钾	≤4000	≤1000	≤2000	≤3000
干密度/(Mg/m^3)			0.1~1.2[d]	<0.5	0.1~1.0[d] (屋顶绿化用<0.5)	0.1~1.0
湿密度/(Mg/m^3)			≤1.3	≤0.8	≤1.2 (屋顶绿化用<0.8)	≤1.3
非毛管孔隙度/%			≥15	≥20	≥20	≥15
发芽指数/%			/	≥95	≥80	≥65

a 小苗或对盐分敏感的植物根系周围EC值：水饱和浸提法宜小于2.5 mS/cm；10:1水土比法宜小于0.65 mS/cm。

b 总养分：总氮以N计；总磷以P_2O_5计；总钾以K_2O计；总养分($N+P_2O_5+K_2O$)>4%时，有机基质用量不应超过使用比例的20%(体积比)。

c 速效养分：水解氮以N计；有效磷以P计；速效钾以K计。

d 若种植高大乔灌木，应控制有机基质用量以确保其固定土层的干密度大于或等于1.0mg/m^3，而对一般的花卉或小灌木的短期种植可以提高有机基质使用比例或全部用有机基质种植。

5.4 安全指标

5.4.1卫生防疫

绿化用有机基质应用于与人群接触比较多的绿地、涵养水源地、生态敏感区域时,其卫生防疫安全指标应符合附表2-2的规定。

附表2-2 绿化用有机基质卫生防疫安全指标

控制项目	指标
蛔虫卵死亡率/(%)	≥95
粪大肠菌群菌值	$\geq 10^{-2}$
沙门氏菌	不得检出

5.4.2 潜在毒害元素

绿化用有机基质潜在毒害元素含量应符合附表2-3的规定。

附表2-3 绿化用有机基质潜在毒害元素含量限值

控制项目	指标
可溶性氯[a](mg/L)	≤1500
可溶性钠[a](mg/L)	≤1000

[a]水饱和浸提液测定。

5.4.3 重金属控制

绿化用有机基质重金属控制指标应根据应用所在地与人群接触密切程度和绿地对土壤环境质量要求确定,并应符合下列规定:

a)应用于开放绿地、庭院绿化、园艺栽培等与人群接触较多的绿化种植,重金属含量应符合表4中I级的规定;

b)应用于封闭绿地、高速公路或造林等与人群接触较少的绿化种植,重金属含量应符合表4中II级的规定;

c)应用于废弃矿地、污染土壤修复地等潜在重金属严重污染区域或其景观植被恢复工程,重金属含量应符合附表2-4中III级的规定;

d)应用地土壤pH<6.5时,相应的绿化用有机基质重金属含量应按高一级的限值要求。

5.4.4用作主要原料的有机废弃物危险性鉴别

依据GB 5085.1~GB 5085.6进行鉴别,应不具有腐蚀性、毒性、易燃性、反应性等任何一种危险特性。其中依据GB 5085.3进行浸出毒性鉴别时,对铜(以总铜计)和锌(以总锌计)指标不做要求。

5.4.5其他安全要求

不应在产品中人为添加染色剂、着色剂,以及对环境造成危害的激素等添加物;若添加植物生长激素,应在包装容器上标明,否则不得检出。

附表2-4 有机基质的pH要求				
序号	控制项目	限值		
		I级	II级	III级
1	总镉(以干基计)(mg/kg)≤	1.5	3.0	5.0
2	总汞(以干基计)(mg/kg)≤	1.0	3.0	5.0
3	总铅(以干基计)(mg/kg)≤	120	300	400
4	总铬(以干基计)(mg/kg)≤	70	200	300
5	总砷(以干基计)(mg/kg)≤	10	20	35
6	总镍(以干基计)(mg/kg)≤	60	200	250
7	总铜(以干基计)(mg/kg)≤	150	300	500
8	总锌(以干基计)(mg/kg)≤	300	1000	1800
9	总银(以干基计)(mg/kg)≤	10	20	30
10	总钒(以干基计)(mg/kg)≤	100	150	300
11	总钴(以干基计)(mg/kg)≤	50	100	300
12	总钼(以干基计)(mg/kg)≤	20	20	40

6. 应用要求

6.1有机基质的pH范围

酸性改良基质一般用于喜酸性土壤的植物种植或碱性土壤改良；中性改良基质一般用于喜中性土壤的植物种植或中性土壤改良或对pH没有特殊要求的植物和土壤；碱性改良基质一般用于喜碱性土壤的植物种植或酸性土壤改良；不同用途有机基质的pH应符合附表2-5的规定。

附表2-5 有机基质的pH要求				
项目		改良基质种类		
		酸性改良基质	中性改良基质	碱性改良基质
pH	水饱和浸提	4.5<pH≤6.5	6.5<pH≤7.8	7.8<pH≤9.5
	10:1水土比法	4.5<pH≤6.5	6.5<pH≤7.5	7.5< pH≤9.3

6.2 用作土壤改良的有机基质用量

6.2.1根据种植植物种类，可以参考以下体积比混匀使用有机基质：

a)用于草花、草坪种植：可按有机基10%~100%的体积比混匀；

b)用于灌木种植：可按有机基质10%~80%的体积比混匀；

c)用于乔木种植：可按有机基质10%~35%的体积比混匀。

6.2.2根据原土性质,可以参考以下体积比混匀使用有机基质:

a)用于地表土改良,可按有机基质10%~50%的体积比混匀;

b)土壤质地黏重或贫瘠,可适当增加有机基质用量。

6.2.3有机基质用量可参考附表2-6中有机基质的不同盐分含量设置其施用比例。其中,用于盐碱地土壤改良的有机基质,其盐分含量的水饱和浸提法宜控制在8mS/cm以内,10∶1水土比法宜控制在 2.0mS/cm以内。

附表2-6 不同盐分含量的有机基质用量比例

EC值/(mS/cm)(水饱和浸提法)	对盐分敏感植物	耐盐植物
≤1.25	无限制	无限制
1.25<EC值≤2.5	< 60%	无限制
2.5<EC值≤5	<40%	< 80%
5<EC值≤8	<20%	<50%
8<EC值≤10	禁止使用	< 30%
10<EC值≤12	禁止使用	<15%
EC值> 12	禁止使用	禁止使用

6.3 用作有机肥料的有机基质养分要求

应符合NY 525—2012和NY/T 496的有关规定。

7. 检测方法

检测分析方法按附表2-7执行。

附表2-7 检测分析方法

序号	项目	检测方法	方法来源
1	粒径	筛分法	见附录A
2	杂物	质量法	见附录B
3	pH	电位法(10: l水土比)	LY/T 1239
		电位法(水饱和浸提)	见附录C
4	EC值	电导率法(10: 1水土比)	LY/T 1251
		电导率法(水饱和浸提)	见附录D
5	含水量	真空烘干法	GB/T 8576
6	有机质	重铬酸钾容量法(100 °C水浴)	NY 525—2012
7	总氮(以N计)	蒸馏法	NY 525—2012
8	总磷(以P_2O_5计)	钒钼酸铵比色法	NY 525—2012

附表2-7 (续)

序号	项目	检测方法	方法来源
9	总钾(以K_2O计)	火焰光度计法	NY 525—2012
10	水解性氮(以N计)	碱解-扩散法	LY/T 1228
11	有效磷(以P计)	双酸/碳酸氢钠浸提-钒钼酸铵比色法	见附录E
		AB-DTPA浸提-等离子体发射光谱法	见附录F
12	速效钾(以K计)	水饱和浸提-火焰光度计法	LY/T 1234
		AB-DTPA浸提-等离子发射体光谱法	见附录F
13	密度(干、湿)	环刀法	见附录G
14	非毛管孔隙度	环刀法	见附录G
15	发芽指数	生物毒性法	GB/T 23486
16	蛔虫卵死亡率	沉淀法	GB 7959—2012 附录E
17	粪大肠菌群菌值	发酵法	GB 7959—2012 附录D
18	沙门氏菌	培养基计数法	GB 7959—2012 附录C
19	可溶性氯	水饱和浸提-硝酸银滴定法	见附录H
20	可溶性钠	水饱和浸提-等离子体发射光谱法	见附录I
		水饱和浸提-火焰光度计法	LY/T 1246
21	总镉	石墨炉原子吸收分光光度法	GB/T 17141
		三酸消解-等离子体发射光谱法	见附录J
22	总汞	冷原子吸收分光光度法	GB/T 17136
		氢化法	见附录K
23	总铅	石墨炉原子吸收分光光度法	GB/T 17141
		三酸消解-等离子体发射光谱法	见附录J
24	总铬	火焰原子吸收分光光度法	HJ 491
		三酸消解-等离子体发射光谱法	见附录J
25	总砷	原子荧光法	GB/T 22105.2
		三酸消解-等离子体发射光谱法	见附录J
26	总镍	火焰原子吸收分光光度法	GB/T 17139
		三酸消解-等离子体发射光谱法	见附录J
27	总铜	火焰原子吸收分光光度法	GB/T 17138
		三酸消解-等离子体发射光谱法	见附录J
28	总锌	火焰原子吸收分光光度法	GB/T 17138
		三酸消解-等离子体发射光谱法	见附录J
29	总银	三酸消解-等离子体发射光谱法 见附录J	见附录J

附表2-7 (续)

序号	项目	检测方法	方法来源
30	总钒	三酸消解-等离子体发射光谱法	见附录J
31	总钴	三酸消解-等离子体发射光谱法	见附录J
32	总钼	三酸消解-等离子体发射光谱法	见附录J
33	腐蚀性鉴别	pH值测定 对钢材腐蚀速率测定	GB 5085.1
34	急性毒性鉴别	口服毒性半数致死量测定 皮肤接触毒性半数致死量测定 吸入毒性半数致死量测定	GB 5085.2
35	浸出毒性鉴别	电感耦合等离子体原子发射光谱法 电感耦合等离子体质谱法 石墨炉原子吸收光谱法 火焰原子吸收光谱法 原子荧光法 离子色谱法 气相色谱法 高效液相色谱法 气相色谱/质谱法 高效液相色谱/热喷雾/质谱或紫外法 热提取气相色谱/质谱法 平衡顶空法	GB 5085.3
36	易燃性鉴别	液态、固态、气态易燃性鉴别	GB 5085.4
37	反应性鉴别	爆炸性鉴别 与水或酸接触产生易燃气体或有毒气体鉴别 废弃氧化剂或有机过氧化物鉴别	GB 5085.5
38	毒性物质含量鉴别	高效液相色谱法 衍生/固相提取/液质联用法 高效液相色谱紫外法 气相色谱法 高效液相色谱/柱后衍生荧光法 固相提取/高效液相色谱紫外分析法 红外光谱法 高分辨气相色谱/高分辨质谱法	GB 5085.6

8. 检验规则

8.1产品质量指标的合格判断应符合GB/T 8170中修约值比较法的规定。

8.2绿化用有机基质技术指标应每批次进行检验。

8.3安全指标中的卫生防疫、重金属指标、用作主要原料的有机废弃物危险性鉴别、其他安全要求为型式检验项,有下列情况时应检验:

a) 正式生产时,原料、配方和工艺等发生变化;

b) 正式生产时,不定期或保存半年以上,应进行一次周期性检验;

c) 有特殊情况提出型式检验的要求时。

8.4产品合格判定规则:

a)检验结果中pH、EC值、有机质、发芽指数、潜在毒害元素和重金属中有一项指标不符合第5章对应产品质量要求时,则整批有机基质作不合格处理。

b) 若其他指标的检验结果出现不合格项,应进行加倍采样复检;若复检结果合格,则判定为合格;若复检结果仍出现不合格项,则判定该批次产品不合格。

9. 标识

绿化用有机基质产品的标识除按GB 18382的有关规定执行外,包装袋上应注明产品名称、商标、净体积、规范号、保质期、企业名称、生产日期和厂址;堆肥产品还应注明养分总含量;添加特殊材料的有机基质产品还应注明所添加材料的名称、含量、使用方法和作用机理。

10. 包装、运输和贮存

10.1 产品应包装牢固,袋口应密封,并应符合GB/T 8569的有关规定。

10.2 产品包装袋宜用易降解或可回收再利用的包装袋,应避免对环境污染。

10.3 产品运输途中应避免日晒雨淋和被有毒有害物质污染。

10.4 产品应贮存于阴凉、通风、干燥的仓库内;并防止被有毒有害物质污染。

10.5 开封后应尽快使用。

附录A

(规范性附录)

基质粒径的测定 筛分法

A.1 仪器

A.1.1标准筛:孔径为5 mm、15 mm的筛子,附筛子盖和底盘。

A.1.2 天平:感量0.01g。

A.2 分析步骤

称取风干基质100~200g,精确至0.01g,记录试样重($m_{总}$);然后将基质放在规定孔径的筛子上,进行人工筛分,最后将留在筛孔上的样品进行称重(三个重复)。

A.3 分析结果计算

不同粒径含量以质量分数(%)表示,按式(A.1)或式(A.2)计算:

$$w_{d\leqslant 5mm}=(m_{总}-m>5m)/m_{总}x100\% \quad ....(A.1)$$

$$w_{d\leqslant 15mm}=(m_{总}-m>15mm)/m_{总}x100\% \quad ....(A.2)$$

式中:$w_{d\leqslant 5mm}$—— 表示基质中粒径小于5 mm的质量分数;

$w_{d\leqslant 15mm}$—— 表示基质中粒径小于15 mm的质量分数;

$m_{总}$—— 基质的总质量,单位为克(g);

$m_{>5mm}$—— 未通过5 mm筛孔的基质质量,单位为克(g);

$m_{>15mm}$—— 未通过15 mm筛孔的基质质量,单位为克(g)。

所得结果应表示至两位小数。

A.4 允许差

A.4.1 取平行测定结果的算术平均值作为测定结果。

A.4.2 平行测定结果的绝对差值不大于0.5%。

附录B

(规范性附录)

杂物的测定 质量法

B.1 仪器

B.1.1 标准筛：孔径为2mm和5mm的筛子，附筛子盖和底盘。

B.1.2 天平：感量0.01g。

B.2 分析步骤

称取风干基质100~200g，精确到0.01g，记录试样重($m_{总}$)；分别用5mm或2mm的筛子筛分，然后将留在筛孔上的基质平滩，将其中杂物按石块、塑料、玻璃、金属等不同杂物种类分别称重、记录,求出每一组成的质量分数(三个重复)。

B.3 分析结果计算

杂物含量以质量分数(%)表示,按式(B.1)或式(B.2)计算:

$$W_{z>2mm} = m_{*}/m_{总} \text{ X } 100\% \ \ldots \ (B.1)$$

$$W_{z>5mm} = m_{*}/m_{总} \text{ X } 100\% \ \ldots \ (B.1)$$

式中:$W_{z>2mm}$ —— 表示基质中粒径大于2mm杂物的质量分数;

$W_{z>5mm}$ —— 表示基质中粒径大于5mm杂物的质量分数;

$m_{.}$ —— 某种杂物的质量,单位为克(g);

$m_{总}$ —— 基质的总质量,单位为克(g)。

所得结果应表示至两位小数。

B.4 允许差

B.4.1取平行测定结果的算术平均值作为测定结果。

B.4.2平行测定结果的绝对差值不大于0.5%。

附录C

(规范性附录)

pH的测定 水饱和浸提-电位法

C.1 仪器

C.1.1 酸度计：测量范围0~14；精度：0.01级。

C.1.2 电极：玻璃电极、饱和甘汞电极、温度补偿电极或pH复合电极。

C.1.3 天平：感量0.01g。

C.2 试剂

C.2.1 pH4.01标准缓冲液：购买仪器供应商标液、购买带CMC标识标准缓冲液或自行配制。

C.2.2 pH7.00标准缓冲液：购买仪器供应商标液、购买带CMC标识标准缓冲液或自行配制。

C.2.3 pH10.01标准缓冲液：购买仪器供应商标液、购买带CMC标识标准缓冲液或自行配制。

C.2.4去离子水：去离子水应符合 GB/T 6682的规定。

C.3 测定步骤

C.3.1 待测糊状物的制备

称取一定量通过2mm筛孔的基质于250mL高型烧杯中，加入适量的去离子水，用刮勺搅动混成水分饱和糊状物，至没有游离水出现并在光下有光亮现象，室温静置1h以上或过夜待测pH。在放置过程中糊状物有显著变硬或失去光泽现象，应添加水重新混合；若在放置过程中样品表面有游离水出现，或糊状物太潮湿则应添加基质重新混合。

C.3.2 仪器的校正

用pH的标准缓冲液分别校正仪器，使标准缓冲液的值与仪器标度上的值相一致。待标定结束仪器稳定后，用校准好的仪器对标准缓冲液进行回测，使测得值与标准值控制在误差范围内，如超过规定允许差，则需检查仪器、仪器电极或标准溶液是否有问题。当仪器校准无误且仪器稳定后，方可进行样品测定。

C.3.3 测定

pH计校正后，将电极插入待测糊状物中，测pH值。样品测完后，即用水冲洗电极，并用干滤纸将水吸干。

C.4 结果计算

pH可直接读数，不需换算。

C.5 允许差

pH值两次称样平行测定结果允许差为±0.1 pH。

附录D

(规范性附录)

EC值的测定 水饱和浸提-电导率法

D.1 仪器

D.1.1 电导仪：测量范围0~2000 mS/cm；精度：1.0级。

D.1.2 布氏漏斗。

D.1.3 天平：感量0.01g。

D.1.4 真空抽滤泵或电动吸引器。

D.2 试剂

D.2.1 标准KCl溶液：购买仪器供应商标准溶液、购买带CMC标识标准溶液或自行配制标准KCl溶液。

D.2.2 去离子水：去离子水应符合GB/T 6682的规定。

D.3 测定步骤

D.3.1 待测液的制备

称取一定量通过2mm筛孔的有机基质于250mL高型烧杯中，加入适量的去离子水,用刮勺搅动混成水分饱和的糊状物，至没有游离水出现并在光下有光亮现象，室温静置4h以上或过夜。在放置过程中糊状物有显著变硬或失去光泽现象，应添加水重新混合；若在放置过程中样品表面有游离水出现或糊状物太潮湿则应添加基质重新混合。之后用真空抽滤泵或电动吸引器抽取滤液待测EC值。

D.3.2 仪器的校正

用电导率的标准溶液分别校正仪器，使标准溶液的值与仪器标度上的值相一致。待标定结束仪器稳定后，用校准好的仪器对标准溶液进行回测，使测得值与标准值控制在误差范围内，如超过规定允许差，则需检查仪器、仪器电极或标准溶液是否有问题。当仪器校准无误且仪器稳定后,方可进行样品测定。

D.3.3 测定

电导仪校正后，将电极插入待测液中，测EC值。每份样品测完后，即用水冲洗电极，并用干滤纸将水吸干。

D.4 结果计算

一般EC值可直接读数，不需换算。

D.5 允许差

EC值两次称样平行结果允许相对偏差为±15%。

附录E

(规范性附录)

有效磷的测定 双酸/碳酸氢钠浸提-钒钼酸铵比色法

E.1 双酸浸提法(适用于酸性、中性有机基质测定)

E.1.1仪器

E.1.1.1天平:感量0.01 g。

E.1.1.2双光束紫外-可见分光光度计。

E.1.1.3温控振荡器。

E.1.2试剂

E.1.2.1双酸浸提剂[c(HCl=0.05mol/L和$c(1/2H_2SO_4)$=0.025mol/L]:吸取4.0mL浓盐酸及0.7mL浓硫酸于有水的1L容量瓶中,用水稀释至刻度。

E.1.2.2浓硝酸:ρ约1.42g/mL,69%,分析纯。

E.1.2.3浓硫酸:ρ约1.84g/mL,98%,分析纯。

E.1.2.4浓盐酸:ρ约1.19g/mL,38%,分析纯。

E.1.2.5氢氧化钠溶液:质量分数为10%的溶液。

E.1.2.6稀硫酸:体积分数为5%的溶液。

E.1.2.7无磷活性炭。

E.1.2.8钒钼酸铵试剂:

A液:称取25.0 g钼酸铵溶于400 mL水中。

B液:称取1.25g偏钒酸铵溶于300mL沸水中,冷却后加250ml浓硝酸,冷却。

在搅拌下将A液缓缓注人B液中,用水稀释至1 L,混匀,贮于棕色瓶中。

E.1.2.9磷标准溶液(50mg/L):称取0.2195g经105°C烘干2h的磷酸二氢钾(基准试剂),用水溶解后,转入1L容量瓶中,加入5m L浓硫酸,冷却后用水定容至刻度。或购买有证标准溶液。

E.1.3分析步骤

E.1.3.1待测液的制备:称取5.0g(精确至0.01g)过2mm筛的有机基质样品于250mL锥形瓶中,加入50ml双酸浸提剂,震荡5min过滤后待用。

E.1.3.2测定:吸取待测液2~10mL于50mL比色管中,加1滴2,4-二硝基酚指示剂,用稀硫酸和氢氧化钠溶液调节pH至刚呈现黄色。用钒钼酸铵比色法测磷(同NY 525—2012 中5.4.4.3),如待测液颜色过深,则需加无磷活性炭进行脱色处理。同时做空白实验。

E.1.3.3工作曲线:同NY 525—2012 中5.4.4.4.

E.1.4结果计算

有效磷含量以毫克每千克(mg/kg)表示,按式(E.1)计算:

$$W_p=\frac{(c_1-c_2)\times V\times t_s}{m\times k} \quad ...(E.1)$$

式中：W_p —— 磷的含量mg/kg；

c_1 —— 由工作曲线查得磷的质量浓度mg/L；

c_2 —— 空白溶液中待测元素的质量浓度mg/L；

V —— 显色体积mL；

t_s—— 分取倍数；

m —— 样品的质量g；

k —— 将样品换算成烘干样品的系数。

E.1.5允许差

两次称样平行测定结果允许相对偏差为15%。

E.2 碳酸氢钠浸提法(适用于碱性有机基质测定)

E.2.1仪器

同E.1.1。

E.2.2试剂

E.2.2.1碳酸氢钠浸提剂(0.5 mol/L碳酸氢钠溶液，pH=8.5)：称取42.0 g碳酸氢钠(分析纯)于烧杯中，加水至近1 L，用氢氧化钠溶液调至pH=8.5，定容至1 L。

E.2.2.2其他试剂同 E.1.2.2~E.1.2.3、E.1.2.5~E.1.2.9。

E.2.3分析步骤

E.2.3.1待测液的制备：称取5.0g(精确到0.01g)过2mm筛的有机基质样品于250mL锥形瓶中，加入50 mL碳酸氢钠浸提剂，25℃±1℃下震荡30 min过滤后待用。

E.2.3.2测定：吸取待测液2mL~10mL于50mL比色管中，加1滴2,4-二硝基酚指示剂，用稀硫酸和氢氧化钠溶液调节pH至刚呈现黄色，中和时有强烈气泡产生，应一滴一滴地边加边摇，不应使二氧化碳溢出。无气泡产生后方可用钒钼酸铵比色法测磷(同NY 525—2012中5.4.4.3)，如待测液颜色过深，则需加无磷活性炭进行脱色处理。同时做空白实验。

E.2.3.3工作曲线：同NY 525—2012 中5.4.4.4(同E.2.3.2显色,防止二氧化碳溢出)。

E.2.4结果计算

同E.1.4。

E.2.5允许差

同E.1.5。

附录F

(规范性附录)

有效磷、速效钾的测定
AB-DTPA 浸提-电感耦合等离子体发射光谱法

F.1 仪器

F.1.1天平：感量0.01 g。

F.1.2温控振荡器。

F.1.3电感耦合 等离子体发射光谱仪。

F.1.4气体高纯氩气(99.99%)。

F.2 试剂

F.2.1AB-DTPA浸提液(pH7.6的1.0mol/L碳酸氢铵-0.005mol/L二乙三胺五乙酸(DTPA提取液)：在约800mL蒸馏水中加1:1氨水2mL，然后加入1.97g DTPA，待大部分DTPA溶解后，加入79.06g碳酸氢铵，轻轻搅拌至溶解，在pH计上用氨水或硝酸(1:1)调节pH至7.6后，定容到1L容量瓶，摇匀后待用)。碳酸氢铵、二乙三胺五乙酸、氨水和硝酸均为优级纯。

F.2.2蒸馏水：实验室二级水，应符合GB/T 6682的规定。

F.3 测定步骤

F.3.1待测液的制备

F.3.1.1基质AB-DTPA浸提液

F.3.1.1.1 称取5g(精确到0.01g)过2mm筛的风干基质于三角瓶中，加入50mL浸提液在25°C下振荡15min(180r/min)，然后用中速滤纸过滤并收集滤液(弃去最初的几毫升)。

F.3.1.1.2在三角瓶中加0.25mL浓HNO_3再小心加入2.5mL滤液或待测元素的标准溶液,振荡15min(不加塞)以驱除CO_2。

F.3.2多元素混合标准曲线的制备

F.3.2.1多元素混合标准贮存液(100mg/L)的配置：取适当体积的标准元素制备液于容量瓶中，用酸化的AB-DTPA稀释至100ml。将混合标准液转入预先准备好的氟化乙丙稀瓶(聚乙烯或者聚丙烯瓶)中储存，为避免储存过程中的浓度变化,宜现配现用。

F.3.2.2标准曲线的配制：移取适量的混合标准贮存液至100mL容量瓶中，用酸化的AB-DTPA稀释定容至100 mL,待测。

F.3.3样品测定

吸取待测样适量，用电感耦合等离子体发射光谱仪(ICP-OES)进行测定；当样品含量超过标准曲线时,将待测样稀释后再测定。

F.4 结果计算

元素含量以毫克每千克(mg/kg)表示,按式(F.1)计算:

$$W_{*}=\frac{c\times V\times t_{s}}{m\times k} \quad \cdots(F.1)$$

式中:w. —— 有效磷或速效钾的含量,单位为毫克每千克(mg/kg);

c—— 待测液中元素的质量浓度,单位为毫克每升(mg/L):

V—— 浸提液体积,单位为毫升(mL);

t_{s}—— 分取倍数;

m—— 样品质量,单位为克(g);

k——将风干土换算到烘干土的水分换算系数。

F.5 允许差

两次称样平行测定结果允许相对偏差为±15%。

附录G

(规范性附录)

干密度、湿密度和非毛管孔隙度的测定环刀法

G.1 仪器、设备

G.1.1环刀：容积(V_s)100 cm^3。

G.1.2电热鼓风干燥箱：控制温度50~110 °C。

G.1.3 天平：感量0.01g。

G.1.4铝盒：编有号码的有盖称量器皿。

G.1.5干燥器：内有变色硅胶干燥剂。

G.2 测定方法

G.2.1 用天平称空环刀质量（包括垫有滤纸的带孔盖)(m_1)。

G.2.2将样品沿45°角自由落入100cm^3环刀中，并轻轻平敲或水平摇换环刀,使基质在环刀内能自然沉降并充满环刀，用刀削平。

G.2.3将垫有滤纸带网眼底盖并充满样品的环刀放入平底盆（或盘）中，注入并保持盆中水层的高度至环刀上沿为止，使其吸水达12~14h。如果发现在吸水过程中基质超过环刀上沿，应用刀削平。盖上、下底盖，水平取出后立即称重(m_2)。

G.2.4然后将上述称重后环刀去掉底盖，再放在铺有干砂的平底盘中2h，盖上底盖后立即称重(m_3)。

G.2.5将环刀内基质全部倒入铝盒中，放入105~110°C烘箱内，烘至恒重(m_4)(直至前后两次相对误差不大于5%)。

G.2.6以上实验应至少做重复三次。

G.3计算方法

G.3.1干密度

干密度以单位体积质量(Mg/m^3)表示,按式(G.1)计算:

$$P_{b干}= (m_4-m_1) /V_s \text{ .....(G.1)}$$

式中:$P_{b干}$—— 干密度,单位为兆克每立方米(Mg/m^3);

m_4—— 烘干后环刀和基质的总质量,单位为兆克(Mg);

m_1—— 环刀质量,单位为兆克(Mg);

V_s——环刀容积,单位为立方米(m^3)。

所得结果应表示至两位小数。

C.3.2湿密度

湿密度以单位体积质量(Mg/m^3)表示，按式(G.2)计算:

$$\rho_{b湿}= (m_3-m_1) /V_s \text{ .....(G.2)}$$

式中:$\rho_{b湿}$ —— 湿密度,单位为兆克每立方米(Mg/m^3);

m_3 —— 滤水后环刀和基质的总质量,单位为兆克(Mg);

m_1 —— 环刀质量,单位为兆克(Mg);

V_s —— 环刀容积,单位为每立方米(m^3)。

所得结果应表示至两位小数。

G.3.3 非毛管孔隙度

非毛管孔隙度以单位体积内非毛管孔隙的百分率(%)表示,按式(G.3)计算:

$$\rho_{非毛管} = 100\% \times (m_2 - m_3) / (V_s \times {}_{p水}) \quad \ldots(G.3)$$

式中:$\rho_{非毛管}$ —— 非毛管孔隙度;

m_2—— 吸水后环刀和基质的总质量,单位为兆克(Mg);

m_3—— 滤水后环刀和基质的总质量,单位为兆克(Mg);

$\rho_{水}$—— 实验条件下水的密度,单位为兆克每立方米(Mg/m^3)。

所得结果应表示至两位小数。

G.4 允许差

G.4.1 取测定结果的算术平均值作为测定结果。

G.4.2干湿密度不同的测量结果绝对差值不大于$0.05Mg/m^3$,非毛管孔隙度不同测定结果的绝对差值不大于0.5%。

附录H

(规范性附录)

可溶性氯的测定 水饱和浸提-硝酸银滴定法

H.1 仪器、设备

H.1.1 5mL酸式滴定管。

H.1.2 天平：感量0.01 g。

H.1.3 布氏漏斗。

H.1.4 真空抽滤泵或电动吸引器。

H.2试剂

H.2.1 去离子水。

H.2.2 0.04mol/L硝酸银标准溶液：6.80g硝酸银(分析纯)溶于水，转入1L容量瓶中，稀释到刻度；用氯化钠标定其浓度，保存于棕色瓶中备用。

H.2.3 50g/L铬酸钾指示剂：5g铬酸钾(分析纯)溶于水，逐滴加入1mol/L 硝酸银溶液至刚有砖红色沉淀生成为止，放置过夜后过滤，稀释至100 mL。

H.2.4 0.02mol/L碳酸氢钠溶液：1.7g碳酸氢钠(分析纯)溶于水，稀释至1 L。

H.2.5 10 g/L酚酞指示剂：1g酚酞溶于100 mL乙醇中。

H.3 测定步骤

H.3.1 待测液的制备：可溶性氯的水饱和浸提待测液制备方法同D.3.1的规定。

H.3.2 测定：移取1~20mL饱和浸提液(V_2)(根据基质氯含量多少来确定)，加去离子水至总体积约为30mL，加酚酞指示剂1滴，用碳酸氢钠溶液调至刚变粉红色，加铬酸钾指示剂5滴，用硝酸银标准溶液滴定至砖红色沉淀不消失，记录硝酸银溶液的滴定体积(V_1)，同时做空白对照(V_0)。

H.4 结果计算

可溶性氯含量以毫克每升(mg/L)表示，按式(H.1)计算：

$$W_{Cl}=\frac{c\times(V_1\times V_0)\times 35.5}{m\times k}\times 1000 \quad \dots(H.1)$$

式中：W_{cl} —— 可溶性氯的质量浓度，单位为毫克每升(mg/L)；

c —— 硝酸银标准溶液浓度，单位为摩尔每升(mol/L)；

V_1 —— 待测液滴定消耗硝酸银体积，单位为毫升(mL)；

V_0 —— 空白滴定体积，单位为毫升(mL)；

m —— 移取浸提液体积，单位为毫升(mL)；

k —— 氯的摩尔质量，单位为克每摩尔(g/mol)。

H.5 允许差

两次称样平行测定结果允许相对偏差为±10%。

附录I

(规范性附录)

可溶性钠的测定 水饱和浸提-电感耦合等离子体发射光谱法

I.1 仪器及条件

I.1.1 电感耦合等离子体发射光谱仪。

I.1.2 气体——高纯氩气(99.99%)。

I.1.3 测定条件:按照表I.1和表I.2的参数设定仪器条件,但是,由于仪器型号的不同,操作条件也会有变化,应设定最佳仪器条件。

附表I.1 不同盐分含量的有机基质用量比例

项目	参数
高频发生器功率(W)	1350
等离子体气体流量 (L/ min)	12
辅助气体流量 (L/ min)	0.3
雾化器流量 (L/min)	0.6
蠕动泵流量 (mL/ min)	1.5

表I.2 钠测定的ICP分析推荐波长

元素	波长(nm)
钠	589.592

I.2 试剂

I.2.1 去离子水:18.2MΩ去离子水或相当纯度的去离子水。

I.2.2 元素制备液:钠100mg/L。

I.2.3 混合标准溶液:取适当体积的标准元素制备液于容量瓶中,去离子水稀释至100mL。将混合标准液转人预先准备好的氟化乙丙稀瓶中储存,或储存在未用过的聚乙烯或者聚丙烯瓶中,避免储存过程中的浓度变化,应在临用时配制新鲜的混合标准溶液。

I.3分析步骤

I.3.1 待测液的制备:水饱和浸提待测液制备方法同D.3.1的规定。

I.3.2 校准曲线:分别移取适量的混合标准溶液或逐级稀释液至100mL容量瓶中,用去离子水定容至刻度,待测。同时做校准空白。

I.4 结果计算

可溶性钠含量以毫克每升(mg/L)表示,按式(I.1)计算:

$$W_{Na}= c\times t_s$$

式中:W_{Na} —— 可溶性钠的质量浓度,单位为毫克每升(mg/L);

c —— 待测液中元素的质量浓度,单位为毫克每升(mg/L);

t_s—— 分取倍数。

I.5 允许差

两次称样平行测定结果允许相对偏差为±15%。

附录J

(规范性附录)

总镉、总铅、总铬、总砷、总镍、总铜、总锌、总银、总钒、总钴和总钼的测定 三酸消解-电感耦合等离子体发射光谱法

J.1 仪器及条件

J.1.1 天平：感量0.0001 g。

J.1.2 电感耦合等离子体发射光谱仪。

J.1.3 气体——高纯氩气(99.99%)。

J.1.4 测定条件：按照表J.1和表J.2参数设定仪器条件，但是，由于仪器型号的不同，操作条件也会有变化，应设定最佳仪器条件。

J.1.5 方法最低检出限：总镉0.500mg/kg、总铅2.00mg/kg、总铬0.500mg/kg、总砷0.500mg/kg、总镍2.00mg/kg、总铜2.00mg/kg、总锌2.00mg/kg、总银2.00mg/kg、总钒0.500mg/kg、总钴0.500mg/kg、总钼0.500 mg/kg。

表J.1 各元素的ICP分析推荐条件

项目	参数
高频发生器功率(W)	1350
等离子体气体流量(L/min)	12
辅助气体流量(L/min)	0.3
雾化器流量(L/min)	0.6
蠕动泵流量(mL/min)	1.5

表J.2 各元素的ICP分析推荐波长

元素	波长(nm)	元素	波长(nm)
镉	228.802	锌	206.200
铅	220.353	银	328.068
铬	267.716	钒	292.464
砷	193.696	钴	228.616
镍	231.604	钼	202.031
铜	327.393		

J.2 试剂

J.2.1 去离子水：18.2 MΩ去离子水或相当纯度的去离子水。

J.2.2 浓硝酸：ρ约 1.42 g/ mL，69% ，优级纯。

J.2.3 稀硝酸：10 mL浓硝酸用去离子水稀释至1000 mL。

J.2.4 浓盐酸：ρ约1.19 g/mL，38% ，优级纯。

J.2.5 过氧化氢：30%，优级纯。

J.2.6 元素制备液：镉 100 mg/L、铅100 mg/L、铬100 mg/L、砷100 mg/L、镍100 mg/L、铜100mg/L、锌100 mg/L、银100 mg/L、钒100 mg/L、钴100 mg/L、钼100 mg/L。

J.2.7 混合标准溶液：取适当体积的标准元素制备液于容量瓶中，用1%硝酸稀释至100mL。将混合标准液转入预先准备好的氟化乙丙稀瓶中储存，或储存在未用过的聚乙烯或者聚丙烯瓶中，应在临用时配制新鲜的混合标准溶液。一些典型混合校准溶液的组成见表J.3。

表J.3 混合标准溶液

序号	浓度(mg/L)	参数
1	1000	Cd、Pb、Cr、As、Ni、Zn、Cu、V、Co
2	1000	Mo
3	1000	Ag

J.3 分析步骤

J.3.1 试液制备

准确称取0.5~1g(精确至0.0001g)样品于100mL聚四氟乙烯坩埚中，加少量水混匀至糊状，加入10mL浓盐酸和5mL浓硝酸混匀，放在电热板上加热(最好放在通风橱中过夜,次日再消化)。开始时95°C缓慢加热，当试样泡沫上浮时立即取下稍冷后再继续消化,反复操作直至泡沫细小为止。加盖后提高温度至150°C保持2h，开盖蒸发至3mL左右(视消解情况可补加硝酸继续消化至无大量棕色烟雾)。取下稍冷后逐滴加入1mL30%H_2O_2,放在电热板上过氧化反应,加热到冒泡停止后取下稍冷，继续加入0.5mL 30%H_2O_2，重复这一操作直至冒泡极小或样品表观不再发生变化，继续加热蒸发至糊状(注意不能蒸干)，取下稍冷后用1%硝酸冲洗内壁和坩埚盖，并转入50mL容量瓶中，冷却后定容。消解液中的颗粒物会堵塞喷雾器，应过滤或离心或使之沉淀，取澄清液待测。同时做样品空白。

J.3.2 校准曲线

分别移取适量的混合标准溶液或逐级稀释液至100mL容量瓶中，用1%硝酸定容至刻度，待测。同时做校准空白。

J.4 结果计算

元素含量以毫克每千克(mg/kg)表示，按式(J.1)计算：

$$W_{*}= c\times V\times t_s/m\times k \quad \ldots(J.1)$$

式中：$W_{.}$ —— 某元素的含量，单位为毫克每千克(mg/kg)；

c —— 待测液中某元素的质量浓度，单位为毫克每升(mg/L)；

V —— 某元素消解液休积.单位为毫升(mL)；

t_s —— 某元素分取倍数；

m —— 样品质量,单位为克(g)；

k —— 将风干土换算到烘干土的水分换算系数。

J.5 允许差

两次称样平行测定结果允许相对偏±15%。

附录K

(规范性附录)

总汞的测定 氢化物发生-原子吸收分光光度计法或电感耦合等离子体发射光谱法

K.1仪器

K.1.1天平：感量 0.0001 g。

K.1.2原子吸收分光光度计或电感耦合等离子体发射光谱仪。

K.1.3氢化的发生装置。

K.1.4气体-高纯氩气(99.99%)。

K.2 试剂

K.2.1去离子水：18.2 MΩ去离子水或相当纯度的去离子水。

K.2.2浓硝酸：ρ约1.42 g/mL，69%，优级纯。

K.2.3浓盐酸：ρ约1.19 g/mL，38%，优级纯。

K.2.4盐酸溶液：10% ，优级纯。

K.2.5汞标准溶液：购买有证标准溶液。

K.2.6硼氢化钾(或硼氢化钠)碱性溶液：1%左右。称取5g硼氢化钾(或硼氢化钠)和5g氢氧化钾于500mL烧杯中，用水溶解并配制成500mL溶液。

注:此溶液现配现用。

K.3 分析步骤

K.3.1试液制备

准确称取过0.149mm筛试样0.5~2g(精确至0.0001g)于100mL聚四氟乙烯坩埚，置于通风橱中，加入王水10mL，加盖在电热板(加热器)上徐徐加热(若反应激烈产生泡沫时,自电热板上移开放冷片刻)，等激烈反应结束后，继续加热约30min(温度控制在100~105°C，可水浴加热)。用10%的HCl溶液定容至50 mL。同时做平行和空白试验。

K.3.2校准曲线

移取适量的汞标准溶液或逐级稀释液至100mL容量瓶中，用10%的HCl定容至刻度,待测。同时做校准空白。以各元素的浓度对各元素发射强度关系作校准曲线。

K.3.3校准曲线样品空白

采用空白溶液，同样品前处理。

K.4结果计算

总汞含量以毫克每千克(mg/kg)表示，按式(K.1)计算:

$$W_{Hg}=\frac{c-c_0\times V\times t_s}{m\times k}\times 10^{-3}\ldots(J.1)$$

式中：W_{Hg} —— 汞(Hg)元素的含量,单位为毫克每千克(mg/kg);

c —— 待测液中汞(Hg)元素的质量浓度,单位为微克每升(μg/L);

c_0 ——空白溶液中汞(Hg)元素的质量浓度,单位为微克每升(μg/L);

V —— 待测液定容体积，单位为毫升(mL);

t_s —— 某元素分取倍数;

m —— 样品的质量,单位为克(g);

k —— 将样品换算成烘干样品的系数。

K.5 允许差

两次称样平行测定结果允许相对偏差为±15%。

参考文献

[1] Australian Standard, 2003.AS 4454——2003 Composts, soil conditioners and mulches [S]. Standard Australian.

[2] Dominic H.,Josef B. , Enzo F. ,et al,2002.Comparison of compost standards within the EU, North America and Australasia[M].The Waste and Resources Action Program.

[3] Jan B.et al,1994.EPA530-R-94-003.Composting Yard Trimmings and Municipal Solid Waste [R]. Environmental Protection Agency.

[4] Sharon Russell and Lee Best,2006.Setting the standards for compost. Biocycle International(6):53-57.

[5] The Composting Council And CWC,1997.Development of Landscape Architect Specifications for Compost Utilization[R].

[6] United States Environmental Protection Agency Office of Solid Waste. 2006[2007-2-10].EPA 530-s-06-001. Municipal Solid Waste In the United States:Facts and Figures for 2005,United States [R/OL].Environmental Protection Agency .http://www.epa. gov/msw/pubs/ ex-sum05.pdf.

[7] William F. Brinton,2000.Compost quality standards and guidelines. Woods and Research Laboratory,New York State Association of Recyclers.

附录三 缓/控释肥和水溶性肥料

一、缓/控释肥料

传统化肥释放速度快，受土壤环境和气候的影响大，施用于土壤后很快溶解，大部分因为挥发、流失和土壤固定等因素而失去肥效。此外，养分的平衡需求和养分的平衡供应之间极不协调，作物生长前期施用的肥料因为作物吸收少而流失，而到了生长旺盛期又要追加施肥，不但浪费了大量的人力物力，而且造成了严重的环境问题。缓释肥 (slow release fertilizers,SRFs)和控释肥 (controlled release ferilizers,CRFs)由于具有缓慢释放和控制释放的能力，特别是控释肥，可以根据作物的需肥规律控制释放养分，充分满足作物在不同阶段对养分的需求，一次大量施用不会对作物造成危害，逐渐成为肥料发展的方向。

(一)基本概念

美国作物营养协会 (AAPFCO)对缓释和控制释放肥料的定义为：所含养分比速效肥具有更长肥效的肥料。并认为缓释与控释之间没有严格的区别，科研中也没有做严格的区分。但从控制养分释放速率的机制和效果来看，缓释肥和控释肥具有一定的区别。一般认为，缓释肥是施于土壤中以后缓慢释放养分的一种肥料，受土壤环境的影响较大，养分释放和作物需求不一定完全同步。而控释肥是在缓释肥的基础上发展起来的，确切意义的控释肥(Controlled Release Fertilizer,CRFs)不仅强调肥料养分的释放期，而且强调养分释放速率能与作物需肥规律相一致或基本一致。这类肥料能最大限度的提高肥料利用效率，防止多余养分对环境的污染。

(二) 缓/控释肥的种类和常用肥料

1. 缓/控释肥的种类

美国田纳西州流域管理局(Tennessee Valley Authority,TVA)的 R.D.Hauck于1985年将缓释肥料 (Slow Release Fertilizer, 简称SRF), 分为下列4类：

(1)微溶于水的合成有机氮化合物

如尿素与甲醛反应生成的脲醛肥料(Urea-Formaldehyde,UF)、异丁叉二脲(IBDU)、丁烯叉二脲(CDU)等。

(2)微水溶性或柠檬酸溶性合成无机肥料

如磷酸氢钙、部分酸化磷矿、溶融含镁磷肥、二价金属磷酸铵钾盐等。

(3)加工过的天然有机肥料

如氨化腐植酸肥料、动(植)物加工过程中的副产品、干燥的活性污泥等，农业废弃物加工的肥料属于此类。

(4)包膜(包裹)型肥料 (Coated Fertilizer)

包括非有机物包膜肥料、热固型聚合物包膜肥料、热塑型聚合物包膜肥料、肥料包裹肥料的包裹肥料。其中前3种肥料制作工艺上属于化合物合成肥料，又统称为非包膜肥料。

2. 几种常用的非包膜肥料

早期控释肥主要是非包膜的合成型肥料，而且以缓释氮肥为主，其产品主要有：

(1)脲醛肥料 (Urea-Formaldehyde,UF)

为尿素与甲醛 (Formaldehyde)的混合沉淀物，含氮30%~40%。大约1/3的 N 在最初1/2周内施效；另外1/3在后1/2个月内；最后的1/3在1/2年内。UF可提供作物6~8周所需的氮肥，超过这个时间，氮肥由UF 释放太慢，需另外施肥。UF氮肥 的施效主要是靠土壤的微生物分解，所以土壤或介质中的温度升高与土壤 pH 值较低时，UF的释放速度快。

(2)丁烯叉二脲 (Crotonylidene diurea, 简称 CDU)

又称脲乙醛，是由乙醛和尿素在酸性条件下合成的，含氮量为31%。CDU 施入土 壤后经过化学水解和微生物降解两个过程释放出氮。因此，凡是影响微生物活性的因子如土壤温度、水分、pH值等，都会影响其分解速率。

(3)异丁叉二脲 (Isobutylidene-diurea, 简称 IBDU)

是尿素与异丁醛 (Isobutylidene)的混合沉淀物，含氮31%~32%。IBDU 中的氮 肥是由化学水解产生的，不受土壤微生物的影响，pH值低会增加水解，而且此种水解 作用与温度关系不大。IBDU颗粒大硬度强，施效时间长，厂家生产时会混合不同的大小颗粒来保证施效平均。最长有效期为5~6月。

(4)MASNESIUM-AMMONIUM PHOSPHATE(MAS-AMP)

这个化学物在水解后逐渐释放N 与 P, 其释放原理与IBDU 相似。与其他缓释肥比较，其含N量很少，一般认为是缓释磷肥较为恰当。

早期缓释肥最大的缺点有二：第一，大部分为单一肥，以氮肥为主；第二，释放不均匀，早期释放多，而后期少。基于这些因素，肥料界拟研究发展出N-P-K或加上微量元素的完全肥，其释放期长，释放速度均匀。在控制养分释放方式上也发生了变化，逐渐转向包膜缓释肥。

3. 包膜缓释肥的类型

包膜缓释肥，简单说就是把水溶性肥料包在丸粒膜内。根据成膜物质的不同，主要包括非有机物包膜肥料、有机聚合物包膜肥料、热性树脂包膜肥料。

(1)非有机物包膜肥料

非有机包膜肥料中最主要的是硫包膜尿素(SCU)，是将硫156°C溶化喷于尿素表面作为包膜，产品含氮31%~38%。尿素包膜后用蜡封住包膜上的裂缝，以减少硫包膜生物的降解。其释放的大小取决于包膜的厚度与基质中的温度。但硫黄包膜有时会破裂，而且制膜时有缺陷，大部分N在早期就被释放出来。

(2)有机聚合物包膜肥料

有机聚合物包膜肥料是以聚合物膜(POLYMER)为包膜材料的缓释肥，也是目前研究最多，效果最好的缓释肥。聚合物膜的原料主要是热性树脂 (RESIN)交联形成，包括醇酸类树脂 (Osmocote) 和聚氨脂类树脂，如聚亚安酯 (POLYURETHANE) 或聚烯烃 (POLYOLEFIN) 。目前主要的有机聚合物肥料有：

①OSMOCOTE (奥绿)。为 SCOTTS公司生产，用树脂 (RESIN)为膜的原料，为双环戊二烯和甘油脂共聚物，释放速度通过改变膜的成分、厚度来达到。水气进入膜后，会把膜胀大、变薄。在早期时会大量释出肥料，为其主要缺点。

②POLYON (普立安) 。采用POLYURETHANE为膜原料，它在吸水后不会像OSMCOTE膨胀那么大，其释放速度也是由温度与膜厚度决定。但早期释出的肥料仍然偏高。

③NUTRICOTE (好康多) 。采用POLYOLEFIN为原料，它的膜不会膨胀，在施用初期不会大量释出肥料。其释放速度决定于温度与水分，与膜厚度无关。

4. 包膜肥料的养分释放机理

聚合物包裹尿素的养分释放可以分为3个阶段。初始阶段：在这个阶段几乎没有养分释放，也称为养分释放的滞后时期；持续释放阶段和衰退阶段。

首先，水分通过包膜渗透(主要是水汽)进入肥料颗粒内部，水汽通过膜后在核上凝聚，并使之部分溶解。这样在颗粒内形成了一个内部压力。在这个阶段，有两种可能的养分释放途径：如果内部压力超过了膜的承受能力，膜破裂，则整个颗粒养分迅速释放；如果膜能经受住内部压力，则肥料中的养分在浓度梯度的推动下通过扩散而释放，或者通过由压力梯度推动的质流而释放。前者的包裹膜一般为易碎而无弹性的膜，如硫或其他的无机膜；后者的包裹膜通常为聚合物膜(POLYMER)。聚合物膜包膜肥料当颗粒内部形成一定的饱和溶液时肥料养分开始释放，肥料释放的速度决定于基质或土壤的温度以及膜的厚度。温度越高，肥料的溶解速度与穿越膜的速度愈快，膜越薄渗透越快。到了后期，释放养分而排空的空间被不断进入颗粒内部的水分所占据。这样，一旦核内的肥料被溶解，由于释放过程内部溶液浓度就会逐渐降低，养分释放的动力随之而减少，这就是养分释放的第三个阶段，这个阶段持续的时间会很长。

(三) 缓/控制释放肥料评判标准

由于单一的控制释放肥料很难满足作物的需肥规律，因此，控释肥是几种具有不同释放速率肥料的掺合物。如美国的Polyon是聚合物包膜尿素，它使用时，需掺混一定量未包膜尿素，以满足作物前期对速效氮的需求。又如日本的UCK-LI555是由速效氯磷铵，70天释放80%氮素的M型包膜肥料与120天释放80%氮素的L型包膜肥料，三者掺混成养分为15-15-15的控释肥。

欧洲标准委员会(CEN),对评判缓释肥料作了如下说明：若营养释放在25°C,能满足下列3个条件，则该料肥可称为缓释肥料。

①24h释放不大于15%。

②28天释放不超过75%。

③在规定的时间内，至少有75%被释放。

通常以肥料在水中的溶出率来评价肥料的缓释性。例如，日本对包膜肥料采用初期溶出率与微分溶出率来测定肥料缓释率。所谓初期溶出率为称取试样12.5g，加入250mL水，在30°C的恒温箱中放置25h后，测定养分溶出率；而微分溶出率是由测定在30°C下恒温7天后的溶出率通过计算求出第二天至第七天之间的每天平均溶出率。初期溶出率是反映那些包膜不完整的肥料粒子数量，显然，包膜不完善的粒子越多，初期溶出率越大，而初期溶出率高的包膜肥料，有可能引起作物烧苗或初期疯长。通常要求初期溶出率不大于40%；微分溶出率是评判包衣完整的肥料粒子，平均每天释放总养分百分率，大多数包膜的缓释肥料微分溶出率为0.25%~2.5%。

(四)新型控释肥料-爱贝施 (APEX)

美国辛普劳公司研制和生产的爱贝施园艺生产专用控释肥料，采用独一无二的POLYON聚合物反应层包膜(RLC)技术，养分释放完全依赖于渗透作用，不受土壤pH值、微生物活动、土壤中水分含量、土壤类型及灌溉水量等因素的影响，仅和包膜厚度和土壤温度有关，实现了养分的控制释放。爱贝施控释肥在国外被广泛应用于花卉和苗木生产。

1.爱贝施 (APEX)肥料的控制释放原理

爱贝施控释肥释放速率只受包膜厚度和土壤温度的影响。当土壤湿气通过聚合物膜的细孔进入后，溶解膜内的养分离子产生内压，并且根据温度的变化控制释放养分。温度越高，养分释放速率越快。而温度高时植株代谢活动旺盛，对养分的需求量也大。

2.爱贝施 (APEX)肥料的优点

①减少施肥次数，节约劳动成本。

②降低植物根细胞被灼伤的危险。

③少量未包膜养分满足前期生长需要，包膜营养成分持续、稳定、均匀供给植物 生长期的需要。

④减少营养成分因过滤、蒸发和氮素的反硝化作用造成的损失。

⑤施肥方式简便，操作方便。

⑥单价虽高，但一次施肥，养分释放量和释放时间是普通肥料的数倍，且施肥次数减少，减低劳动成本，因而实际综合成本减低。

3. 使用方法

①面施。按量将肥料均匀撒施在容器苗的周围。

②与基质混用。上盆前将肥料按量与基质混合均匀。

③穴施或环施。在容器底部按量施入肥料，平铺或撒成环状，上覆基质后上盆。

④边施。土壤中应用时可在苗木周围松土后施入。

⑤打孔和填充。土壤中应用时，可在苗木周围打孔后将肥料施入。

爱贝施肥料根据不同植物不同生长时期对不同养分的需求，研制和生产出适合于不同植物生长的专业性控释肥料。

二、水溶性肥料

水溶性肥料含有植物所需的氮、磷、钾等大量元素及钙、镁、硫、铁、锰、锌、铜、硼、钼等中微量元素。施用水溶性肥料能促进植物健康快速生长，提高植物抗病性

1.水溶性肥料的优点

①水溶性肥料为速效肥料，施肥量易控制，是短期植物生长中的最适肥料，如种苗培育。

②水溶性肥料分布均匀(只要浇水均匀),是小型孔穴容器栽培的适宜肥料。

③较易控制植株生长。要植株生长快速时，多施肥，要生长缓慢，则减少施肥。也可以换用不同氮肥来控制生长。用硝态氮可使植株茎矮壮，节间短，叶色淡绿，枝条粗短，叶片厚，促进生殖生长。使用铵态氮，植株快速生长但较柔软，节间长，不利于根系的生长，还会延迟生殖生长。控制植物生长用水溶性肥料与开车时用加油和 刹车来控制车速的原理相似。

④为配方肥料，不必再加微量元素。

2. 水溶性肥料的缺点

①生长期长的植物不能单独使用，因此，苗木就不能单独使用。

②水溶性肥料在土壤中的使用效果不如在基质中好，所以在容器栽培中比在地栽苗木中使用效果好。

③施用水溶性肥料需较高技术，而且费工，这一点不如施用缓释肥。

④易从生长基质中流失，造成浪费与污染，这一点也不及缓释肥。

3. 常用水溶性肥料的养分配比

水溶性肥料是用水溶性化学品配制而成，此种肥料都含有氮、磷、钾与微量元素。每一种肥料都会有成分标示，一般以XX-YY-ZZ来标示，XX代表氮肥的百分比。即纯氮(N)在此肥料中的百分比；YY代表磷肥的百分比，即五氧化二磷 (P_2O_5)在此肥料中的百分比； ZZ 代表钾肥的百分比，即氧化钾(K_2O)在此肥料中的百分比。在种苗生产过程中所用肥料，必须提及所用何种肥料(即N-P-K 的含量)以及浓度。

常用的水溶性肥料配比比例有20-10-20、14-0-14、10-30-20、20-20-20和30-10-10。在容器苗栽培中经常采用水溶性肥料和缓释肥肥料相结合的施肥方法。苗木生长需要有足够的微量元素供应，每立方米基质施用0.9kg(1.516磅/立方码)的微量元素混合肥。因为以泥炭和珍珠岩做基质，是没有Ca、Mg及微量元素的，所以苗木生长除了有缓释肥作基础，还需补充苗木生长所必须的一些微量营养元素。较好的做法是水溶性肥料20-10-20和14-0-14作追肥，两种肥料交替使用。这样可以快速有效地补充苗木生长所必须的多种微量元素，使苗木健壮生长。

附录四 常用化肥供应的主要元素、百分含量及换算系数

供给元素①	化学肥料②			元素含量(%)	换算系数	
	名称	分子式	相对分子质量		由①求②	由②求①
N	四水硝酸钙	$Ca(NO_3)_2 \cdot 4H_2O$	236.15	11.87	8.4246	0.1187
	硝酸钾	KNO_3	101.10	13.86	7.2150	0.1386
	硝酸铵	NH_4NO_3	80.04	35.01	2.8563	0.3501
	磷酸二氢铵	$NH_4H_2PO_4$	115.03	12.18	8.2102	0.1218
	磷酸氢二铵	$(NH_4)_2HPO_4$	132.06	21.22	4.7125	0.2127
	硫酸铵	$(NH_4)_2SO_4$	132.14	21.20	4.7170	0.2120
	尿素	$CO(NH_2)_2$	60.06	46.65	2.1436	0.4665
P	磷酸二氢钾	KH_2PO_4	136.09	22.76	4.3937	0.2276
	磷酸氢二钾	K_2HPO_4	174.18	17.78	5.6243	0.1778
	磷酸二氢铵	$NH_4H_2PO_4$	115.03	26.92	3.7147	0.2692
	磷酸氢二铵	$(NH_4)_2HPO_4$	132.06	23.45	4.2644	0.2345
K	硝酸钾	KNO_3	101.10	38.67	2.5860	0.3867
	硫酸钾	K_2SO_4	174.26	44.88	2.2282	0.4488
	氯化钾	KCl	74.56	52.44	1.9069	0.5244
	磷酸二氢钾	KH_2PO_4	136.09	28.73	3.4807	0.2873
	磷酸氢二钾	K_2HPO_4	174.18	44.90	2.2272	0.4490
	碳酸钾	K_2CO_3	138.21	56.58	1.7674	0.5658
Ca	四水硝酸钙	$Ca(NO_3)_2 \cdot 4H_2O$	236.15	16.97	5.8928	0.1697
	碳酸钙	$CaCO_3$	100.09	40.04	2.4975	0.4004
	氯化钙	$CaCl_2$	110.99	36.11	2.7693	0.3611
	硫酸钙	$CaSO_4 \cdot 2H_2O$	172.17	23.28	4.2955	0.2328
Mg	硫酸镁	$MgSO_4 \cdot 7H_2O$	246.47	9.86	10.1420	0.0986
	碳酸镁	$MgCO_3$	84.31	28.83	3.4686	0.2883
	氯化镁	$MgCl_2$	95.21	25.83	3.9170	0.2553
S	硫酸镁	$MgSO_4 \cdot 7H_2O$	246.47	13.01	7.6864	0.1301
	硫酸铵	$(NH_4)_2SO_4$	132.14	24.26	4.1220	0.2426
	硫酸钾	K_2SO_4	174.26	18.40	5.4348	0.1840
Cu	硫酸铜	$CuSO_4 \cdot 5H_2O$	249.68	25.45	3.9293	0.2545
	氯化铜	$CuCl_2 \cdot 2H_2O$	170.48	37.28	2.6824	0.3728
Fe	硫酸亚铁	$FeSO_4 \cdot 7H_2O$	278.01	20.09	4.9776	0.2009
	氯化铁	$FeCl_3 \cdot 6H_2O$	270.30	20.66	4.8403	0.2066

供给元素①	化学肥料②			元素含量(%)	换算系数	
	名称	分子式	相对分子质量		由①求②	由②求①
Zn	硫酸锌	$ZnSO_4 \cdot 7H_2O$	287.54	22.73	4.3994	0.2273
	氯化锌	$ZnCl_2$	136.28	47.97	2.0846	0.4797
Mn	硫酸锰	$MnSO_4 \cdot H_2O$	169.01	32.51	3.0760	0.3251
	氯化锰	$MnCl_2 \cdot 4H_2O$	197.90	27.76	3.6023	0.2776
B	硼酸	H_3BO_3	61.83	17.48	5.7208	0.1748
	硼砂	$Na_2B_4O_7 \cdot 10H_2O$	381.37	11.34	8.8183	0.1134
Mo	七钼酸铵	$(NH_4)_6Mo_7O_{24} \cdot 4H_20$	1235.86	54.34	1.8403	0.5434
	钼酸钠	$Na_2MoO_4 \cdot 4H_20$	241.95	39.65	2.5221	0.3965

注：1)由元素①数量求化学肥料②数量时，将元素数量乘以换算系数的左栏数值，相反，由化学肥料②数量求元素①数量时，将化学肥料数量乘以换算系数的右栏数值。

2)表中的化学肥料均以纯品计算，实际产品中常含有杂质，应用此表时要计算杂质含量。

附录五 进境栽培基质检疫管理办法 (2018署令243号)

第一章 总则

第一条 为了防止植物危险性有害生物随进境栽培基质传入我国，根据《中华人民共和国进出境动植物检疫法》及其实施条例，制定本办法。

第二条 本办法适用于进境的除土壤外的所有由一种或几种混合的具有贮存养分、保持水分、透气良好和固定植物等作用的人工或天然固体物质组成的栽培基质。

第三条 海关总署统一管理全国进境栽培基质的检疫审批工作。主管海关负责所辖地区进境栽培基质的检疫和监管工作。

第二章 检疫审批

第四条 使用进境栽培基质的单位必须事先提出申请，并应当在贸易合同或协议签订前办理检疫审批手续。

第五条 办理栽培基质进境检疫审批手续必须符合下列条件：

（一）栽培基质输出国或者地区无重大植物疫情发生；

（二）栽培基质必须是新合成或加工的，从工厂出品至运抵我国国境要求不超过四个月，且未经使用；

（三）进境栽培基质中不得带有土壤。

第六条 使用进境栽培基质的单位应当如实填写海关进境动植物检疫许可证申请表，并附具栽培基质的成分检验、加工工艺流程、防止有害生物及土壤感染的措施、有害生物检疫报告等有关材料。

对首次进口的栽培基质，进口单位办理审批时，应同时将经特许审批进口的样品每份1.5－5公斤，送海关总署指定的实验室检验，并由其出具有关检验结果和风险评估报告。

第七条 经审查合格，由海关总署签发海关进境动植物检疫许可证，并签署进境检疫要求，指定其进境口岸和限定其使用范围和时间。

第三章 进境检疫

第八条 输入栽培基质的货主或者其代理人，应当在进境前取得检疫审批，向进境口岸海关报检时应当提供输出国官方植物检疫证书、贸易合同和发票等单证。检疫证书上必须注明栽培基质经检疫符合中国的检疫要求。

第九条 栽培基质进境时，主管海关对进境栽培基质及其包装和填充物实施检疫。必要时，可提取部分样品送交海关总署指定的有关实验室，确认是否与审批时所送样品一致。

经检疫未发现病原真菌、细菌和线虫、昆虫、软体动物及其他有害生物的栽培基质，准予放行。

第十条 携带有其他危险性有害生物的栽培基质，经实施有效除害处理并经检疫合格后，准予放行。

第十一条 对以下栽培基质做退回或销毁处理:

(一)未按规定办理检疫审批手续的;

(二)带有土壤的;

(三)带有我国进境植物检疫一、二类危险性有害生物或对我国农、林、牧、渔业有严重危害的其他危险性有害生物,又无有效除害处理办法的;

(四)进境栽培基质与审批品种不一致的。

第四章 检疫监管

第十二条 海关总署对向我国输出贸易性栽培基质的国外生产、加工、存放单位实行注册登记制度。必要时,商输出国有关部门同意,派检疫人员赴产地进行预检、监装或者产地疫情调查。

第十三条 主管海关应对栽培基质进境后的使用范围和使用过程进行定期检疫监管和疫情检测,发现疫情和问题及时采取相应的处理措施,并将情况上报海关总署。对直接用于植物栽培的,监管时间至少为被栽培植物的一个生长周期。

第十四条 带有栽培基质的进境参展盆栽植物必须具备严格的隔离措施。进境时应更换栽培基质并对植物进行洗根处理,如确需保活而不能进行更换栽培基质处理的盆栽植物,必须按有关规定向海关总署办理进口栽培基质审批手续,但不需预先提供样品。

第十五条 带有栽培基质的进境参展植物在参展期间由参展地海关进行检疫监管;展览结束后需要在国内销售的应按有关贸易性进境栽培基质检疫规定办理。

第五章 附 则

第十六条 对违反本办法的有关当事人,依照《中华人民共和国进出境动植物检疫法》及其实施条例给予处罚。

第十七条 本办法由海关总署负责解释。

第十八条 本办法自2000年1月1日起执行。

附录六 育苗和栽培基质配方示例

虽然在生产中，育苗和栽培基质的选择应按照一定的原则，但是实施生产各个环节上的差异，使得在实际应用中，不同的区域，不同的生产条件下，某一种植物使用的配方可能会稍有差异。故这里列出的配方，仅供参考。

一. 蔬菜和草花种苗生产基质配方

(一)一些通用的育苗基质配方

(1)美国加州大学育苗用基质配方

0.5m^{3}细沙(粒径0.05~0.50mm),0.5m^{3}粉碎草炭，145g硝酸钾，145g硫酸钾，4.5kg白云石或石灰石，1.5kg石灰石，1.5kg过磷酸钙(20%五氧化二磷)。

(2)美国康奈尔大学育苗用基质配方

0.5m^{3}蛭石或珍珠岩，0.5m^{3}粉碎草炭，3.0kg石灰石(最好是白云石),1.2kg过磷酸钙(20%五氧化二磷),3.0kg复合肥(氮、磷、钾含量5-10-5)。

(3)中国农业科学院蔬菜花卉研究所育苗用复合基质

0.13m^{3}蛭石，0.12m^{3}珍珠岩，0.75m^{3}草炭，3.0kg石灰石，1.0kg过磷酸钙(20%五氧化二磷),1.5kg复合肥(15-15-15),10.0kg发酵干鸡粪。

(4)草炭矿物质育苗用基质配方

0.5m^{3}蛭石，0.5m^{3}草炭，700g硝酸铵，700g过磷酸钙(20%五氧化二磷),3.5kg磨碎的石灰石或白云石。

(二)花卉育苗常用基质配方

1. 播种育苗

某些容易结实及实生繁殖的植物可用此法，如君子兰、仙客来等。育苗基质可用泥炭:珍珠岩:蛭石=5:2:3的复合基质，或泥炭:蛭石=5:1,或腐熟饼肥:沙:蛭石= 1:10:2,或锯末(如君子兰)等。

2.扦插育苗

大部分室内观叶植物适于扦插繁殖。扦插基质可用泥炭与椰糠及沙的复合基质，或炭化稻壳:蛭石:腐熟饼肥=5:1:0.3的复合基质，或泥炭:蛭石=5:1复合基质，或沙:熟腐饼肥=10:1的复合基质。据试验表明，扦插时适当多加椰糠有利于生根成活，一般以椰糠:沙:珍珠岩=2:2:1为宜。在上述基质中扦插，常春藤、金钱树、虎刺梅、豆瓣绿在15d左右即可生根，而虎尾兰、广东万年青需30d才生根。如不是工厂化穴盘育苗，插床可筑成高10cm、宽80cm的垄，上铺10cm厚的复合基质，扦插深度以3~5cm为宜，如太深，根会扎入土中失去无土育苗之意义，太浅，影响成活。待插苗长出新根有一定株型后，即可上盆或移栽。另有一些花卉水插很容易生根，如富贵竹、七彩朱蕉、冷水花、广东万年青、绿萝等，这类植物可直接水插育苗。

3. 分株育苗

适于易萌生子株的花卉，如凤梨、君子兰、虎尾兰等，选用基质与扦插育苗之基质相似，如泥炭:蛭石=5:1,或炭化稻壳:蛭石:腐熟饼肥=10:2:1。苗床高度应增至15~20cm,这是因为分株繁殖的植株是已生根的幼苗。

(三)蔬菜育苗常用基质配方

目前我国用于蔬菜无土育苗的基质有蛭石、泥炭、炉渣灰、种过蘑菇的棉籽壳、珍珠岩、细沙、炭化稻壳、锯木屑等。在国外利用岩棉育苗比较普遍。

陈振德等认为茄子育苗的最佳基质配比是草炭:蛭石=5:5,陈贵林等认为黄瓜育苗的最佳基质配比为椰壳粉:蛭石=5:5,王立志等认为西红柿育苗的最佳基质配比为蛭石:珍珠岩=5:5,并且均认为复合基质比单一基质好。

由于草炭、蛭石、珍珠岩作育苗基质成本较高,且分布有地域性,所以各地均在研究开发适合本地的价廉物美的育苗基质。司亚平等报道:平菇废料可作为草炭的替代品用于穴盘育苗,醋槽不适合作为穴盘育苗基质,并提出适合于冬春季节育苗的介质配制:草炭:蛭石=2:1,平菇废料:草炭:蛭石=1:1:1;适合于夏季育苗的基质配制:草炭:蛭石:珍珠岩=1:1:1,草炭:蛭石:珍珠岩=2:1:1。福建的李传勇等认为以菌料:污泥:珍珠岩=1:1:1,菌料:污泥:炉渣=1:1:1为基质可以作为西红柿穴盘育苗的基质,且价格低廉。上海的金国良认为以炉渣:砻糠灰:腐熟有机肥=1:1:1为西红柿穴盘育苗的最优配比。陈振德等对西芹穴盘育苗的试验结果表明:棉籽壳:糠醛渣:蛭石:猪粪=4:2:2:2,棉籽壳:炉渣:蛭石=6:2:2的配方较好,可用于生产推广,使育苗成本大大降低。崔秀敏等报道:蛭石:有机肥:炉渣灰=7:2:1育苗效果明显好于CK(草炭:蛭石=2:1),可代替CK用于工厂化穴盘育苗。陈振德等认为糠醛渣、棉籽壳、猪粪是可替代草炭的良好资源。孟淑春、孔祥辉选用玉米秸粉、棉花秸粉、麦秸粉对西红柿、青椒、菜花进行了出苗试验,认为玉米秸秆的粉末、棉花秸秆的粉末对供试蔬菜种子有优于土壤育苗的作用,若能配合改进养分的供给,可望开发成新的育苗介质和育苗基质中的主要成分。

二. 木本植物生产常用育苗基质配方

一般而言,已经知道自然界并不存在理想的育苗基质。但是,几种材料的混合就能提供一个优良的育苗基质环境,木本植物的育苗也不例外。在木本植物的育苗生产中,使用基质一般是在容器育苗中。常用的配方有:

1.泥炭和蛭石的混合物

常用混合比例为1:1或3:2或7:3等。泥炭和蛭石的混合是最常用的培养基质。二者的配合比例因具体条件(容器、温室和树种)不同而异,一般来说,蛭石越多,育苗基质的通气性和排水性能力也越强;但是蛭石加得太多,则显得过分松散,不利于保持根团的完整性。使用泥炭和蛭石基质时,通常加入少量石灰石或矿质肥料。生产实践证明,泥炭和蛭石以1:1或2:1的比例是较为理想的木本植物播种基质配方。

2.泥炭和树皮粉的混合物

泥炭和腐熟的树皮粉混合,并加入少量氮肥。因腐熟树皮酸性较强,常加入石灰把pH值调到6.0~7.0。泥炭和松树皮以2:1混合是某些树种播种基质的配方。

3. 泥炭和珍珠岩的混合物

通常情况下,泥炭和珍珠岩按1:1或7:3的比例混合使用。当然泥炭和珍珠岩以及树种的自身差异也不是绝对的。比如生产经验证明,广东泥炭和珍珠岩4:1的基质配方对厚皮香、雪松、桂花、强生栎等树种播种育苗是较为理想的选择。而广东泥炭和珍珠岩1:4的基质配方对红叶石楠、厚皮香等扦插育苗更为理想。

总之,播种基质宜用以泥炭为主的混合基质,如果能用进口泥炭则最好。但由于成本偏高,对部分高价格种子或小批量生产来说，还可行，在大规模生产中采用，可能不够经济。常用的可以东北泥炭加蛭石、珍珠岩或较细的松树皮混合均可。扦插基质要求透水通气性好，一般不用混合，单用就很好，可选择腐熟松树皮、珍珠岩、浮石、粗沙和泥炭等，以树皮和浮石二种较好，颗粒或片径在3~6mm间的为宜。

4.育苗基质的处理

(1)调节基质的酸碱度

一般地，针叶树育苗基质pH值为5.0~6.0,阔叶树为6.0~7.0。在育苗过程中，由于施肥、灌溉等措施，基质的pH值还会发生变化，需进一步调整。

(2)基质消毒和营养配给

用地敌克或敌克松500倍液等对基质进行消毒能达到较好的效果，也比较简便易行。在基质消毒前，先将基质拌两个来回，边拌边浇水，使基质比较湿润，再边拌边浇消毒药液拌匀。最后为了保证出苗后苗期的养分需求，通常还要在基质中拌肥料，可以是饼肥、腐熟的有机肥、过磷酸钙等。最理想的是采用控释肥，因其能在适当的阶段释放肥分，满足苗的生长，并减少工作量。实际生产中较为理想的有“爱贝施”(APEX)控释肥料，其最大的特点是针对不同类型苗木有不同的产品类型可供选择。

三. 花卉栽培常用基质配方

近年来花卉无土栽培专用基质不断研制出而上市。据报道，落叶松腐叶土是盆栽杜鹃的理想用土；黄沙是栽培兰花的良好基质；苔藓植物是无土栽培兰花的最佳基质；珍珠岩、蛭石各半混合是栽培大岩桐的优良基质。根据马太和(1985)、王华芳等(1997)的归纳总结，适用于盆栽花卉无土栽培的基质配方为泥炭:珍珠岩:细沙=2:2:1或1:1:1等。适用于插条繁殖的基质配方为泥炭:珍珠岩=1:1;泥炭:细沙=1:3等。适用于喜酸性的杜鹃花、栀子、山茶花的基质配方为泥炭:细沙=3:1或泥炭:炉渣=1:1。适用于菊花、一品红、百合、热带观叶花卉的盆栽基质配方为泥炭:细沙:浮石=2:1:2等。常见花卉的基质配方见附表6-1。

附表6-1 常见花卉的基质配方

花卉名称	学名	栽培基质配方
金橘	*Fortunella margarita*	①粗沙:泥炭:腐叶土:饼肥=3:3:3:1 ②泥炭:粗沙:骨粉:饼肥=5:4:0.5:0.5 ③腐叶土:草炭:粗沙:饼肥=3:3:3:1
香橼	*Citrus grandis x junos*	①腐叶土:沙子份:饼肥=4:5:1 ②水藓泥炭:蛭石:腐叶土:珍珠岩:黄泥=2:1:5:1:1
月季	*Rosa hybrida*	①腐叶土:菜园土:粗沙:骨粉=4:2:3:1 ②园土:腐叶土:干牛粪:沙=5:2:2:1 ③腐叶土:锯木屑:干马粪(牛粪)=5:3:2 ④蛭石:沙:腐叶土:锯木屑:砻糠灰=1:2:4:2:1
桂花	*Osmanthus fragrans*	①腐叶土:沙粒:塑料泡沫颗粒:草木灰=6:2:1:1 ②泥炭:珍珠岩:沙:锯木屑:草木灰=4:2:1:2:1 ③腐叶土:塘泥:沙:砻糠灰:蛭石:锯木屑=3:2:1:1:2:1
山茶花	*Camellia japonica*	①黄泥:腐叶土:锯木屑:蛭石:饼肥=3:1:3:2:1 ②黄泥:珍珠岩:沙:砻糠灰:锯木屑=4:2:2:1:1 ③草炭:腐叶混合物:沙:锯木屑=6:2:1:1
杜鹃	*Rhododendron simsii*	①腐叶土:细沙:骨粉:鸡毛:过磷酸钙=3:2:2:2:1 ②腐叶土:腐殖酸肥:黑山土:过磷酸钙=4:3:2:1 ③泥炭:锯木屑:腐叶土:甘蔗渣:过磷酸钙=3:2:3:1:1 ④枯叶堆积物:蛭石:锯木屑:黄土=5:2:1:2 ⑤地衣:砾石:塑料泡沫颗粒:山黄土=4:2:2:2 ⑥木炭粉:珍珠岩:枯叶堆积物:鸡、鸭毛=3:2:3:2
茉莉花	*Jasminum sambac*	①枯叶堆积混合物:锯木屑:沙:砻糠灰=4:3:2:1 ②炉渣末:腐叶土:细沙:饼肥末=3:4:2:1
葡萄	*Vitis vinifere*	①锯木屑:腐叶土:泥炭:珍珠岩=5:2:2:1 ②炉渣:腐叶土:饼肥:甘蔗渣=5:3:1:1 ③花生壳:玉米芯:腐叶土:泥炭:饼肥:蛭石=1:1:3:2:1:2 ④塑料泡沫颗粒:地衣:腐叶土:泥炭=2:3:3:2 ⑤树皮:炉渣:砻糠灰:腐叶土=2:2:3:3 ⑥沙:泥炭:蛭石:腐叶土=3:3:2:2
梅花	*Prunus mume*	①陶粒:珍珠岩=1:1 ②陶粒:蛭石=1:1
牡丹	*Paeonia suffruticosa*	①珍珠岩:蛭石:树皮=1:1:1 ②珍珠岩:陶粒:蛭石=1:1:1 ③珍珠岩:蛭石=1:1
白兰花	*Michelia alba*	①草炭:蛭石:河沙=4:4:2

花卉名称	学名	栽培基质配方
米兰	*Aglaia odorata*	①草炭:珍珠岩=1:1 ②草炭:珍珠岩:蛭石=1:1:1
南天竹	*Nandiana domestica*	①珍珠岩:草炭:沙=2:2:1 ②蛭石:草炭:炉渣=1:1:1
火棘	*Pyracantha fortuneana*	①珍珠岩:草炭:蛭石=1:1:1 ②炉渣:草炭:珍珠岩=2:2:1
兰花	*Cumbidium* spp.	①木炭:砾石:沙=1:1:2 ②砾石:木炭:地衣=1:1:4 ③砾石:沙粒:地衣=1:1:1 ④塑料泡沫颗粒:沙粒:砾石=7:2:1
吊兰	*Chlorophytum comosum*	①细沙:腐叶土:饼肥=6:3:1 ②细沙:干牛粪:腐叶土=5:2:3 ③锯木屑:甘蔗渣:腐叶土:饼肥=4:2:3:1 ④地衣:泥炭:蛭石:砻糠灰=5:3:1:1
菊花	*Chrysanthemum* spp.	①蛭石:沙:腐叶土=4:2:4 ②花生壳(压碎):泥炭:沙:饼肥=4:3:2:1 ③甘蔗渣:塑料泡沫颗粒:沙:腐叶土=2:2:3:3 ④锯木屑:腐叶土:鸡、鸭毛(垫底):沙:饼肥=3:3:1:2:1 ⑤蛭石:炉渣=1:1 ⑥珍珠岩:炉渣=1:1
芍药	*Paeonia lactiflora*	①沙:腐叶土:泥炭=5:3:2 ②细沙:锯木屑:腐叶土:砻糠灰:饼肥=3:2:3:1:1 ③蛭石:细沙:腐叶土:砻糠灰=4:1:4:1 ④锯木屑:细沙:甘蔗渣:干牛粪=3:3:2:2
萱草	*Hemerocallis fulva*	①腐叶土:沙:堆杂肥=3:3:4 ②泥炭:蛭石:砻糠灰:花生壳或玉米芯=4:2:2:2 ③煤渣:树皮或地衣:腐叶土:饼肥=3:3:3:1 ④珍珠岩:泥炭:锯木屑:腐叶土=3:3:2:2
玉簪	*Hosta plantaginea*	①腐叶土:木炭灰:树叶:细沙=3:3:2:2 ②珍珠岩:泥炭:锯木屑:鸡、鸭毛=4:3:2:1 ③塑料泡沫颗粒:地衣:树皮:腐叶土:饼肥=3:2:1:3:1
郁金香	*Tulipa gesneriana*	①地衣:细沙:田土=1:1:1 ②泥炭:炉渣:干鸡粪=1:1:1 ③砾石:火土灰:锯木屑=1:1:1 ④蛭石:沙:火土灰=3:3:4 ⑤沙:锯木屑=1:1
风信子	*Hyacinthus orientalis*	①蛭石:玉米芯:腐叶土:饼肥=3:2:4:1 ②细沙:锯木屑:泥炭:腐叶土=3:3:2:2 ③塑料泡沫颗粒:砻糠灰:煤渣:腐叶土:饼肥=3:2:2:2:1

花卉名称	学名	栽培基质配方
百合	*Lilium* spp.	①细沙:锯木屑:垃圾灰:饼肥粉=5:2:2:1 ②蛭石:炉渣:腐叶土:玉米芯=4:2:3:1 ③地衣:沙:花生壳:饼肥=3:4:2:1
仙客来	*Cyclamen persicum*	①腐叶土:地衣:玉米芯:砻糠灰:沙=4:2:1:1:2 ②锯木屑:蛭石:沙:饼肥=3:4:2:1 ③炉渣:泥炭:花生壳:甘蔗渣:砻糠灰=2:3:2:2:1 ④园田土:河沙:松针土:酒糟:牛粪=1:1:4:4:3 ⑤蘑菇土:树皮粉:羊粪:锯末=4:4:4:2
唐菖蒲	*Gladiolus gandavensis*	①炉渣:甘蔗渣:腐叶土=5:2:3 ②泥炭:沙:蛭石:锯木屑:饼肥=5:2:1:1:1 ③沙:玉米芯:花生壳:腐叶土=4:2:2:2
大岩桐	*Sinningia speciosa*	①粗沙:腐叶土:地衣:炉渣:饼肥粉=3:3:2:1:1 ②粗沙:骨粉:砻糠灰:锯木屑:腐叶土=2:1:2:3:2 ③蛭石:玉米芯:花生壳:泥炭:饼肥粉=3:2:1:3:1
晚香玉	*Polianthes tuberosa*	①沙:锯木屑:腐叶土:泥炭=2:3:3:2 ②蛭石:砻糠灰:腐叶土=3:4:3 ③粗沙:塑料泡沫颗粒:腐叶土:锯木屑:饼肥粉=2:3:3:1:1
马蹄莲	*Zantedeschia aethiopica*	①腐叶土:沙砾:甘蔗渣:地衣:饼肥=4:2:2:1:1 ②泥炭:细沙:锯木屑=5:3:2 ③细沙:泥炭:腐叶土:砻糠灰:锯木屑=4:2:2:1:1 ④蛭石:塑料泡沫颗粒:腐叶土=3:3:4 ⑤陶粒:珍珠岩:泥炭=1:1:1 ⑥蛭石:木屑=1:1 ⑦蛭石:树皮=1:1
文竹	*Asparagus setaceus*	①腐叶土:沙:锯木屑:饼肥=5:2:2:1 ②腐叶土:地衣:泥炭:砻糠灰=3:2:3:2 ③蛭石:甘蔗渣:炉渣:沙:腐叶土=3:2:2:1:2
万年青	*Rohdea japonica*	①腐叶土:塑料泡沫颗粒:泥炭:砻糠灰=3:3:2:2 ②蛭石加珍珠岩:锯木屑:地衣:腐叶土:饼肥=3:3:2:1:1 ③细沙:腐叶土:炭化稻壳:炉渣=4:3:2:1
吉祥草	*Reineckea carnea*	①腐叶土:塑料泡沫颗粒:泥炭:砻糠灰=3:3:2:2 ②蛭石加珍珠岩:锯木屑:地衣:腐叶土:饼肥=3:3:2:1:1 ③细沙:腐叶土:砻糠灰:炉渣=4:3:2:1
龟背竹	*Monstera deliciosa*	①腐叶土:细沙:花生壳:砻糠灰:甘蔗渣:干牛粪=3:2:1:1:1:2 ②蛭石:泥炭:炉渣:饼肥=3:4:2:1 ③腐叶土:细沙:玉米芯:锯木屑=5:3:1:1

花卉名称	拉丁学名	栽培基质配方
虎尾兰	*Sansevieria trifasciata*	①腐叶土:细沙:锯木屑:饼肥=3:3:2:2 ②蛭石:泥炭:砻糠灰:甘蔗渣=4:3:2:1 ③珍珠岩:地衣:泥炭:树皮:饼肥=3:2:2:2:1
仙人掌	*Opuntia dillenii*	①腐叶土:粗沙:蛋壳粉:炉渣:锯木屑=2:3:1:2:2 ②塑料泡沫颗粒:腐叶土:地衣:泥炭=4:3:2:1 ③粗沙:砻糠灰:岩棉:腐叶土=3:2:3:2 ④花生壳:泥炭:甘蔗渣:干牛粪=2:3:2:3 ⑤垃圾灰:蛭石:锯木屑:树皮=3:3:2:2 ⑥木炭末:细沙:腐叶土:饼肥=3:2:4:1
安祖花	*Anthurium andreanum*	①泥炭:珍珠岩:陶粒=2:2:1 ②树皮:菇渣:石砾=2:2:1
六出花	*Alstromeria hybrida*	①泥炭:珍珠岩:蛭石=1:1:1 ②泥炭:炉渣:陶粒=2:2:1
鹤望兰	*Strelitzia reginae*	①树皮:泥炭=1:1 ②陶粒:泥炭=1:1 ③炉渣:泥炭=1:1
满天星	*Gypsophila paniculata*	①珍珠岩:草炭:沙=2:2:1 ②草炭:珍珠岩:蛭石=2:1:1
君子兰	*Clivia miniate*	①草炭:珍珠岩=1:1 ②草炭:蛭石:珍珠岩=1:1:1
报春花	*Primula* spp.	①蛭石:炉渣=1:1 ②炉渣:草炭=1:1
蒲包花	*Calceolaria crenatiflora*	①泥炭:珍珠岩=1:1 ②炉渣:蛭石=1:1
小苍兰	*Freesia refracta*	①腐叶土:蛭石=1:1 ②草炭:珍珠岩=1:1 ③蛭石:泥炭:玉米芯=4:4:2
一品红	*Euphorbia pulcherrima*	①草炭:珍珠岩=1:1 ②草炭:蛭石=1:1
非洲菊	*Gerbera jamesonii*	①炉渣:香菇渣=3:1 ②炉渣:香菇渣:锯木屑:泥炭=2:5:4:2

四. 蔬菜栽培常用基质配方

蔬菜无土栽培的系统很多，在美国依蔬菜种类不同采用了适当的无土栽培系统和有关的设施。西红柿、黄瓜主要采用基质栽培，其容器以塑料袋为主，所以也称为袋培，配备一套滴或喷灌设施。莴苣主要采用营养液膜栽培，在白色的硬塑料管道(直径约8cm)中栽苗，配备一套营养液循环系统，常用的基质有：蛭石、珍珠岩、泥炭、岩棉、沙、树皮、木屑、聚丙烯泡沫塑料等。应用时往往采用混合的基质，例如：蛭石(或珍珠岩)1份加泥炭1份，或泥炭4份加蛭石和珍珠岩各3份。近年来岩棉栽培发展很快，所应用的岩棉多是从丹麦进口的Grodan岩棉。蛭石等基质可以连续应用2年，岩棉只能应用1年。基质栽培发展的塑料袋，常为扁平状，表面白色，反面黑色，其大小一般为100cm×30cm×8cm。经过多年的生产实践，我国学者总结出了许多蔬菜栽培基质配方，见附表6-2。

附表6-2 蔬菜栽培常用基质配方

编号	配方	比例	编号	配方	比例
1	草炭:珍珠岩:沙	1:1:1	114	草炭:树皮	1:1
2	草炭:珍珠岩	1:1	15	向日葵秆:炉渣	3:2
3	草炭:沙	1:1	16	玉米芯:炉渣	3:2
4	草炭:沙	3:1	17	玉米秸:炉渣	3:2
5	草炭:沙	1:3	18	玉米秸:草炭:炉渣	1:1:3
6	草炭:蛭石	1:1	19	草炭:锯木屑	1:1
7	草炭:珍珠岩:蛭石	4:3:3	20	草炭:蛭石:锯木屑	1:1:1
8	草炭:火山岩:沙	2:2:1	21	草炭:蛭石:珍珠岩	4:1:1
9	草炭:蛭石:珍珠岩	2:1:1	22	草炭:炉渣	2:3
10	草炭:珍珠岩	3:1	23	椰子壳:沙	1:1
11	草炭:珍珠岩:树皮	1:1:1	24	向日葵秆:炉渣:锯木屑	5:2:3
12	刨花:炉渣	1:1	25	草炭:珍珠岩	7:3
13	草炭:树皮:刨花	2:1:1	26	堆肥:金针菇木屑	1:1

五. 苗木栽培常用的基质配方

苗木栽培基质从广义上讲，可选择的基质种类很多，但从科学、经济和实用的角度讲，泥炭、腐熟树皮、腐熟木鳞片是最好的容器栽培基质。配制混合基质时，可选用树皮基质，比例在1/2至2/3左右，再配加泥炭1/3至1/2,或泥炭1/3,或其他1/3,粗沙或其他当地的特别廉价的腐熟甘蔗渣、山核桃蒲壳、菇渣、药渣也可少量添加，但以不添或少添为好。扦插成活苗刚移植时用的基质还可以用松树皮加珍珠岩的3:1的比例配制。

基质的pH值一般要求为5.0,当然可根据植物选择相应pH值的基质。喜酸性植物如杜鹃花、马醉木、红豆杉等，其栽培基质的pH值应在5.5~6.0;而刺柏属、崖柏属植物耐较高的pH值，则可选用或配制pH值高的基质。